U0262406

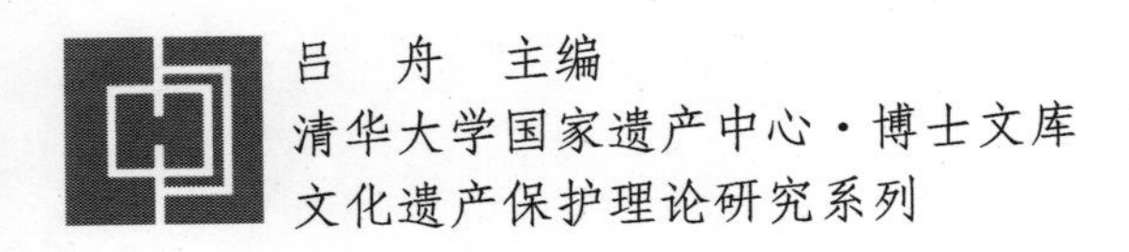

城市历史景观的锚固与层积：
认知和保护历史城市

刘祎绯　著

科学出版社
北　京

内 容 简 介

"城市历史景观"是近年来在文化遗产保护与城市规划领域逐渐兴起的一种新理论，由联合国教科文组织首先提出并推行，是可用于指导历史城市在面临保护与发展的矛盾时，采用的一种整体性的方法。本书借鉴地标-基质模型，搭建锚固-层积模型，并以英国城市卡迪夫为主要研究对象，以三个阶段细分锚固-层积效应。鉴于如今绝大多数历史城市都已进入第三阶段，而城市遗产的周边环境是该阶段中矛盾聚焦的重要空间，直接影响城市历史景观的保护与管理，本书对我国与英国的城市遗产及其周边环境制度展开综合评述与比较研究，并建议加强对周边环境管理制度的建设，以保障城市历史景观在持续性的锚固-层积效应中保持良性变迁。

本书适合建筑历史、文化遗产保护与管理等领域的专业人员以及高等院校相关专业的师生参考阅读，也可供广大文物保护爱好者阅读。

图书在版编目（CIP）数据

城市历史景观的锚固与层积：认知和保护历史城市 / 刘祎绯著. —北京：科学出版社，2017.11

（清华大学国家遗产中心・博士文库 / 吕舟主编. 文化遗产保护理论研究系列）

ISBN 978-7-03-055453-6

Ⅰ. ①城…　Ⅱ. ①刘…　Ⅲ. ①文化名城–城市景观–文物保护–研究–中国　Ⅳ. ①TU984.2

中国版本图书馆CIP数据核字（2017）第283759号

责任编辑：吴书雷　闫广宇 / 责任校对：邹慧卿

责任印制：张　伟 / 封面设计：张　放

科学出版社出版

北京东黄城根北街 16 号

邮政编码：100717

http://www.sciencep.com

北京厚诚则铭印刷科技有限公司 印刷

科学出版社发行　各地新华书店经销

*

2017 年 11 月第　一　版　开本：B5（720 × 1000）

2019 年　1 月第二次印刷　印张：18　插页：2

字数：370 000

定价：168.00 元

（如有印装质量问题，我社负责调换）

序　　言

文化遗产保护在当代社会中作为社会文明的反映，从可持续发展、经济、社会、政治、文化、道德等各个层面越来越深刻地影响着人们精神的成长、社会和自然环境的演化，也成为不同文明、文化间对话、沟通、理解和相互尊重的纽带。遗产保护是人类文明成长的一个成果。

回顾文化遗产保护发展的历史，关于保护对象价值的认识构成了文化遗产保护的基础。价值认识的发展和变化是推动文化遗产保护发展的动力。遗产价值认识在深度和广度两个层面不断变化，影响了文化遗产保护理论的生长和演化。价值认识是遗产保护理论的基石。从对艺术价值的认知，到对历史价值的关注，再到当今对于文化价值的理解，价值认知对文化遗产保护理论发展的作用，得到了清晰地展现。

遗产保护是一项人类的实践活动，它基于人类对于自身文明成果的珍视和文化的自觉，其本身也是人类文明的重要方面。文化遗产保护的实践展示了特定文化环境中对特定对象的保护在观念和方法上的丰富和多样性，这些实践又促使人们进一步思考文化遗产的价值、保护方法和所要实现的目标。文化遗产的保护正是在这样一个实践和理论交织推动的过程中不断发展和成长。

清华大学国家遗产中心致力于遗产保护理论研究和实践。在这样的研究和实践过程中形成了大量具有学术价值和实践意义的研究成果，这些研究成果又进一步在相关实践中被应用、检验和深化。在科学出版社文物考古分社的支持下，我们在清华大学国家遗产中心相关博士论文的基础上选择相关的研究成果，编辑形成文化遗产保护理论研究、文化遗产保护实践研究、文化线路三个系列学术著作，希望这些成果能够在更大程度上促进和推动文化遗产保护的发展。

刘祎绯的著作《城市历史景观的锚固与层积：认知和保护历史城

市》是基于她博士论文形成的研究成果，是对“城市历史景观”理论与方法的研究。

2005年5月的《维也纳备忘录》中最早提出的“城市历史景观”理论，继承和发展了文化遗产保护理论体系中自1962年起的若干公约、建议、宪章、宣言，又融合了城市规划学科中关于城市景观、历史风貌、历史城市管理等多领域研究成果，形成一套较为完整的集大成的理论。作为近年来在文化遗产保护与城市规划领域方兴未艾的一股新思潮，可以用于理解历史地段林林总总的全生命周期历程，并指导其在未来面临保护与发展的矛盾时采用一种整体性的方法，既具有相当的理论连续性，同时也具有继续被建构的潜力和开放性。

《城市历史景观的锚固与层积：认知和保护历史城市》采用城市研究中广泛使用的“地标-基质”模型，搭建了“锚固-层积”模型，提出由“城市锚固点”与“层积化空间”为主体，以“锚固-层积效应”为相互作用力，循环往复，相似扩张，形成历史城市的理论，用以更好地认知与保护城市历史景观。指出城市历史景观变迁至我们如今所见的空间状态，其历程中存在一定的客观规律，并结合卡迪夫案例的城市历史以三个阶段细分锚固-层积效应。由于今天的绝大多数历史城市都已进入第三阶段，研究认为“周边环境”在“城市更新背景下的反向覆盖”这一阶段中是矛盾聚焦的重要空间，因此借鉴英国的相关政策法令，为我国涉及城市遗产及其周边环境的保护制度做出评述和建议，以期能为城市历史景观在未来持续性的锚固-层积效应中保持良性变迁提供保障。

正如大量学者及实践者已经共同认识到的，将城市遗产视为整座城市可持续发展资源的时代已经到来，这一目标可以通过发展出一套城市历史景观的方法论来尝试实现。所有土地都留存有自然和文化演进的记录，则无论城市抑或乡野，重在重塑一种连接，恢复一种延续。相信《城市历史景观的锚固与层积：认知和保护历史城市》能够为“城市历史景观”理论、方法与实践提供一些有益的启发和参考。

清华大学国家遗产中心主任　吕　舟

2017年9月

目　　录
Contents

第一章
绪　论

一、研究背景

随着我国经济的快速增长，许多城市经历了一波又一波建设高潮，在这个快速城市化的过程中，老城区中的文化遗产也遭到了不小的破坏。以首都北京的旧城区为例：新中国成立初期，北京城共有大小胡同7000余条，而到20世纪80年代时，则只剩下了不到4000条，后来随着北京旧城很多改造项目如火如荼，据当时新闻报道[3]，在20世纪的最后几年中，北京胡同是以平均每年600条的速度消失的①。清华大学的吴良镛教授指出北京旧城面临的各种问题“非常复杂，也至为急迫，盘根错节，非常棘手”[4]65。然而这些问题绝不仅仅止于北京，如图1.1至图1.4所示。发展需要空间，中国建筑设计研究院建筑历史研究所的陈同滨所长曾痛心地说：“我国累积五千年的古迹遗址及其背景环境正在城镇化的高速发展中面临历史上最广泛、最严重的破坏与威胁”[5]5，城市经济建设与老城区的整体保护到底是不是水火不能相容，也一时成为人们讨论的焦点问题。

现代城市建设虽然目前已吞噬了许多成片的传统建成环境，不过其中仍零星散落着数量众多的各类文化遗产。据统计，我国目前已登录的不可移动文物有40万余处，包括各级文物保护单位7万余处。截至2006年第六批国家级文物保护单位名单公布，我国已有2351处国保单位，2013年新公布的第七批国保单位名单又将这个数字增加到了4294处。从分布上来讲，仅以数量较少的世界遗产为例，至2013年6月，除去世界自然遗产和文化与自然双重遗产外，我国已有31处世界文化遗产及文化景观，其中，就有12处是位于城市中②，占到了总数的比例近40%。若再加上各级历史文化名城和历史文化名

---

① 据统计，北京旧城中的胡同至今只剩不到1000条了。

② 这12处世界文化遗产或文化景观分别是：北京和沈阳的明清皇宫、部分段落的长城、拉萨布达拉宫、承德避暑山庄及周围寺庙、曲阜孔庙孔林孔府、平遥古城、苏州古典园林、丽江古城、颐和园、天坛、澳门历史中心、杭州西湖。

图1.1　北京旧城从景山向北看
（资料来源：笔者自摄）

图1.2　福建省福州三坊七巷街区鸟瞰
（资料来源：笔者自摄）

图1.3　四川省阆中古镇鸟瞰
（资料来源：笔者自摄）

图1.4　陕西省西安市古城城楼
（资料来源：笔者自摄）

镇，从保护制度已经识别的文化遗产名目中即可以看出，作为一个世界闻名的古国，我国的城市，尤其是历史城市中显然至今仍保有极大批量的文化遗产。但这些文物保护单位，也同样面临着城市发展的压力与被破坏的威胁。仍以前述的12处世界遗产为例，除了长城属于纪念物类型，杭州西湖属于文化景观的新类型外，其他10处位于现代建成环境中的世界文化遗产全部属于建筑群这一遗产类型，历史上的建成环境坐落于现代的建成环境之中，这体现出建成环境古来的传承特性及今日仍潜在的文化与历史价值，但是也正由于建成环境的重叠，城市文化遗产与城市历史景观的保护尤其困难。按照第33届世界遗产大会上UNESCO的世界遗产保护状况评估报告结论[6]，我国这些城市中的世界文化遗产地所面临的主要威胁，有很大一部分与城市发展压力有关，且往往涉及缓冲区问题。比如，对于北京的故宫、天坛、颐和园，主要威胁包括：城市建设压力；旅游压力；保护工作的文件整理缺乏。拉萨布达拉宫的主要威胁包括：遗产边界之内与周边的旅游相关设施建设与扩张；复建工程对历史中心城市肌理保护的消极影响。澳门历史中心的主要威胁包括：缓冲区附近的城市发展压力；突出普遍价值的阐述。丽江古城的主要威胁则包括：由遗产本体及周边的旅游业和商业发展所引起的真实性与完整性逐渐丧失；没有明确划定的遗产地界线和缓冲区边界；缺乏涵盖遗产本体与其周边环境的综合性总体保护规划。世界遗产是我国文化遗产保护体系中级别最高的，尚遭到如此多的威胁，其他城市文化遗产在城市发展压力下的威胁也由此可见一斑。

另一方面，现代城市发展在文化遗产保护面前也常常陷入困境。现代城市多从历史上的建成环境发展而来，文化遗产自然容易坐落于市中心或重要地区，随着经济快速发展，土地价值越来越高，城市文化遗产地则为多方利益所共争。即使难得从多方利益中保护下来的遗产地，也常常在城市化和城市现代化进程中，沦为现代化水平相对滞后、城市管理相对薄弱的局部地区。2005年，北京市社会科学院和社会科学文献出版社在北京联合发布全国首份“城区角落”调查报告——《北京城区角落调查》就在列举了北京的城区角落的7种类型后指出，“文物保护”型为其中之首[7]。

然而，这些城市中的文化遗产实际上既可以是城市死角或消极组成部分，也可以是人们生活中的积极组成部分，继承与发扬传统文化，甚或代表一地的形象。随着全球化的进程，城市趋同程度不断加剧，城市能否找回文化上的特色愈发受到关注。2002年我国颁发《中国文物古迹保护准则》和《阐释》，在文物古迹的社会效益与经济效益部分，就提出通过合理的利用来充分保护和展示文物古迹的价值，是保护工作的重要组成部分。在坚持以社会效益为准则，并且不影响文物古迹价值的前提下，认为应“充分发挥文物古迹在城市、乡镇、社区中的特殊社会功能，使其成为某一地区中社会生活的组成部分，或该地区的形象标志”[8]。2005年国务院颁发《关于加强文化遗产保护的通知》中，提出要在城镇化过程中，“切实保护好历史文化环境，把保护优秀的乡土建筑等文化遗产作为城镇化发展战略的重要内容，把历史名城（街区、村镇）保护规划纳入城乡规划”[9]的指导思想。2006年，时任国家文物局局长单霁翔也曾写书专门谈到我国的文化遗产保护在城市化进程中面临着“前所未有的重视和前所未有的冲击”[10]并存的局面，并对新时代的城市建设提出了战略层面上的文化期望，指出这些文化遗产将是从文化层面进一步推动城镇化发展的独特优势，同时将是解决当今城市所广泛面临的文化特色危机的关键性因素[11]。

21世纪是文化的世纪，伴随经济建设的日益繁荣与高楼大厦的迅速蔓延，人们正开始认知到传统文化及其空间遗存的珍贵性和不可复制性，同时也有一部分人逐渐了解到，很多情况下，尤其对于城市文化遗产，发展的、动态的保护理念要优于静态的博物馆式保护。但是目前仍较多的局限在情感认同中，其内在的逻辑思路与更具体的执行手段尚不清晰，本书希望解决的问题也正在于此，即通过研究和实践，在理论层面和操作层面为实现现代城市发展与文化遗产保护的有机结合贡献绵薄之力，使两者能更好地相互依存、相互促进。

二、重要概念界定

（一）城市历史景观

2005年5月，在维也纳召开了“世界遗产与当代建筑”国际会议，在会议发表的《维也纳备忘录》中，“城市历史景观（Historic Urban Landscape）”的概念首次出现。在我国，也有一些文献[12]将这个术语翻译为“具有历史意义的城市景观”。

最初提出这一定义所针对的对象是“已列入或者申报列入教科文组织《世界遗产名录》的历史城市”[13]，或者“市区范围内拥有世界遗产古迹遗址的较大城市”[13]。随着近些年来对文化遗产保护的研究不断深入，对于“遗产”，人们的认识得到深化，解读也更加广泛，其内涵得到扩展的一个重要体现就是开始引导人们认识到了人、自然、社会的关系。该文件认为，新的认识就对采取新的方式方法来保护和发展城市提出了要求，而这是在以往的宪章及建议书等国际文件中尚没有得到充分体现的，希望以“城市历史景观”的理念，在可持续保护的整体框架中对此进行讨论。

至于城市历史景观的概念，《维也纳备忘录》认为，其含义超出了以往各个保护文件中常用的“历史中心”“环境”“整体”等传统术语的范畴，包含更为广泛的区域背景和景观背景，比如体现在黏聚（cohesion）、价值（values）以及连续性（continuity）等方面[14]。这里最核心的认识转变在于“变化”不再是纯粹消极的，而是开始可以被看成城市传统的一部分。由此，城市历史景观成为对于在时间中持续变化的文化及社会价值的表达。而具体来谈，“城镇景观、屋顶景观、主要视觉轴线、建筑地块和建筑类型都是构成历史性城市景观特征中不可分割的组成部分。”[13]经过几年的讨论后，2011年联合国教科文发表的《关于城市历史景观的建议书》中，则将其相对明确的定义为，“理解为一片作为文化和自然价值及特性的历史性层积结果的城市地区，这也是超越‘历史中心’或‘建筑群’的概念，包含更广阔的城市文脉和地理环境。”[15]

很多学者也有自己的解读。比如隶属于联合国教科文组织世界遗产中心的“城市历史景观”项目负责人罗·范·奥尔斯（Ron Van Oers）（2012）曾谈到，城市历史景观的概念首先是一种思维模式，它把城市看作是在空间、时间和经验层面上，由自然、文化和社会经济过程建构而成的产物。实质上，历史城市景观是借用文化景观概念和方法管理活态城市的各动态关系和脉络[16,17]。加拿大学者朱利安·史密斯（Julian Smith）（2010）提出城市历史景观其实就是城市居民的文化景观[18]。意大利学者维维安娜·马尔蒂尼（Viviana Martini）（2013）则认为，城市历史景观的问题实际上是“城市历史景观的方法”，关注的目标应当是人居环境的质量，具体来说即是保障历史城市中社区的延续，并在保护历史文化地区及文化遗产本体的同时，保证其经济的和社会的多样性功能[19]。学者们尤其普遍强调了城市历史景观作为一种理念，其为方法论和思维模式带来的意义要大大先于具体的事务性组成。

（二）城市遗产

虽然城市历史景观的概念是在世界遗产的语境中产生出来，但被认为是同样适用于任何遗产的周边地区及文脉的。“城市遗产（urban heritage）”的概念便是作为“城市历史景观”的关注对象逐渐产生的。顾名思义，城市遗产自然就是坐落于城市环境中的遗产，有时也可能是城市本身。

在2005年的维也纳“世界遗产与当代建筑”国际会议上城市历史景观概念首次提出时，其对象还集中于世界遗产中的历史城市类型，或者市区内拥有建筑类世界遗产的城市，因为当时最主要的矛盾集中在受到保护的核心区域周边的高层或超高层新建筑对遗产地本体视觉上的重大影响，所以重点关注的是如何更好地处理这些城市中世界遗产与当代建筑的关系。然而顺应上文提到的，在城市历史景观框架下变化可以成为传统的思路，在城市历史景观的相关认知深化与研究开展四年后，2009年城市历史景观的预备研究书发表时，“城市遗产”一词就已经完全代替了以往“世界遗产”而成为核心的表述。至2011年《关于城市历史景观的建议书》的发表则更加明确的指出，城市历史景观的保护对象是所有的“城市遗产”[20]。保护“城市遗产”的理念至此正式纳入人们的视野，“城市遗产”是相对于以往深受关注的“世界遗产”而言的，是人们对于文化遗产认知范畴的又一次重大扩展，尤其强调了保护的广泛性、完整性，甚至文化遗产本身的“平民性”。

阮仪三先生（2004）很早就提出，城市遗产的保护和再利用有四大原则要坚守，即真实性、整体性、可读性、可持续性，虽然彼时城市遗产的含义尚未有十分明确的共识，这些原则仍然不失为很先进的认识[21]。屈洁（2010）将城市遗产分类为历史城市、历史街区、历史建筑，以便分别采取不同保护策略[22]。杨新海等（2011）则认为，城市遗产强调的是历史环境的整体性，认为这个概念不是把城市中的各类文化遗产简单集合起来，而是由所有关系到城市历史环境的物质的、非物质的要素共同组成，是一个相互联系的总体[23]。

（三）周边环境

周边环境的理念所倡导的保护关注范围超出了遗产的本体，是对世界遗产理念的另一次重要扩展。

2005年10月，国际古迹遗址理事会第15届大会在西安召开，与名为“古迹遗址及其环境——在不断变化的城镇和自然景观中的文化遗产保护”的国际会议同时进行。大会通过的《西安宣言》在国际上首次将“周边环境（setting）”这一概念正式提出并系统化，即第一条“历史建筑、古遗址或历史地区的（周边）环境[①]，界定为直接的和扩展的（周边）环境，即作为或构成其重要性和独特性的组成部分。除实体和视觉方面含义外，（周边）环境还包括与自然环境之间的相互作用；过去的或现在的社会和精神活动、习俗、传统知识等非物质文化遗产方面的利用或活动，以及其他非物质文化遗产形式，它们创造并形成了（周边）环境空间以及当前的、动态的文化、社会和经济背景。”[24]自此，“周边环境”正式成为了文化遗产保护国际社会所公认的提法，并伴随后来其他涉及历史城市的概念产生进一步发展演变，尤其折射对于出世界遗产理念中对于“完整性”的关注。

关于“周边环境”一词的翻译，国内文献中常常还与“环境”“背景环境”有混用，原因是“setting”在中文中很难找到准确对应的词语，比如在西安会议的各个中文材料里，对这个词就多次使用了不同的翻译：从参会通知中使用“背景环境”；会议期间的宣言初稿中使用“周边环境”，最终发布的《西安宣言》正式版中又使用了“环境”[25]。但是鉴于现状我国学术界仍然绝大部分采用“周边环境”的提法，笔者也将沿用这一术语。

（四）三个概念的重要意义

通过本节概述可知，三个术语都是近年来新兴起的，分别正式产生于2005年、2009年、2005年，每个概念的演变都受到其余两个概念演变的联动，这当然也是时代思潮影响的结果。笔者认为，“完整性”是三者共同强调的重点，“动态性”则是三者中共同贯穿着的最核心理念。相对于传统意义上的文化遗产，发展变化是一座有生命力的历史城市的必然特征[②]，那么针对这种普遍的现象，我们现在运用这些新的理念，首先可以更好地描述保护与发展间的问题，然后通过进一步的研究，将指导历史城市如何更好地应对变化。因此，它们是本研究意图解决历史城市中保护与发展问题时所涉及的三个最重要的基本概念。

三个概念的出现扭转了人们过去如图1.5所示的基于世界遗产框架对于

---

① 在《西安宣言》的中文版原文中使用了“环境”一词，是因为翻译曾有过前后变更的原因，所指是完全相同于“周边环境”的，下文对这一变更会有阐释。

② 即便是庞贝古城这种在过去相当长一段时期中曾经失去过生命力的历史城市，今日也因外来旅游者的不断踏访充满了生命力，同时面临着旅游业繁荣带来的现代城市发展与文化遗产保护冲突的问题。

历史城市的理解，即城市中可能有拥有缓冲区的世界遗产，以及其他一些较为重要的遗产。但这个理解是相对局部的、片段的，而且有时是局限的，这一方面体现在对遗产的认知不够充分，另一方面则体现在认知缺乏整体性的关联。

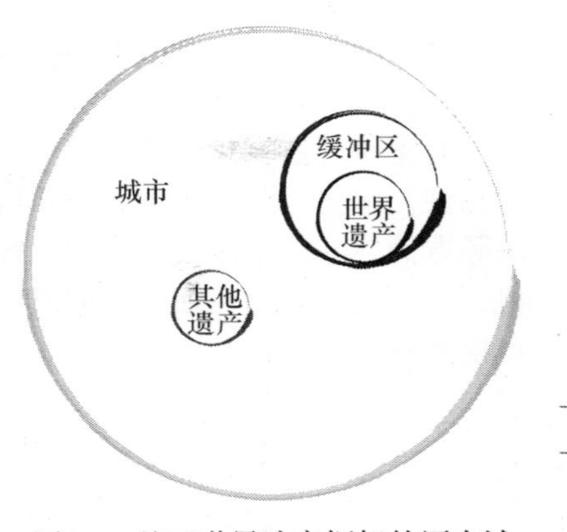

图1.5　基于世界遗产框架的历史城市认知图示（资料来源：笔者自绘）

然而，如若基于三个新的概念，从地理意义上的构成角度来讲，城市历史景观是更宏观的总体架构，城市遗产是星罗棋布的若干散点，周边环境则是许多不规则环绕的域。从逻辑角度来讲，则城市历史景观很大程度上是由城市遗产与周边环境所组成的，如图1.6所示。在历史城市中，这三个概念互相依存，又各有侧重，对于我们的历史城市认知范式转变具有重大意义。新的范式更具有了普遍性、整体性，以及联动性，可以协助我们更好的理解今天在历史城市中所见到的城市历史景观。

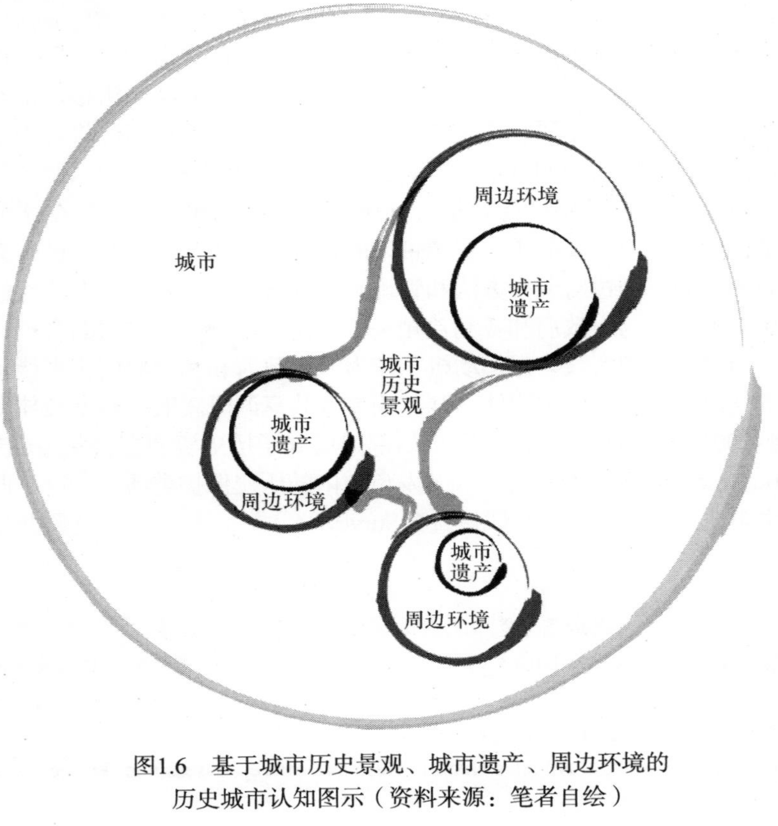

图1.6　基于城市历史景观、城市遗产、周边环境的历史城市认知图示（资料来源：笔者自绘）

三、研究综述

有鉴于前述背景中我国城市历史景观及城市文化遗产地保护的重要性与迫切性，国内相关领域近年来获得了较多的关注，研究成果也相对丰富。而国际方面，欧美很多发达国家也曾经历过或正在经历相似的传统城市文化危机，曾面临过或正在面临相似的新城市文化机遇，因此也有大量文献和案例可供参考。

（一）基础研究

1. 国外城市开展的基础研究

关于城市中文化遗产的整体状况的基础研究，国际方面，美国的盖蒂保护研究所（The Getty Conservation Institute）①走在了世界的前沿。早在2000年，盖蒂保护研究所就对是否可能在洛杉矶城做一个全面的全城范围的历史资源调查做出了初步评估，并在2001年出版了《洛杉矶历史资源调查评估项目总结报告②》[26]，调研覆盖了全城的15%，除了历史资料的可靠信息收集之外，还揭示出了城市遗产适应性再利用、邻里社区在保护中发挥的作用，以及文化旅游的强烈势头。从2002年起，盖蒂保护研究所与洛杉矶市政府及各利益相关者开始着手研究历史资源调查的方法，以及如何应将之用于城市文化遗产和社区发展的调查中。同时，市政府也对各市政部门强调了历史资源调查的重要性，及怎样将其整合到城市发展目标和项目中。在这个项目中，他们尝试去对全城的历史资源带来的社区、文化、经济利益进行综合性的调查和记录；通过对调查方法和管理问题的研究，开发一套专业性的历史资源调查方法；与市政府和各利益相关者合作，检测调查方法的合理性；刊发调查所得的保护实践与保护动机；作为城市政府和私营部门将来调研与管理时的信息来源；与保护团体、利益相关者共享调研获取的城市最佳实践信息。到2006年，洛杉矶市的城市规划部门成立了历史资源办公室（Office of Historic Resources），专门管理和开发市域内的历史保护类项目。这个调研的项目也被正式立项为“洛杉矶调查（SurveyLA）”，是由历史资源办公室主

---

① 盖蒂保护研究所是与盖蒂艺术博物馆、盖蒂教育、盖蒂奖学金共同下属于盖蒂信托基金（J. Paul Getty Trust）的组织，该组织主要致力于视觉艺术和人文学科，是一个国际性的文化与慈善机构。盖蒂保护研究所坐落于洛杉矶市，这也是调查最先选取洛杉矶市展开的重要原因。

② 英文原名为Los Angeles Historic Resource Survey Assessment Project: Summary Report。

导，盖蒂信托基金提供部分资金，盖蒂保护研究所提供技术协助和咨询支持的，项目至今仍在运行。已经有2004年《保护与复原洛杉矶历史住宅的奖励办法：写给私房房主的指导手册①》[27]，2008年《洛杉矶历史资源调查评估项目报告：全城性历史资源调查框架②》[28]等几份文献刊出最新研究成果。这个延续了十余年的大项目在自身城市遗产信息收集之外，还得出了很多其他重要结论，比如针对全市性的历史文脉陈述，调查的标准、规范、分类，以及社区的参与度，此外，他们还特别关注了调查信息中的管理问题，包括获取历史资源资料并允许公众查看的信息技术，公共机构对调查信息的使用，保护动机所扮演的角色，以及资金和时间的花销等问题。而在整个项目过程中最大的挑战主要有三点：保障信息的可靠性；获取足够深度的材料；还有社区力量的有效调动，使信息能取之于民而散之于民。这三点都是我国目前各机构开展的调查研究中都很少有做到，也很难做到的，有很深刻的借鉴意义。

稍晚于美国盖蒂保护研究所，英国的英格兰遗产组织（English Heritage）于2002年10月开展了“变迁中的伦敦——一个当代世界中的历史城市③”项目，至今已经以不定期的免费杂志的形式出版了9期，内容涉及伦敦城市中与历史环境有关的各种新闻和事件[29-37]。虽然作为调查研究算不上系统全面，但用更大众化、更及时性的方式引导了公众对于城市遗产和周边环境的不断变迁的关注，也是非常好的尝试。

2. 我国城市开展的基础研究

目前全国范围内，以上海市政府和阮仪三教授引领的同济大学团队为主导，上海市的城市遗产及周边环境相关研究开展得比较早，成果也比较丰富，上海全市的历史保护区和历史建筑都得到了相对全面的调查。上海的城市遗产中，近代建筑很多，住宅是一个重点类型，早在2003年，上海市的房屋土地资源管理局便对十九个区、县进行了全面摸底，特别调查了不属于已公布的优秀保护建筑名单中的其他居住类遗产，主要包括四类：花园类住宅、公寓类住宅、新式里弄类住宅、旧式里弄类住宅，而市区内四类的留存总量达到1200万平方米[38]。在各类调研的开展中，问题严重的城市遗产区域得到了保护与研究，比如犹太人在二战中的难民聚居区——提篮桥地段，原本是要被成片拆迁的，现在则成了上海的第十二块历史风貌保护区，同济

① 英文原名为Incentives for the Preservation and Rehabilitation of Historic Homes in the City of Los Angeles: A Guidebook for Homeowners。

② 英文原名为The Los Angeles Historic Resource Survey Report: A Framework for a Citywide Historic Resource Survey。

③ 英文原名为Changing London: An Historic City for a Modern World。

大学出版社还专门出版了《提篮桥：犹太人的诺亚方舟》[39]一书，将挖掘到的历史信息进行记录和传播；机遇难得的城市遗产得到了有效的再利用，比如同样发生在2003年的两个项目，莫干山路50号①、泰康路废弃的工厂区②都是对废弃的城市角落进行功能转化，现在都称为了上海重要的文化创意产业聚集地和有名的旅游景点[40]。阮仪三教授还曾多次撰文对上海市的城市遗产与周边环境保护理念和制度变迁历史进行梳理，并对未来名城发展方向提出建议[41-43]。

北京市在城市遗产及周边环境现状所做的基础性调查研究工作也比较多。有城市的文物周边环境普查性研究，如伴随奥运的契机，北京市政协文史资料委员会在2007年对北京322处的市级以上文物保护单位、500余处县级文物保护单位、2000余处一般古建筑群及其周边进行了整体性的调查研究[44]。根据该文献中的数据，北京市市级及以上的文物保护单位中，文化遗产本体及周边环境存在安全隐患的比例高达60%，而在区县级文物保护单位中，这一比例则达到了90%之高，问题的严峻性由此可见一斑。并且文章分析了造成这些困境的主要原因，即：领导干部的认识存在误区；相关的政策法规不健全且难落实；管理体制亦缺乏协调，监管不力；文物保护单位的利用不合理；整治周边环境的专项资金投入不足，共五个方面，比较全面的揭示了北京城市遗产及周边环境保护的总体现状。此外，高等院校的成果也很丰富，如清华大学出版的北京古建筑五书，其中《北京古建筑地图》覆盖了北京302处较为重要而完整的古建筑，以及719处尚存或刚刚毁去的古建筑，除剖析各建筑单体或建筑群外，还从街区或城市的角度来介绍，将其理解为城市有机整体的一部分[45]。针对城市遗产的本体，孔繁峙（2011）在《北京名城保护的几个问题》中指出，在北京市的98处全国重点文物保护单位中，有33处都是不对外开放的，而在224 处市级文物保护单位中，不开放的则达到165处之多[46]。也有针对某一片区的详细研究，比如北京的什刹海片区，有西城区政府专门成立的什刹海研究会编纂《什刹海志》一书全面而深入的搜集了历史与现状基础信息[47]。也有张明庆等（2007）在《北京什刹海地区名人故居的现状及其旅游开发》中对什刹海地区的名人故居做了详尽的调查，并提出开发利用的设想[48]。清华大学的董莉（2006）在硕士论文《什刹海地区寺庙周边环境保护与发展研究》中则重点关注了什刹海最核心的遗产类型——寺庙，在一一调查分析后指出，位于这一地区的寺庙和社区的关系从历史上就极其密切，相比于山林乡野之中的宗教圣地，更像是城市中的公共活动场所[49]。阙维民等（2012）的《城市遗产保护视野中的北京大栅栏街区》则对大栅栏地区各个片区的传统建筑比例、仿古建筑比例、

① 该项目也简称为M50。

② 该项目也称为田子坊。

全新建筑比例，建筑本身功能转化情况，以及街巷的岔口类型等做出调研和统计[50]。另外，2005年故宫缓冲区的划定前后，出现了很多基于故宫的周边环境现状的研究。如故宫博物院副院长晋宏逵（2005）的《北京紫禁城背景环境及其保护》，以紫禁城的遗产环境与保护为实例，介绍了它的形成、构成因素、改变历程，以及现状的保护，并阐明了保护的政策，文章认为，随着人口急剧增加、社会和城市性质变革、西方建筑形式和材料侵入，以及社会经济进步和居民生活方式巨变，故宫的环境不断被改变和破坏，而历史文化名城和历史文化保护区的划定，加上世界遗产委员会上公布划定的北京故宫缓冲区被认为是最重要的保护措施[51]。中国历史文化名城主要倡议人之一郑孝燮（2005）的《古都北京皇城的历史功能、传统风貌与紫禁城的"整体性"》一文进一步具体化了故宫环境中的要素，认为"天子三门与一朝"均在皇城内的宫城以南，"镇山"则在宫城以北，此外东西皇城均还存有明清时期的文化遗产，由此得出，宫城与皇城应在整体性的层面上加以保护和传承[52]。北京市房协的蔡金水（2004）也曾撰文《用有机更新解决故宫保护缓冲区保护改造与发展的矛盾》，文中谈到故宫缓冲区的划定，对作为环境的东西城区，尤其是对有大量胡同和居民东城区影响很大，叫停了本已立项规划的鼓楼东等十几个危旧房改造项目，要求修改其规划，提倡有机更新的做法[53]。

此外还有和红星（2009）对西安市的城市遗产保护状况做出总结，认为西安市的保护方法曾经先后经过划定保护区后消极保护的阶段、被动重建复建的阶段及主动的以文化产业带动周边环境复兴的阶段，并总结出以典型遗产为代表的三类开发模式，重点关注了西安比较众多的遗址类城市遗产[54]。丁波（2007）对南京市的城市遗产保护与更新的核心内容加以归纳和明确，并对比分析了近些年来南京市涉及城市遗产区域的规划及建设过程中出现的经验教训[55]。

3. 基础研究综述的小结

正如《〈西安宣言〉重视文物周边环境》中专家们所言，在我国的文化遗产保护领域中，保护文化遗产的周边环境，将是措施的综合性最强、经费的需求也最高，并且会是受到我国社会发展，以及人口、资源、环境等影响最大的一项工作[5]5。彭馨（2007）的《保护文物周边环境有法可依》一文在简述了相关国际宪章、宣言的大致发展历程及各国国内法中具体的实践后，也提出，要对文化遗产及其周边环境的整体风貌进行全面保护所面临的问题非常复杂，远烦琐于一般的产权关系明确、保护范围清晰的文物保护单位，在目前的法律制度所能涵盖和应当涵盖的范围之外，还有很多有关利益相关者之间相互博弈的现实现象[56]。城市文化遗产及其周边环境作为一个各种法律法规交接的灰色地带，问题的提出与解决都需要有庞大的现状调查研究数据及具体案例作为基础，我国的这些基础研究刚刚起步，需要向先进国家和地区学习并加强。且很多城市虽然已经拥有较为完善的信息，但并不予以公开和共享，然而城市遗产与周边环境现状问题已经十分严峻，亟待理论研究与项目实践加以解决。

（二）理论研究

1. 国外的相关理论研究

城市历史景观（Historic Urban Landscape）、城市遗产（urban heritage）、周边环境（setting）都是近年来联合国提出的国际通用术语，上文在重要概念界定时已有所阐释。而各个国家，尤其比较早认识到保护与发展之间存在协调问题的国家，也早已有他们惯用的术语表达相似的理论研究，当新的术语产生时，他们也会将之与原有理论相互解释和优化，而非全盘接受。

欧洲是这方面研究当之无愧的先行者，其整体性保护思路的起源至少可以追溯到1975年“欧洲建筑遗产年”时，欧盟商讨发布的《欧洲建筑遗产宪章①》。其中第一条就特别指出，欧洲的建筑遗产应当不只包含我们最重要的纪念性建筑，还应该包括那些位于老城镇中的也许不那么重要的建筑群，以及拥有自然或人造周边环境的典型村落[57]。宪章进一步解释说，多年来，只有主要的纪念性建筑得到了保护和修复，它们的周边则未被重视，然而最近人们才认识到，如果周边遭到损坏，纪念性建筑本身也会大大失去自身的特质。那些并不包含某些突出价值单体的成组建筑群，有时会拥有一种艺术性的氛围，能将不同时代和风格和谐的相互衔接为整体，而这类建筑群是应该受到保护的。同时，认为对于“建筑遗产”的理解应当是历史的一种表达，可以协助我们理解过去与当代生活的关联，只有整体性的保护才能避免它们遭遇危机。在当时都是十分先进的认识。

英国是老牌的欧洲发达国家，比较早地遇到了城市中保护与发展的矛盾问题，并进行了研究，也是新中国刚成立改造北京旧城时，在当时具有极大先进性的梁陈方案曾专门学习借鉴的国家。在英国，惯常使用的术语是“历史环境（historic environment）”。2012年3月起，在英格兰历史环境的管理问题上，新法律文件《国家规划政策框架②》取代了已沿用多年的原有法令《为历史环境而规划：历史环境的规划实践指南③》，在其保护与提升

① 英文原名为European Charter of the Architectural Heritage。

② 英文原名为National Planning Policy Framework，简称NPPF。

③ 英文原名为PPS5 Planning for the Historic Environment: Historic Environment Planning Practice Guide，简称PPS5。

历史环境一章中，指出地方规划当局应该在当地规划中为历史环境的保护和享用做积极的决策[58]。涉及历史环境，英国法令很少单独使用保护一词，而是一定要与提升、享用等等这些更具有积极情感和实用主义色彩的词语并列，英国的相关理论研究也自然十分强调这种物尽其用的态度。英格兰遗产（English Heritage）发表的一系列理论研究成果都贯穿了这种物尽其用的思路[59-62]。英国学者Ian Strange等（2003）则对遗产保护在英国历史上不断变化的角色和目的做出综述，认为在很大程度上，这是跟随着城市需求的变化（changing urban needs）而变化的，在过去的近40年中，保护活动早已经从单纯的修复工作转型为城市更新和经济发展的庞大工程中的一部分，而针对英国现状，未来最为重要的四个课题将分别是：由保护为主导的更新；保护与可持续发展；保护与规划过程；保护的管理。[63]

其实世界各国的学者都有过很多涉及历史城市中保护与发展矛盾问题的著作，只是不同时期尚未共同使用"城市历史景观"一词。在城市方面，比如美国学者凯文·林奇（Kevin Lynch）的"城市意象"理论[64]，柯林·洛（ColinRowe）的"拼贴城市"理论[65]，罗杰·特兰西克（Roger Trancik）的"失落空间"理论[66]，日本学者黑川纪章（Kisho Kurokawa）的"共生城市"理论[67]，意大利学者阿尔多·罗西（AldoRossi）的"相似性城市"理论[68]等等，城市设计层面下本命题可以借鉴的言论可谓非常丰富。在城市规划著作《美国大城市的死与生》中，简·雅各布斯（Jane Jacobs）提出，一个地区应当包含各式各样年代与状况都互不相同的建筑，尤其应当包括有占一定比例的老建筑，并且，特意强调她所说的老建筑，并不仅仅是指博物馆之类的，或需要昂贵修复费用的那些十分典雅的老建筑，还应当包括很多非常普通的、并不华美的、价值一般的老建筑，甚至包括一些破旧的老建筑，她认为老建筑对于城市不可或缺，否则街道和地区就会因失去多样性而最终失去发展的活力[69]。此外，从建筑现象学、文脉主义、隐喻主义、地域主义以及建筑类型学等众多建筑学理论中也都可以看到设计对历史环境的尊重和呼应。国际上，美国布伦特.C.布罗林所著的《建筑与文脉：新老建筑的配合》从延续历史文脉的方面系统性地论述了新旧建筑共存的方方面面[70]。俄罗斯的保护官员О.И.普鲁金所著的《建筑与历史环境》一书，则是对他从事文化遗产保护实践近50年的工作做出理论总结，其中也从建筑之间的高度关系、空间体量关系、轮廓线的关系等几个方面论述了历史环境中新建筑的设计问题，普鲁金教授认为应当达到"应用历史城市规划的传统方法，使新区与历史街区充满生命力的相互融合"的效果为好。[71]

2. 我国的相关理论研究

1985年李雄飞的《城市规划与古建筑保护》以大量精美的手绘图展现了国内外的城市环境设计中对古建筑予以保护的案例，并介绍保护方式，探索设计手法[72]。中国工程院院士王瑞珠1993年所著的《国外历史环境的保护和规划》也是我国较早的系统论述历史环境保护的学术专著[73]。清华大学的朱自煊、郑光中等也很早关注到了城市中的文化遗产保护问题，主要以北京和黄山的屯溪老街为研究重点，成为早期关于历史文化保护区讨论的先行者，在80年代末及90年代早期就已发表有许多相关的期刊论文，提倡用优秀的城市设计来真正保护与继承古都风貌[74-80]。在这些早期探索之后，当推同济大学对城市遗产的周边环境保护的研究成果最为丰富：如阮仪三的《城市遗产保护论》[81]涵盖了作者多年来关于城市文化遗产保护存在中的真实性问题、政府运作及市场机制问题、旅游的合理开发等问题的思考；张松的《历史城市保护学导论：文化遗产和历史环境保护的一种整体性方法》，论述核心是历史城市的保护问题，重点讲解整体性的文化遗产保护理论及相应的规划方法[82]；张松做的另一个重要工作是基础性资料的整理和翻译，即《城市文化遗产保护国际宪章与国内法规选编》[12]；常青的《历史环境的再生之道：历史意识与设计探索》则偏向于实践总结[83]等等。单霁翔2006年出版的《城市化发展与文化遗产保护》一书，在详尽分析我国城镇化过程中“文化生态”的巨大变化，以及各类基本建设和旅游浪潮对城市中的文化遗产造成严重威胁的事实基础上，认为我国应当即刻大力加强文化遗产保护工作力度，尤其应反对不合理利用或过度开发的行为[10]。2010年发表的另一篇文献则汇集了单霁翔近些年在国内外多个会议上，以城市文化建设如何与文化遗产保护相互协调，并共同改善为主旨所做的报告，继续强调了当今是一个城市加速发展、城乡建设以及城市基础设施加速建设，而致使文物保护陷入危机的关键时期，文化遗产保护、城市文化特色保护都处于最紧迫、最关键的历史阶段[84]。清华大学的张杰和吕舟的专著《世界文化遗产保护与城镇经济发展》从保护经济学的角度切入，调查研究了我国20处世界文化遗产地及其所在城镇，探讨本体保护与城市发展的联动关系[85]。另外，钟舸的博士论文《和谐共生的城市与历史文化遗产研究：郑州商城大遗址为例》[86]，以及方可根据博士论文出版的《当代北京旧城更新：调查·研究·探索》[87]等也都从城市规划的层面上对具体城市或案例做出了讨论。而针对“城市历史景观”的专题，吕舟老师指导的龚晨曦（2011）硕士论文《黏聚和连续性：城市历史景观有形元素及相关议题》[14]，以及孙燕（2012）博士论文《世界遗产框架下城市历史景观的概念和保护方法》[88]，都做出了比较深入的理论追溯与思想总结。

另外，2005年的《西安宣言》是ICOMOS在我国首次发表这类级别的国际文件，因此对我国学术界影响尤为重大，这之后关于文化遗产周边环境理念的相关研究如雨后春笋，对宣言的解读也促进了关于城市历史景观及城市遗产等话题的相关讨论。嗅觉最灵敏、反应最快的当然是报纸类的文献，《中国文物报》2005年12月特刊中，国家文物局副局长、中国古迹遗址保护协会主席张柏的《〈西安宣言〉的产生背景》一文详细阐述了保护文化遗产环境的理念背景，以及《西安宣言》从概念到草拟到发表的艰辛历程[89]。其他各报纸在宣言颁布的2005年当时的深度报道中也表达了很多专家的观点，比如《光明日报》12月的《〈西安宣言〉重视文物周边环境》中有专家表示，每件文物在形成时都有其历史的原因、自然的原因，这往往和当时特定的社会的、意识形态的、自然的等周边环境属性密不可分，所以认为周边环境应当被看作是孕育出文物的母体[5]。然而同时专家们都承认保护文物环境的难度很大。《北京日报》同月《文物周边环境保护成为专家热议主题》中，建设部副部长周干峙强调了文物保护工作的整体性，表示文物环境、遗址环境及历史街区的相关工作都会补充和促进我国文物、历史文化名城，还有历史地区的保护[90]。期刊方面，宣言起草者之一，国际古迹遗址理事会副主席郭旃（2005）的《〈西安宣言〉——文化遗产环境保护新准则》集合表述了多位专家学者在宣言起草以及后续讨论中产生的大量深刻思考，比如文化遗产环境概念的提出对遗产动态性、复合性、完整性及系统性的关注等等，是非常有启发的解读性文献[91]。罗佳明（2007）的《〈西安宣言〉的解析与操作》对宣言产生的历史背景、核心概念、重要意义，以及在我国文化遗产保护实践中操作方式的建立进行了探讨[25]。

3. 理论研究综述的小结

因为历史城市中的文化遗产保护与城市建设涉及面很广，能带出的问题也就非常多，所以相关理论可能来自多个方向，异常丰富，这里只能取较有启发性的略述一二。国外部分宏观制度层面上重点介绍了欧洲和英国，学者研究则更多来自美国，这也折射出这块领域相关研究与操作的发达程度的地理分布。我国这部分研究开展比较早的当属上海地区的同济大学。而目前的状况则是，虽然有大批学者领悟到了这个课题的重要性和开放性，尤其2005年《西安宣言》在我国的发表是一个助力器，引发了业界的广泛关注和讨论，但往往仅流于强调重要性，真正能自成体系、有深度的钻研至今仍不多见，换言之，这个重要性与开放性兼具的课题到底该如何开放，向何处去仍鲜有涉及。综上，可以说我国的理论研究仍然处在萌芽阶段，有待加强。

（三）实践研究

由于我国城市遗产的广泛存在，和近年来文化遗产不断升温的关注度，实践案例研究文献也较为丰富。单霁翔以《文化遗产保护与城市文化建设》一书，再次聚焦这一问题。涵盖到文化学科、文化遗产学科，以及城市规划学科等多个学科，在人居环境科学相关理论的框架与科学发展观的指导之下，通过跨学科的研究方法，展开研究、测算和分析，探讨我国文化遗产保护和城市文化建设的可持续发展问题[92]。本书亦是在这一思路的框架下，综合文化遗产保护、城市规划、建筑设计三个相关学科方向，从城市遗产与周边环境的保护实践、城市历史景观的规划实践、周边环境中的新建建筑实践三个角度分别综述我国现有的实践成果。

1. 城市遗产与周边环境的保护实践研究

城市遗产类型丰富，不同类型的保护实践会有较大差异，而同类型的则可互为借鉴。其中有城墙类的文化遗产及周边环境研究，比如华中科技大学潘琴的硕士论文（2006）对荆州城墙及周边环境的调研、分析及建议[93]；南京艺术学院赵楠艳的硕士论文（2006）从景观角度对南京明城墙及周边的分析与设计等[94]。有历史街区类的文化遗产及周边环境研究，比如清华大学董莉的硕士论文（2006）对什刹海地区寺庙周边环境的历史演化、现状调查和保护建议[49]；西南交通大学周遵奎的硕士论文（2008）对成都文殊院历史文化街区更新改造后的调查[95]；以及张倩、李志民（2009）参与调研的郑州商城文化区等[96]。传统的文化遗产类型纪念性建筑及周边环境的研究有赵文斌、李存东、史丽秀（2009）对布达拉宫周边环境整治规划和设计方案等[97]。还有新遗产类型大遗址文化遗产及周边环境研究，如孙福喜（2009）的《从〈西安宣言〉到〈西安共识〉——大明宫国家遗址公园的构想与实践》[98]。此外，对于整体历史城市的类型，霍晓卫和李磊（2009）的《历史文化名城保护实践中对遗产“环境”的保护——以蓟县历史文化名城保护为例》梳理国际遗产保护领域对遗产“环境”保护的认识历程，指出对于“环境”保护概念的理解变化是推动世界范围内文化遗产保护思潮前进的原动力之一，并由此结合蓟县实践，对我国遗产保护体系——历史文化名城保护制度做出增补调整的方法探索与建议[99]；西安建筑科技大学陈峰（2009）的硕士论文《历史文化遗产周边环境保护范围的界定方法初探——以郑州商城文化区商城遗址保护为例》研究了界定文化遗产环境范围的影响要素系统，涵盖了物质要素和非物质要素两个系统，并以视觉控制为出发点提出景中视点结合景外视点的控制方法，并进一步结合实例研究探讨了较为合理的界定方法[100]。

2. 城市历史景观的规划实践研究

在城市设计的深度上，很多文献都涉及景观控制的问题。这方面最为著名的一本书是日本学者西村幸夫（2005）的《城市风景规划：欧美景观控制方法与实务》，该文献指出将“风景”纳入城市规划体系已经成为欧美各国近年来的潮流，并收录了英国、法国、意大利、奥地利、德国、美国、加拿大共七地的城市景观控制规划制度和做法，是非常完善的参考资料[101]。

我国学者唐子来等也对世界各发达国家的城市规划及景观控制体系做出综述[102-119]。

针对我国具体的实践，目前成果也有不少。2012年，吴良镛先生等清华大学的学者策划为北京建立“文化精华地区”，是指在现有的世界遗产保护体系、各级文物保护单位体系，以及历史文化名城与历史文化街区保护体系之外，进一步予以升华和强化。初步划定的体系包含了七个文化精华地区，其中旧城内有三块，如图1.7所示：中轴线，东西轴线，东四大街、西四大街和朝阜大街；旧城外有四块：西北山水文化景观区，西南历史文化长廊，燕山文化精华地区，以及万里长城北京段[120]。文化精华地区的提法是基于“生成整体论”的，事实上也体现出对城市历史景观的关怀。小

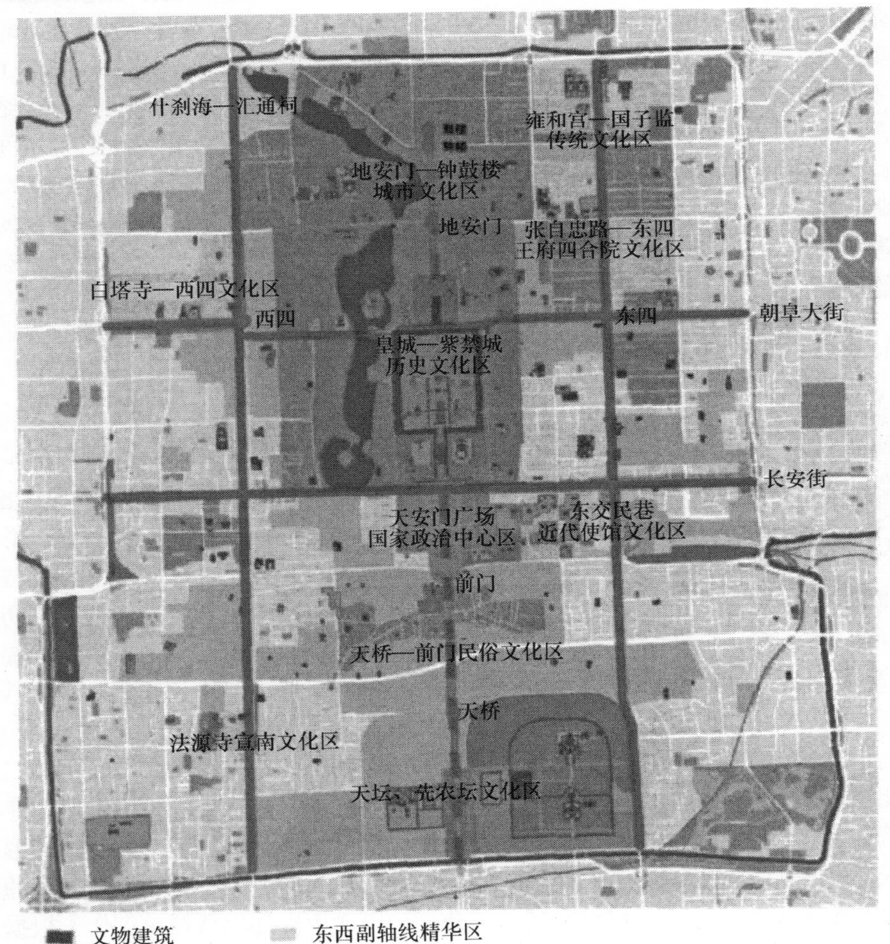

图1.7　吴良镛先生等提出的北京文化精华地区示意图（旧城范围）[120]

一级尺度到北京某个地块的规划实践研究就更加丰富多彩了，仅以什刹海地区为例，就有边兰春（2009）将什刹三海沿岸规划为活力商业区、古迹旅游区、水岸观景区和休闲活动区四块功能类型，并对许多重要节点做了具体空间设计，使地区活力得到复兴，并带动文化旅游，创造宜人环境[121]。朱文一等（2013）从更微观角度出发，考察前海南岸荷花市场的变迁及空间现状[122]。原智远等（2011）则从产业角度对该地区进行科学定位，做合理的产业规划和环境整治[123]。

其他城市比如苏州，蓝刚（2000）建议在现有的《苏州城市景观控制规划》之外，继续增加点、线、面的多层次的细化控制，诸如城市轮廓线就可以考虑划分为由北寺塔等古塔构成的“高轮廓线”，由殿堂、城楼等较为高大的古建筑构成的“中轮廓线”，以及由大量的民居和桥所构成的“低轮廓线”，以突显城市特色[124]。西安建筑科技大学丁芸的硕士论文（2008）《历史环境中商业空间的城市设计研究——以项王故里景区为例》选择了结合心理学与行为学的相关理论，专门以处于历史地段环境中的商业外部空间类型为研究对象，从城市设计角度进行研究[125]。以及刘祎绯等（2014）对藏北高原上的历史文化小镇索县，通过城市规划、城市设计，以及一些重要建筑设计和策划等，从多个尺度上对文化再生进行引导[126]，都是十分有益的探索。

3. 周边环境中的新建建筑实践研究

图1.8　北京菊儿胡同鸟瞰（资料来源：百度图片）

关于历史环境中的新建筑创作方面的研究在我国也很早就是建筑师们的关注点。吴良镛先生早在1993年即撰文提出“一切建筑都是地区的建筑”的观点，并以北京菊儿胡同（如图1.8所示）、隆福寺商业街区改建两个创作实例，说明了历史环境中新建筑创作的四个基本观点，提倡采用“抽象继承”，从“迁想”获“妙得”[127]。

2000年以来，大量建筑学的学位论文不断深化这一领域的研究，笔者只能略综述一二。重庆大学王家倩的硕士论文（2002）《历史环境中的新旧建筑结合》将历史环境中新旧建筑相结合的类型分为扩建和插建，并从具体形式上和在城市空间两个层面论述了结合的具体手法[128]。清华大学孙婳的硕士论文（2004）《“建筑空缺”弥补——也谈历史环境新建筑创作》根据“建筑空缺”，亦即因为原有建筑遭到毁坏而变成的闲置空地的形态，从边界、区域、标志三个方面探讨其弥补方式，并从布局与形式两方面对历史环境中的新建筑创作原则和方法做出总结[129]。湖南大学吴丰的硕士论文（2005）《中国传统建筑文化语言的现代表述的研究》对我国传统建筑的特色语汇体系及其文化基础做了基础性的研究，并对传统建筑语言的现代转换做了可能性探讨[130]。武汉理工大学覃小燕的硕士论文（2006）《城市历史环境中新建筑的设计原则与手法的研究》结合案例归纳设计手法，从宏观、中观、微观层面分别探讨了在局部更新的城市历史环境中的新建筑设计原则和实现方法[131]。西安建筑科技大学王文正的硕士论文（2008）《历史文化遗产资源周边环境中的建筑设计研究——以陕北志丹马头山风景区景点建筑设计为例》以文化遗产与其环境的内在整体关系为出发点，通过分析典型案例，总结出利用文化遗产资源的四种策略及文化遗产环境中新建筑设计的原则和手法，并辅以实际项目论证[132]。同校同导师孙丽娟的硕士论文（2009）《历史文化遗产周边环境中建筑语汇的表现方法研究——以郑州商城文化区为例》则结合案例调研和实践，总结归纳文化遗产环境中建筑语汇的现代转换模式及表现手法[133]。此外，还有的学位论文专注于历史环境中专项类型的新建筑的深入研究，比如，湖南大学任瀏的硕士论文（2004）《从历史地段下当代专题博物馆的研究看中国书院博物馆》重点研究了书院博物馆，尤其是陈列馆，在历史环境中的建筑设计[134]。西安建筑科技大学徐伟楠的硕士论文（2004）《与历史环境相协调的酒店建筑设计——以阙里宾舍、唐华宾馆和苏州喜来登大酒店为例》以案例分析法研究了近来历史文化名城和文化遗产环境中大量建设的酒店建筑[135]。

期刊方面的讨论则更多，如章明和张姿（2001）的《欧洲新旧建筑的共生体系》以断裂、渗透、涵盖三种特征性倾向为视角，为新旧建筑共生体系研究提供了更多方位的审视[136]。宋言奇（2003）的《城市历史建筑周边环境的设计》认为城市历史建筑周边环境中的新建筑是历史建筑周边环境的重要组成部分，对它的设计可采用构件贴加、体形延续等诸多方法[137]，这里暂不赘述。

4. 实践研究综述的小结

由于我国近年来涉及城市历史景观问题的实践项目已经浩如烟海，人们已经普遍能够意识到保护城市遗产的重要意义，同时，周边环境也越来越被视为具有历史、文化及经济价值的城市区域而得到利用。不过，实践研究虽然量大，但绝大部分缺乏理论体系，只是单纯见招拆招的解决问题，且采用的套路有很大相似度。如何在数量不断积累的基础之上，探索出更系统的认识论和方法论，亦即怎样理解地段存在的问题，和如何按照一定原则解决问题，做战略性的思考，可能是我国相关实践研究下一步应当努力的方向。

（四）我国城市历史景观的十年研究综述

1.“城市历史景观”理念与三份联合国官方文件

“城市历史景观”是近年来在文化遗产保护与城市规划领域逐渐兴起的一种新理论，由联合国教科文组织首先提出并推行，是可以用于指导历史城市在面临保护与发展的矛盾时，采用的一种整体性的方法。该理论既继承和发展了文化遗产保护理论体系中自1962年起的若干公约、建议、宪章、宣言①，又融合了城市规划学科中关于城市景观、历史风貌、历史城市管理等多领域研究成果，尤其借鉴了景观的语言方法，形成一套较为完整的集大成的理论。虽然与以往一些常见术语表述相似，如历史景观、城市景观、城市历史文化景观等，研究内容也有所关联和重叠，相互也有借鉴，但是本文中所综述的“城市历史景观”所指是2005年以来逐渐形成和发展的一套独立体系。

自2005年5月的《维也纳备忘录》中“城市历史景观”术语首次问世，引发思考；到2011年11月《关于城市历史景观的建议书》中该术语正式提出，广泛讨论；再到2013年6月的《历史名城焕发新生城市历史景观保护方法详述》中城市历史景观作为保护的方法逐渐成为共识——这三份由联合国教科文组织先后发布的官方文件既是见证城市历史景观相关工作推进的三座里程碑，也是研究其十年来理论不断建构和发展的过程性基础文献。

（1）《维也纳备忘录》（2005年）

2005年5月，在维也纳召开的“世界遗产与当代建筑”国际会议上发表的《维也纳备忘录》中，“城市历史景观”的概念首次问世。

《备忘录》的关注对象仅为“已列入或者申报列入教科文组织《世界遗产名录》的历史城市”[13]，或者“市区范围内拥有世界遗产古迹遗址的较大城市”[13]，但关注点则在于当代的发展对这些“具有遗产意义的城市整体景观”[13]可能造成的影响，并重点建议未来应更关注当代建筑在历史环境中的协调问题[13]。因此，此时提出的城市历史景观被认为应当是一个超越以往各部宪章和保护法律中惯常使用的“历史中心”、“整体”或“环

① 这些公约、建议、宪章、宣言至少包括：联合国教科文组织颁发的1962年《关于保护景观和古迹之美及特色的建议书》、1968年《关于保护公共或私人工程危及的文化财产的建议书》、1972年《保护世界文化和自然遗产公约》、1972年《关于在国家一级保护文化和自然遗产的建议书》、1976年《关于保护历史或传统建筑群及其在现代生活中的作用的建议书》、2005年《保护和促进文化表现形式多样性公约》；以及国际古迹遗址理事会颁发的1964年《国际古迹遗址保护与修复宪章》（威尼斯宪章）、1982年《国际历史花园宪章》（佛罗伦萨宪章）、1987年《保护历史名城和历史城区宪章》（华盛顿宪章）、2005 年《西安宣言》；等等。

境”等传统术语的概念，涵盖到“更广阔的区域和景观文脉”[13]，其保护和保存对象既包括保护区内的单独古迹，也包括“建筑群及其与历史地貌和地形之间在实体、功能、视觉、材料和联想等方面的重要关联和整体效果”[13]，从理念上为历史城市中的遗产保护打开了一扇窗，将其与城市设计、城市景观、城市规划联结起来。不过，囿于当时的认知，从实践角度，其所指最终仅仅考虑和表述为“任何建筑群、结构、开放空间，与其自然和生态语境所共同组成的整体，也包括考古和古生物遗址”，今天看来难免略显局促，难以落实。

（2）《关于城市历史景观的建议书》（2011年）

《维也纳备忘录》提出进一步建设城市历史景观理论的建议[13]并得到采纳之后，在2006年到2010年间，联合国教科文组织开展了以吴瑞梵先生为负责人的世界遗产城市项目，并先后组织召开了8次国际专家研讨会①，讨论了在当代建筑造成的影响之外，历史城市保护中可能面对的更多新威胁和新挑战。《关于城市历史景观的建议书》便是在这些讨论的基础上得以拟出。

此时在定义条目中，城市历史景观被解释为“理解为一片作为文化和自然价值及特性的历史性层积结果的城市地区，这也是超越‘历史中心’或‘建筑群’的概念，包含更广阔的城市文脉和地理环境”[15]。不过与此同时，《建议书》的开篇也提出“城市历史景观方法作为一种保存遗产和管理历史名城的创新方式具有重要意义”[15]。这是城市历史景观在官方文件中国首次与“方法”连接使用，并由此指出“景观方法（landscape approach）”的采纳将有助于城市特征的保持，而这一方法的关键步骤可能包括：

①对历史城市的自然、文化和人文资源进行普查并绘制分布地图；

②通过参与性规划以及与利益攸关方磋商，就哪些是需要保护以传之后代的价值达成共识，并查明承载这些价值的特征；

③评估这些特征面对社会经济压力和气候变化影响的脆弱性；

④将城市遗产价值和它们的脆弱性纳入更广泛的城市发展框架，这一框架应标明在规划、设计和实施开发项目时需要特别注意的遗产敏感区域；

⑤对保护和开发行动排列优先顺序；

⑥为每个确认的保护和开发项目建立合适的相应伙伴关系和当地管理框架，为公共和私营部门不同主体间的各种活动制定协调机制。[15]

将城市历史景观作为方法的重新提出，比之于之前“具有遗产意义的城

---

① 8次国际专家研讨会分别举行于：耶路撒冷（2006年6月）、巴黎联合国教科文组织总部（2006年9月）、俄罗斯圣彼得堡（2007年1月）、巴西奥林达（2007年11月）、印度昌迪加尔（2007年12月）、巴黎联合国教科文组织总部（2008年11月）、津巴布韦石头城（2009年12月）、巴西里约热内卢（2009年12月）。

市整体景观”[13]实体，设定了设计城市遗产保护战略并将其纳入整体可持续发展的更为广泛的目标，方法步骤的具体提出也表明了景观理念之下遗产保护愈加广阔和开放的格局。

（3）《历史名城焕发新生城市历史景观保护方法详述》（2013年）

UNESCO于2013年出版的这本小手册是对《建议书》的延伸和推广，相比于前两个文件更注重宣传性而非严肃性，新的建构性内容较少，但更具可读性，也继续推进了城市历史景观相关理论与实践的进程。

该手册重申了城市历史景观已有理论和方法，指出与传统的通过“区域划分”将城市分隔为一个个单独保护区并由此形成历史保护“孤岛”的方法相比，城市历史景观方法“将文化多样性和创造力视为人文、社会和经济发展的重要资产”，“确属另辟蹊径”[138]，并列举了里昂、阿姆斯特丹、伊斯坦布尔等城市的优秀实践案例。另外值得注意的是，该手册强化了“层次（layer）”的概念，作为对《建议书》中“层积（layering）”概念的延伸阐释。笔者曾撰文谈到“层积”概念对于深化落实城市历史景观方法的重要意义，班德林与吴瑞梵2014年12月编著出版的《重新连接城市：城市历史景观的方法与城市遗产的未来》一书也是分为“城市保护的层积维度”与“方法的建构”两个部分来组织全书结构。显然，虽然“层积”概念在《建议书》中仅出现过5次，但随着理论的不断建构，其极有可能成为城市历史景观方法进一步深化落实的关键点之一。

（4）小结

“城市历史景观”概念自2005年首次出现，到2011年正式提出，2013年强化宣传，其理念自身也经历了不断深化和扩展的过程。通过《维也纳备忘录》的表述可知，城市历史景观在彼时虽然在强调遗产保护的整体性方面有很大进展，但概念的所指仍为物质或非物质的名词性景观；而到《关于城市历史景观的建议书》与《城市历史景观保护方法详述》时，所指更强调动词属性的景观，作为“通过对现有建成环境、非物质遗产、文化多样性、社会经济和环境要素以及当地社会价值观的综合考量来设计干预措施”[138]的方法，体现出此时对于历史城市认知的一个核心转变——开始“承认活态城市的动态性质”[15]，并且认为由于人类的未来取决和延伸于有效规划及管理资源，越来越强调保护“成了一种战略，目的是在可持续的基础上实现城市发展与生活质量之间的平衡”[15]。

综上所述，从借用景观的视角认知城市遗产，到采用景观的方法融合城市战略，“景观”的语言始终是理念阐发所关注的核心，“景观”成为遗产保护对接城市发展的重要桥梁。

2. 我国“城市历史景观”相关研究的三个阶段

城市历史景观的概念自2005年一经提出，持续受到国际范围内学者的关注和讨论[18,19,139,140,142-144]，其中前期尤以2010年的论文集《世界遗产27号文件：管理历史城市》[18]，后期则以2014年班德林与吴瑞梵的编著著作《重新连接城市：城市历史景观的方法与城市遗产的未来》[140]最为重要。其中，前者是联合国教科文组织在正式提出城市历史景观保护思路以后，启动"世界遗产城市项目"，组织各地区专家会议，并将相关重要成果悉数收入其中的出版物，是联合国教科文组织35年来第一个关于城市历史环境的文件，后来2011年联合国教科文组织发表的《关于城市历史景观的建议书》也显然受到该文件所展现的各种讨论的影响，因此实为城市历史景观理论渊源和背景讨论的重要前期文献。至于新出版的后者，因为所处时代背景与以往不同，城市历史景观理论早已引起广泛的学术讨论，近期又在世界各地有组织或自发地开展了一系列践行其理论的规划管理实践，因此这本近期的重要代表文献更加注重的是相关方法体系的构建，并且为其贡献文章的作者同样是从Jukka Jokilehto①到Julian Smith②等等来自世界各地、具有各种讨论背景的国际官员、研究机构学者、城市地方实践者。

城市历史景观理论的提出在我国也同样引起了相当的研究热潮，需要指出的是HUL这一术语的翻译目前仍未统一，本文采用UNESCO在2011年《建议书》官方中译本中所选用的"城市历史景观"译法，但也有相当数量的文献将其译为"历史性城市景观"。纵览城市历史景观产生至今的10年讨论，以联合国教科文组织3次发表官方出版物为划分，我国的相关研究亦可分为3个相应的发展阶段，综述如下。

（1）第一阶段：2005～2011年

虽然HUL的理念早在2005年即由《维也纳备忘录》提出，我国的相关研究则是以UNESCO官员景峰（2008）对关于城市历史景观的建议书（草案）的介绍性引入为开端的，文章向国内学者介绍了这一新理念的国际学术动向，强调考虑将当代建筑融入历史城市的议题之重要性，启发了随后以同济大学和清华大学的杨菁丛（2008）、张松与镇雪峰（2011）、龚晨曦（2011）为代表的若干研究。

城市历史景观概念的最初提出是起源于人们对于文化遗产认识不断得到深化，解读也更加广泛，其内涵得到扩展一个重要体现就是开始认识到了人、自然、社会的关系，那么应对这种新的认识扩展就对采取相应的方式方法来保护和发展城市提出了新要求，这是在以往的宪章及建议书等国际文件中尚没有得到充分体现的，也是当时希望以城市历史景观的新理念可以在可持续保护的整体框架中进行讨论的，由此，城市历史景观成为对于在时间中

① Jukka Jokilehto是国际古迹遗址理事会会长的特别指导员，斯洛文尼亚新戈里察大学教授，英国约克大学名誉客座教授。

② Julian Smith是建筑师、规划师、教育家，并为现任加拿大ICOMOS主席。

持续变化的文化及社会价值的表达。这一时期的国内研究成果以对国际上城市历史景观理念的新进展和理论溯源的介绍，以及对国内以往有关历史城市的景观评价、形成演变、保护规划等相近研究的总结为主要内容，并初步建议尝试将其借鉴和应用于我国历史文化名城的保护与管理中。这些研究较为迅速的追踪了国际讨论动态进展，并反映出早期研究对于作为名词性的景观的关注，尤其集中在对"空间形态""当代建筑""有形元素"等的控制方面的讨论。

（2）第二阶段：2011～2013年

经过国际范围内几年的激烈讨论，在广泛吸纳各国学者意见的基础上，2011年11月，联合国教科文正式推出《关于城市历史景观的建议书》时，提出将城市历史景观"理解为一片作为文化和自然价值及特性的历史性层积结果的城市地区"的同时，也提出"城市历史景观方法作为一种保存遗产和管理历史名城的创新方式"，兼有将城市历史景观看作实体性存在与整体性方法的含义，名词性与动词性的景观解读并存的状况。这一时期国内学者的研究仍以清华大学和同济大学学者为主，其他研究机构的学者也纷纷参与讨论[16,17,20,88,148-152]。另外在传统的城市与建筑学科学者之外，风景园林学科（林广思与萧蕾，2012）、民族与社会学科（刘凯茜，2013）等也开始介入。

在总体成果日益丰富的同时，第二阶段的国内文献在概念上却也折射出同样的含混，概念理解和运用上已经开始有所分化，比如同样针对历史文化名城，张松（2012）倾向于将其作为整体性的方法来谈保护与发展的全面协调，是动词性景观的理解，而张杰（2012）则更强调地形、地貌、水文、自然环境以及整体风貌对价值识别的影响，是名词性景观的理解。

除探寻城市历史景观概念与"文化景观"等已有概念的关联性（吴瑞梵，2012），及相关术语的持续归纳外，也开始挖掘和总结城市历史景观理念不同于以往的创新点。比如郑颖和杨昌鸣（2012）指出了从"世界遗产"到"城市遗产"、从"历史中心或整体"到"文化和自然价值的历史积淀"、从"静态的城市"到"动态的城市"、从"保护历史景观"到"维护和改善人类生活环境"四个转变。孙燕（2012）总结出城市历史景观保护方法中潜在的结构性、活态性、发展性、地方性四个景观原则。

理论研究和各国经验介绍仍然是第二阶段的重点，当然也开始出现了将城市历史景观理念应用于实践的探索，但都相对粗陋。

（3）第三阶段：2013年至今

随着国际上城市历史景观思潮的进一步多元化，更重要的是随着以吴瑞梵先生为首的联合国教科文组织亚太地区世界遗产培训与研究中心对城市历史景观相关工作的日益推进，加之理论基础和国际思想经过前两个阶段的积累，已基本可为我所用，姑且以《历史名城焕发新生城市历史景观保护方法详述》小手册的发表为节点，我国对城市历史景观的研究逐渐进入了更加多元化，更加强调实践性和建构性的第三阶段[141,153-159]。

这一阶段我国文献最主要的特点便是实践性明显增加，涌现了大量应用城市历史景观理论的历史城市保护案例，尝试以理论指导实践，并以实践反哺理论，比如朱亚斓与张平乐（2013）、姜滢与张弓（2013）、杨涛（2014）、赵霞（2014）、钱毅等（2014）、张松与镇雪锋（2014）。城市历史景观通常被用作认知一处场所的视角，是对于城市变化的管理过程，是历史城市中物质的、经济的、社会的、文化的、制度的等方方面面的关联。

第三阶段所呈现的第二个重要特点就是建构性，建构性至少体现在针对方法的深入探究和对理念多年发展的全面反思两方面。刘祎绯（2014）是第一方面建构性的代表，基于在城市历史景观理论研究中越来越受到重视的“层积（layering）”或“层次（layer）”概念，采用城市研究中广泛使用的“地标-基质”模型，搭建“锚固-层积”模型，用以更好的认知、保护与管理城市历史景观。张兵（2014）是第二方面建构性的代表，经回顾时间与理论两条线索，指出我国历史城镇保护中“关联性”体现为“历史（时间）的关系、区域（空间）的关系、文化（精神）的关系、功能（要素和结构）的关系”，而基于此关联性的研究可以重新定义保护规划的“系统方法”，城市历史景观所提倡的观念和方法则“与我国的保护实践殊途同归”，至于城市历史景观所强调的保护与发展的战略结合问题，则结合点“在于从历史文化的关联性中领悟城市发展的内在规律”。

3. 从传统城市遗产保护走向城市历史景观管理

综上所述，城市历史景观自2005年提出至今，10年间国际讨论方兴未艾，具有相当的理论连续性，同时也具有继续被建构的相当潜力和开放性。国内研究也相应地经历了早期以介绍和溯源为主的阶段，中期的多元化丰富化阶段，以及近期的实践性和建构性阶段。

值得注意的是，虽然如上文谈到的，城市历史景观是一套最初由联合国教科文组织推出的独立完整的理论体系，但相关思想实则酝酿已久。这一点在我国也早有萌芽，尤其徐怡涛（1998）的《试论城市景观和城市景观结构》，是一篇极早的认识到景观概念对于城市研究影响的文献，很多理解相当超前而且深刻，比如指出很多的城市相关学科中都已经在一定范围内应用“景观”作为基本概念研究城市问题，因此“以此概念为结合点很容易使各学科在不同的领域取得共识”，又指出“城市景观结构是一个动态系统，处于不断的发展变化中，它的变化是由结构中诸因素的变化引起的”[160]，其若干核心思想均与后来的城市历史景观理论不谋而合。同样从城市景观角度切入的早期讨论还有如顾晓伟（1999）、阳建强（2003），但也体现出当时的局限性，分别囿于物质的景观和自然的景观。此外还有姚亦锋（2002）、张凡（2002）、毛贺（2004）、邱冰（2004）等从历史地段的景观设计、城市历史景观资源等角度切入，均对此议题有所建树。城市历史景观是国际通行的理论，但终须回到每个文化的语境中，回顾我国曾有的相关理论历史也有益于更可持续的建构未来。

在此十年甚至更久的过程中，景观语言的引入无疑为传统的城市遗产保护思想打开了一扇大门，在逐渐转向更为积极的城市历史景观管理的同时，也侧面促进了城市、建筑、风景园林、人类学、社会学、经济学等多学科的交叉，意义不可谓不重大。但另一方面，我们也应警觉“泛遗产化”的威胁，避免在过分认同或轻信“变化”时丢弃最初应当保护的“价值”，以更好的驾驭这一保护中的“景观方法”。

四、研究目的与研究方法

（一）研究目的

如今每个城市的存在，都是带着它几十年或者几百甚至上千年的历史，只不过有的城市的历史犹可触碰，有的犹可感知，有的犹可听闻，还有的则不知所终了。这些余留下来尚可触碰、感知或者仅可听闻的文化遗产在城市漫长的历史生命中，扮演的究竟是何种角色，又该如何顺应未来城市发展变迁的浪潮是本书关注的核心问题。针对这些问题，不同的价值观显然会导向截然不同的答案。比如把历史作为第一考量的人可能会提出无条件的保护现存遗产，把土地作为第一考量的人可能会要求把遗产拆掉建高层以提高容积率，把交通作为第一考量的人则可能视遗产如无物建设公路或轨道等等，这些事件在历史上也不在少数。

那么究竟什么应当被视为城市的第一考量？正如乔治加亚·皮奇纳托（2010）在谈到二战后的意大利城市规划历史时所讲到的，在城市扩展开始逐渐放缓的80年代，城市中出现了一种有趣的现象：“与通常缺乏‘中心’场所的新城市相比，老城市似乎提供了更为舒适、更为熟悉的环境。砖混建筑、复合住宅类型、街道旁边的建筑物和公共广场，一旦转变功能并配备现代化设施，在今天比50年前似乎更具有吸引力。”[161]4因此，大量的老旧的城市建筑，比如仓库、港口、工厂、军营等，开始逐渐被改造为适应新城市生活功能的工作室兼住宅、商业店面、办公场所等，这里的吸引力恰恰是历史性空间才能带给人们的具有创造力的新体验，整合了原本可能冲突的几种需求。从这个角度上来看，对于空间的运营，文化遗产保护与改造工程和一般的新建工程并无分别，只是比新建工程要多更多条条框框，因此要求花更多的心思，但也同时更容易有所依据、有所归属，更容易获得广泛的认同感，多少有点像是借用历史因素打造更独特的城市空间。而如若将问题还原到城市设计上来，我们所有工作的终极目的都该是为了获得“良好的人居环境质量”。

根据2011《城市历史景观的建议》等后来的关于城市历史景观的国际文件，城市历史景观特别强调各地应当查明并保护城市环境中文化价值和自然价值在历史上的层层累积[15]，是将城市作为一个整体的跨越时间的环境去审视的城市遗产新理念，同时肯定了历史城市区域被认为在现代社会中有着重要的作用。城市历史景观作为方法论，其目的远不止于保护，保护仅仅是其工作链条中的一个环节，而最终目的同样在于整体性的维护和改善人居环境质量，实现连续性的提升。

而关于城市历史景观本身，虽然目前关于其理念的讨论和使用都已经很多，其提出显然在认识论上给予了人们很大的启发，但其概念与事实上的所指或方法论都仍然非常不明晰。所以，在获得良好人居环境这一终极目之下，本书希望能更有针对性的解决：如图1.9所示，当我们在看着城市历史景观时，我们究竟是在看着什么的问题；以及在获得恰当认知之后，究竟如何做出相应的有益保护实践的问题——亦即，如何与保护城市历史景观的问题。

图1.9　北京景山东南方向景观一瞥
（资料来源：笔者自摄）

（二）研究方法

1. 文献研究法

文献研究法可以说是本学科中最为基础的研究方法。“城市历史景观”“城市遗产”还有“周边环境”是三个启发本书提出锚固-层积理论的重要国际共识性理念，也分别构成锚固-层积理论所建构框架中的不同层次，是理论基础，故对其变迁至今的过程文献都做了细致的分析和研究。其中相关的基础文献主要涉及各国际公约、宪章、建议、宣言、指南，联合国教科文组织、国际古迹遗址理事会、各国家或地区政府、英国的英格兰遗产、美国的盖蒂保护研究中心等重要保护组织的研究文献，以及国内外学者的有关学术书籍、文章等等。另外，在我国制度研究与建议部分涉及大量的法律、法规、法令等文件，包括现行的和历史上曾用的，也包括一些国外法律类文件的参考。至于各章节中案例的应用，自然也需要涵盖到相关专门资料的研读整理。

2. 田野调查法

除理论基础外，作为一个终将指导实践的命题，田野调查也是十分常用的获取信息的方法。结合理论与调研，才能最终提出方法并应用于实践，因此本书前半部分锚固-层积理论的阐述，以及最后的应用部分，在很大程度上都是基于对大量国内外案例的现场调研的，其中尤为重点的几处是西班牙的巴塞罗那、英国的卡迪夫及我国的北京、西安、福州、索县等。

3. 类型学方法

类型学方法主要是对复杂事物进行分组归类，使其呈现为相对清晰的体系。这种分组归类的方法可以使事物被完整且不重复的覆盖和描述，并同时在各种错综复杂的现象之间建立起有限的联系，从而辅助进一步的分析和解释。本书论述锚固-层积理论时的理论基础、基本模型、构成要素、发展阶段，以及最后的实践例举等章节都是着重采用了类型学方法的部分。

4. 比较研究法

比较研究的方法是针对两个或两个以上的具有一定相似性的对象使用，按照某些特定标准进行考量，对比求得异同，从而总结普遍规律、发现特殊规律。本书采用到的既有历时性的比较研究，也有共时性的比较研究，分别关注同一空间中不同时间的比较，以及同一时间中不同空间的比较。前者可以说是应用锚固-层积理论审视历史城市的标准视角，通篇使用极其广泛；而后者在锚固-层积理论论述过程中的各种分类，还有制度借鉴部分的章节中使用最为明显。

5. 系统分析法

系统分析的方法是伴随系统科学而兴起的，要求从系统的角度综合审视和分析客观现实以找出解决方案，而非头痛医头，脚痛医脚。这是一种能够在问题仍有许多不确定的情况之下，绕过黑箱，迅速确定问题本质和做出整体性判断的策略，尤其适用于城市问题的研究。本书采用的系统分析法也符合人居环境科学理论所强调的融会贯通的研究思路。

6. 城市规划、城市设计与建筑设计实践法

本书所涉及的实践案例十分丰富，包含了北京、福建、西藏等多个省份，操作范围应用到了上至城市规划与城市设计，下至具体的建筑设计，是较为系统性的实践方法。

五、研究思路与框架

本书主要思路是搭建起“锚固-层积”的理论，并将之应用于城市历史景观的认知与保护。故总体研究思路和框架可以分为四大块：绪论、认知理论、保护实践、尾声，其分别对应为本书的第一章、第二～五章、第六～八章、第九章，如图1.10所示。其中，绪论部分引入研究背景和主要问题；认知理论部分由“锚固-层积理论”为起始，两个主体“城市锚固点”与“层积化空间”，加上对于体现其相互作用过程的“锚固-层积效应的三个阶

绪论

第一章　绪论

认知理论

锚固-层积理论

城市锚固点

层积化空间

锚固-层积效应的三个阶段

第二章　锚固-层积理论

第三章　城市锚固点：一些文化遗产

第四章　层积化空间：历史城市的变迁

第五章　锚固-层积效应的三个阶段

保护实践

现状矛盾焦点——周边环境

我国制度评述

英国制度借鉴

第六章　锚固-层积效应第三阶段的矛盾焦点：周边环境

第七章　我国涉及城市遗产与其周边环境的保护制度评述

第八章　英国涉及城市遗产与其周边环境的保护制度借鉴

尾声

第九章　结论、建议与展望

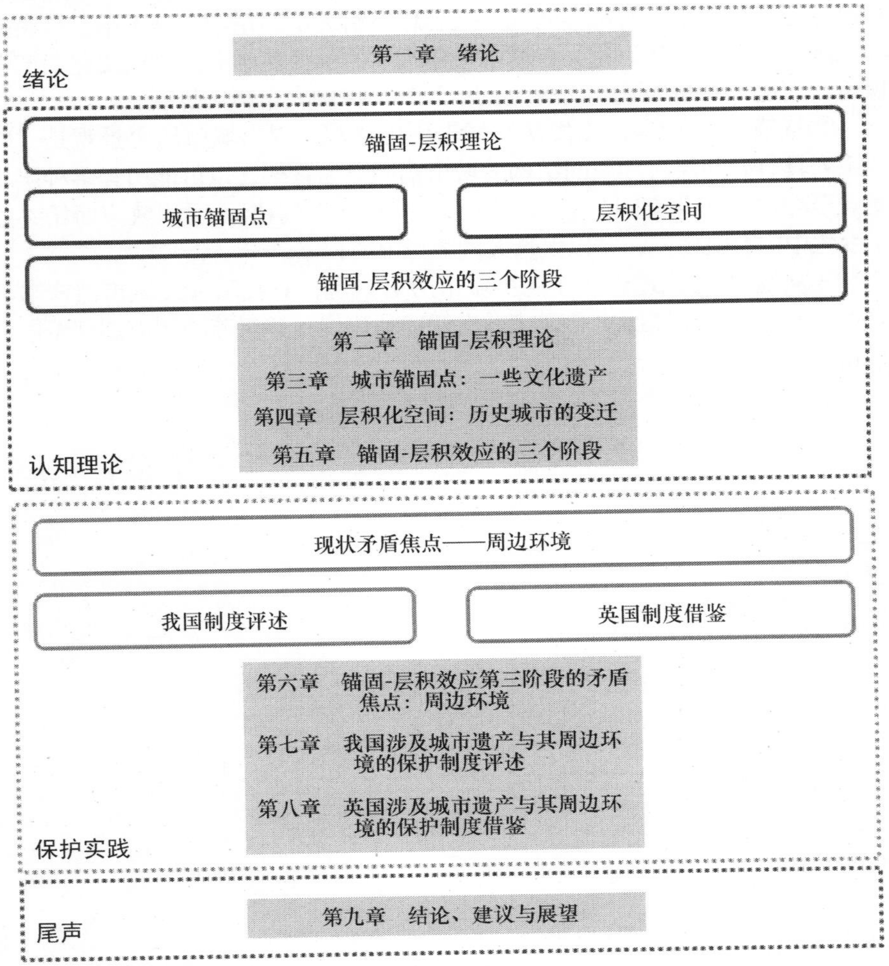

图1.10　本书的研究思路与框架图示（资料来源：笔者自绘）

段”的阐释共同组成；保护实践部分首先将现状矛盾聚焦到“周边环境”上，然后是制度层面上的“我国制度评述”与“英国制度借鉴”，主要是从城市管理者的视角出发概括；尾声部分则包含结论、建议，以及对未来研究的展望。

六、研究创新点

综上，本研究将以良好的人居环境质量为目的，应用城市历史景观的框架，指导现代城市发展与文化遗产保护在历史城市中得到协调共生。具体的创新点体现在：

①综述与评价现有城市历史景观、城市遗产、周边环境相关研究，汲取和提炼近几十年来针对这类问题人类思想不断进步的精华，基于第三种类型学和阐释人类学的认识论，在城市与建筑学的学科基础上，借助文化遗产学视角，创建“锚固-层积”理论，用以认知与保护城市历史景观；

②从锚固-层积理论出发认知城市历史景观，提出城市历史景观是“以一系列具有时间层次和空间结构的城市锚固点为骨架，以可能历经多种层积模式至今的层积化空间为肌肉，由于具有双向性的锚固-层积效应而始终处于变化中的有机体”，并以大量案例解释说明；

③从锚固-层积理论出发保护城市历史景观，对我国涉及城市遗产与其周边环境的保护制度历史和现状做出评述和建议，并对英国相应制度予以介绍和借鉴。

第二章
锚固–层积理论

一、锚固-层积理论的认识论基础

（一）第三种类型学

作为人类理性的基本意识，分类是人们认识事物的一种典型方法。在自然科学中采用，即为分类学；而在社会科学领域采用，则为类型学[162]。类型学是在建筑学与城市学中源远流长，且迄今仍是被最为广泛而频繁采用的理论基础之一。最早采用类型学思想研究建筑与城市学的，当推古罗马时期维特鲁威（Pollio Vitruvius）所著的《建筑十书》，而其中最经典的类型划分案例，则当推古希腊三种柱式及其对应神庙的论述①[163]。随后历经近代哲学与建筑学的发展，建筑类型学的理论建构也愈发完善，先后经历了原型类型学的阶段、范型类型学的阶段，以及第三种类型学。

其中，第三种类型学（The Third Typology）兴起于20世纪的60年代，不同于将建筑学与建筑学以外的自然或产品做类比以求得合理性的前两种类型学，它更关注于城市与建筑本身。1963年，意大利学者朱利奥·阿尔干（Giulio Carlo Argan）发表的文章引发了讨论，他提出，类型学既是建筑的一种历史过程，同时也是建筑师思考的过程和工作的方法[164]。从这样的意义上来理解，类型便成了还原形式的内在结构，或者包含着无限形式变化和类型自身进一步结构调整可能性的原则。换言之，其内在基础是恒定的，而类型则可能有无穷多种，因此可以说类型学在现代主义之后的这一时期是颇具结构主义意味的。类似于结构主义语言学中的“深层结构”理念，建筑与城市学家们将类型当作本质来看待[165]。并且伴随着现代主义面临危机，此时的类型学开始与历史建立联系，强调更为广泛的对于“意义”的追求，因为类型总是从历史经验中推论或演绎得出。此外，类型学又不仅停留于分类分

---

① 维特鲁威在论述这三种柱式及神庙的做法时特意类比了人物的性格类型，比如多立克柱式象征男性，爱奥尼柱式象征女性，科林斯柱式则象征少女。

析或后期评价，同样非常重视创造性的步骤，即作为一种操作方法，设计的初始总是概念化，产出则总是多样化。正如阿尔干所论述的，一旦接受了对类型的先验性还原理念，艺术家就能够从现存历史形式的影响中获得解放，并将历史形式中性化[164]。在随后的发展中，类型学又得到很多建筑与城市学家的关注与发展，有的强调类型学作为范畴的属性，有的强调其作为手段的属性。笔者将在下文中将详细展开论述的阿尔多·罗西（Aldo Rossi）、里昂·克里尔（Léon Krier）等都是类型学学者的典型代表。

弗洛伊德曾有一段用不同历史时期的建筑空间并置来类比人类心智的论述：他假设罗马不是一个城市空间，而是有着同样悠久和丰富历史的心理存在，其中存在过的都不再消失，所有发展的早期阶段与较晚阶段都一同继续存在下去，那么在这种情形下，由于同样的空间不能同时承载两个不同的内容，如果希望用空间领域表达时间顺序，就只能用在空间中并置的方式来表达，弗洛伊德认为这揭示了形象化的世界与心理世界特性之间的遥远距离[165]。不过，这种将不同历史时期的内容并置的操作，正是将历时性转化为共时性的过程，而把时间在城市中的堆积过程用相应的并置空间来研究的做法，正是结构主义的思路，也是类型学的思想基础。我们无法严密的追溯一座城市由来已久的漫长历史，但拥有大量空间上并置的历史城市现状，因此笔者的研究思路是，将今日所可见的城市历史景观看做历时性过程的一种共时性表达，或共时性成果，进而展开分析与建构，应用结构与类型的框架理解城市历史景观。

综上，第三种类型学，及其背后的结构主义逻辑，是本书基于的重要认识论基础之一。

（二）阐释人类学

文化人类学的研究是从19世纪末的经典人类学发端，隶属于人类学的研究范畴。人类学自创立之初便承诺，要成就学科独特的文化洞见，即从本地人的观点出发解释本地人的文化。文化人类学的学科发展，曾经历了从早期的单线进化论、非线性进化论，到后来相继出现了功能主义、结构-功能主义、结构主义等。进入后现代引领的时期以来，又发展出了象征人类学、阐释人类学等新的研究范式。建筑与城市作为人类文化中最为重要的实体构成和较为典型的思想表达，其学科发展也自然十分关注人类学的研究进展，并予以借鉴。

其中，阐释人类学（Interpretive Anthropology）是由美国学者克利福德·格尔茨（Clifford Greertz）创立，强调通过不断的阐释以达到理解[166, 167]。这也是本书立论所基于的第二个重要的认识论基础。格尔茨在界定研究范畴的时候采用了诠释学（hermeniutics）的观点，认为首先人类文化的基本特点就是符号性和解释性的，其次，人类学作为研究文化的学科，其本身也是解释性的[168]。因此，格尔茨具有立足于土著思想而远离宏大叙事的倾向，仅希望通过探索人的行为来表现意义，亦即充分寻求更为地方性的知识，所以强调析解（explication）。格尔茨在具体操作中借鉴了吉尔伯特·赖尔（Gilbert Ryle）的“深描（thick description）”概念，所谓深描，是指不仅描述与解释行为本身，同时关注其行为的语境或背景，如此才能生产出对于非土著外人的意义[166]。所以，在阐释人类学的框架下，好的文化分析不在于去建构具有绝对形式层次的描述，而是应寻求对所发生之事的最本质深处的解释。格尔茨从而提出文化分析应当是对于意义的推测，评估众多推测并从中得出较好的解释性结论，而这种解释性结论本身已经是目的，无须去描画并不存在的实体景象。并且在谈及理论的应用时，他特意指出“认识到解释来自何方并不能决定它将被迫去往何处”[166]27。

总体来讲，在阐释人类学的观念之下，理论建设的根本任务不再是整理某种抽象的规律，而是设法使深描成为可能。笔者认为这种不去越过个体，而恰恰是在单独的个案中进行概括，进而探索方法的思路，正应当是城市历史景观作为一种新的城市与文化遗产研究方法和理念所倡导的。我们所深描出来的每个城市案例的历程虽然可能各不相同，可能有多种结构或类型，但其所统一的是其更深层次的意义找出方法，亦即理论的运用方式，或者说其背后的认知模型、范式是相同的。这是一种以分析为导向，而非治疗或矫正为目的的认识论，其入手处可能细小而直接，但通过编排紧凑的个案事实，加上逻辑简短的推理，所应得到的结论却可能是巨大而深刻的。因此，在解决城市历史景观相关问题中，笔者始终强调拥有一个相对完善的认知体系的重要性，首先是面向历史与现状的深入理解，才可能在应用于城市与建筑保护和设计时，尝试作出面向未来的指导。

综上，阐释人类学则是本书立论所基于的第二个重要的认识论基础理论。

二、城市研究中“地标-基质”模型的方法论基础

在对城市空间做研究时，学者将研究对象划分为地标（landmark）与基质（anonymous urban fabric）的方法在历史上并不少见。归纳起来，自60年代初凯文·林奇提出城市意象的理论，城市设计理论方兴未艾之时起，迄今为止，大量城市研究的学者以及规划和设计的实践者，都曾自觉或不自觉的采用到一个拓扑结构十分相似的初始认知模型，即在城市的物质实体层面上可以看作由两个部分构成——一些具有特殊意义或视觉特点的点状元素，加上除此之外满铺的相对平常且彼此相似的面状元素，笔者暂时将之归纳并命名为“地标-基质”模型，列举如下。

（一）凯文·林奇的城市意象理论

在人们关注城市问题尚还不久的1960年，美国学者凯文·林奇（Kevin Lynch）便已经在《城市意象》一书中，通过探寻什么样形式的可见实体能够激发人们的深刻印象，来归纳城市设计的可能原则，并在早期对城市设计理论造成了广泛而深远的影响。他概括出了构成城市物质形态内容的五大要素，分别是路径（paths）、边界（edge）、区域（district）、节点（nodes）还有地标（landmarks）①。应用这五个要素分析波士顿的城市意象如图2.1所示，其中呈点状散布的圆点代表节点，六芒星代表地标。

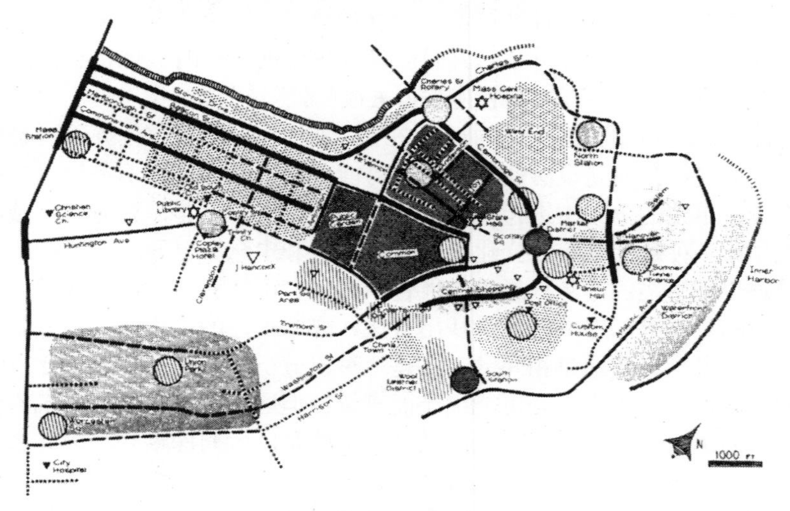

图2.1　凯文·林奇绘制的波士顿城市意象五要素认知地图[64]16

在这五个要素中，除去作为限定要素的边界要素之外，笔者认为，节点和地标都具有一些“地标”的特性，相应的路径与区域则具有“基质”的特性。正如凯文·林奇所定义的，节点是指“观察者可以进入的具有战略地位的焦点”[64]66，其重要性源自它对几种用途或特性的连接和集中，形成一种汇聚的核心，如图2.2所示，最典型的比如道路的连接点、广场等；地标则是指“观察者的外部参考点，是变化无穷的简单的形体要素”[64]72，其功能是要在一大批可能目标中凸显出来，需要在城市内部或者至少一定范围的内部担当相对永恒的方向标志，因此通常对高度的要求有一定要求，如图2.3所示，包括建筑物、山丘、招牌等。由前文的图2.1的认知地图亦可以看出，这两类要素虽然表现出来的物质形态和城市意象不同，但都属于笔者所说的“地标”模型概念，即具有特殊意义或视觉特点的点状元素。与之相对应

① 这五个要素有时也被翻译为：道路、边沿、区域、结点、标志。

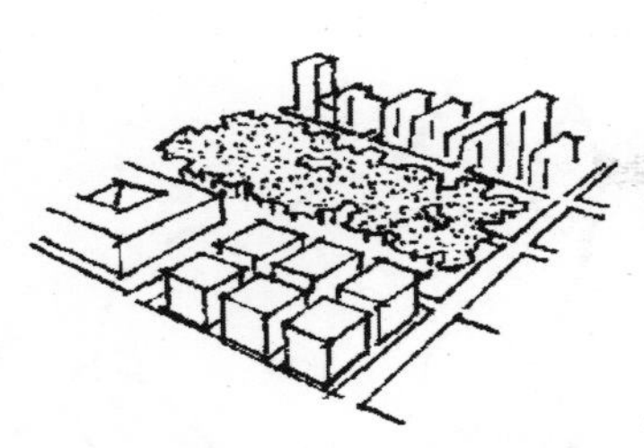
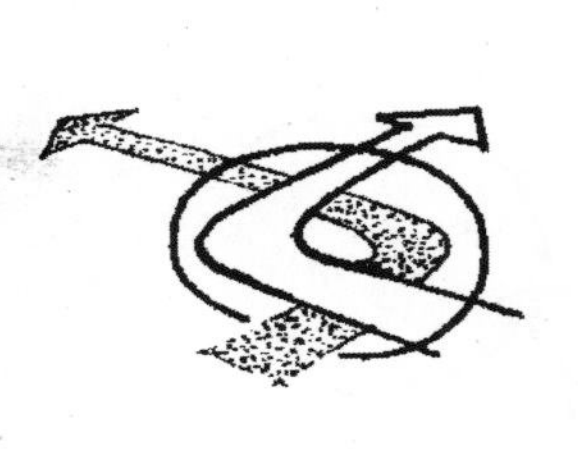

图2.2　凯文·林奇绘制的节点图示[64] 43

图2.3　凯文·林奇绘制的地标图示[64] 43

的，路径的概念相对简单，与我们平日认知的道路相仿，是一些线性的了解城市的渠道。这里要指出的是，从更大尺度下来观察城市，虽然单独的路径本身是线性的，但其组成的路网仍然是呈现为面状且满铺的，如图2.4所示①。至于区域，凯文·林奇将其所指定义为"观察者心理上所能进入的城市较大面积"[64] 60，并着重强调了这一概念的内部性，即会带给观察者从内部认知的感受，比如波士顿的区域状况如图2.5所示②。

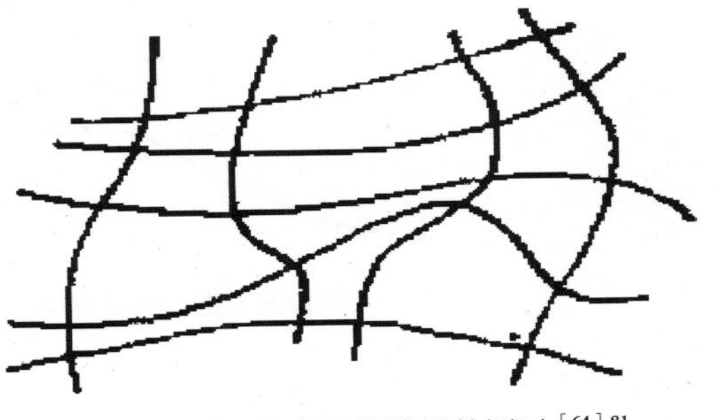

图2.4　路径构成面状路网的图示[64] 81

因此，综上所述，这四个要素便构成了两组"地标-基质"的认知模型。我国学者金广君（1999）曾在其专著《图解城市设计》中所绘制了他对于凯文·林奇的城市意象理论的理解[169]，如图2.6所示，以及更明确的标志性建筑与一般性街坊的关系，如图2.7所示，地标与区域这两个要素的关系所呈现出的认知模型清晰可见，相对来讲没有那么明显的，如若从拓扑的角度理解节点与路径两个要素，我们会发现其实这两者的关系是与前面两者是十分相似的。

---

① 此图原本是凯文·林奇用于阐述现实地形变形与认知序列的关联的，这里借用描述路网概念。

② 此图原本是凯文·林奇用于表达区域有时具有可变的界限，这里借用描述区域概念。

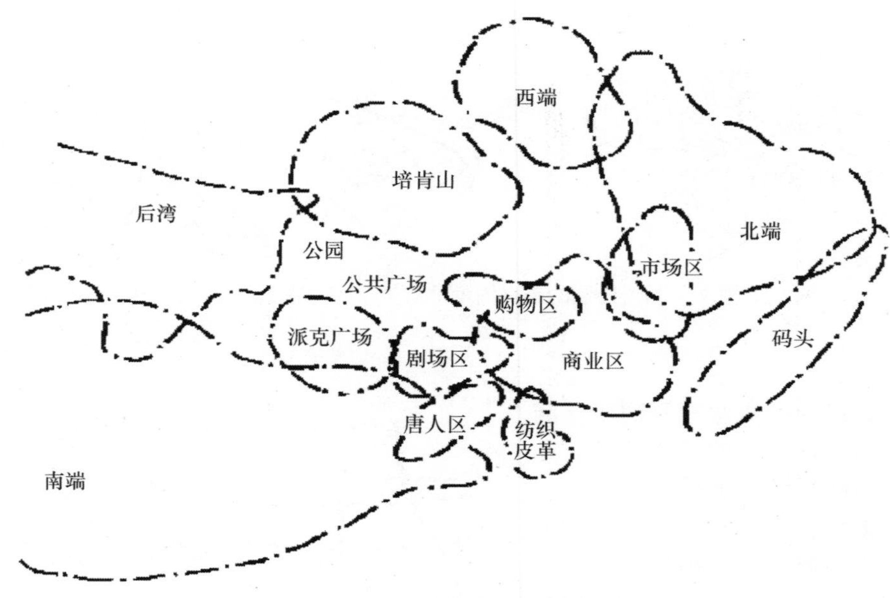

图2.5　波士顿各区域分布图示[64]63

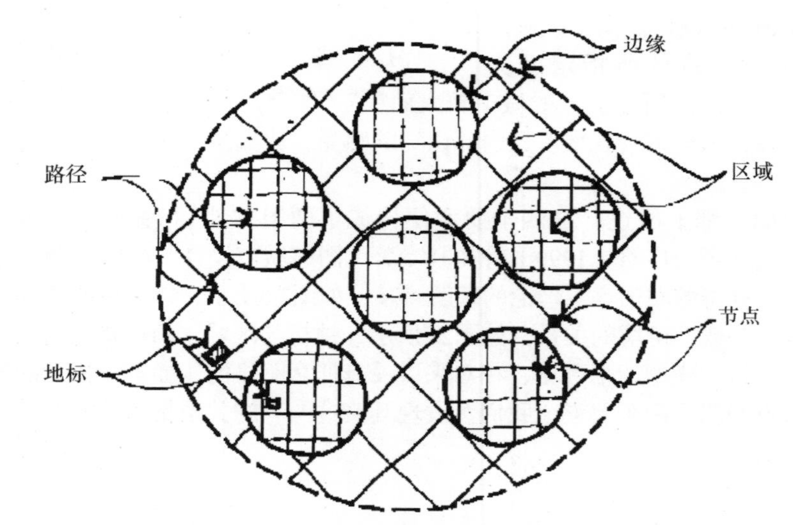

图2.6　根据城市意象的五要素绘制的城市构成图[139]45

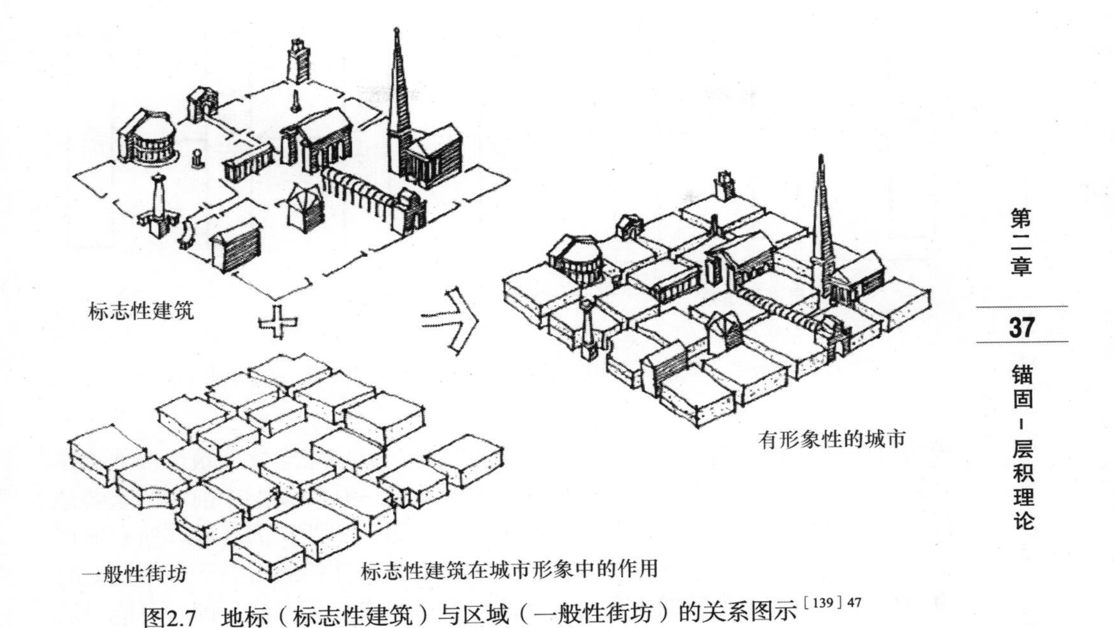

图2.7　地标（标志性建筑）与区域（一般性街坊）的关系图示[139]47

（二）阿尔多·罗西的类似性城市理论

1966年，意大利学者阿尔多·罗西（Aldo Rossi）①出版专著《城市建筑学》。受到荣格（Jung）关于“原型（Archtype）”的心理学理论影响，罗西提出把类型学的理论与方法使用于建筑与城市研究中，倡导回归原型的设计思路，后来也被称为新理性主义的思想。在阐述过程中，罗西试图以城市为研究对象，但首先要求将城市理解为放大了的建筑[68]。并且，罗西认为城市可以划分为“单体建筑物和居住区”[68]24，而该理论则重点关注了以纪念性为主要特征的城市历史建筑，并将其最终还原为类型，即是指一种超出自身形式的更高逻辑原则。因此，概括罗西的整个城市建筑学理论的还原过程则如图2.8所示。

在罗西的观念中，城市在其空间的属性之外，更是具有意义的场所，由于城市中的所有建筑类型都是与事件紧密结合的，城市就成为一定人群“集体记忆”的场所，所以从对于场所与记忆的研究入手，才是类似性城市理论的关键所在。在城市还原的过程中，罗西对城市空间最重要的分类是依据“纪念性”，或者称为“永恒性”，通过对城市的历史遗存进行分类，他将

① 阿尔多·罗西在学者和理论家的身份之外，同时是当代建筑界一位非常著名的建筑师，曾在1990年获得普利策奖。本书所阐述的他的城市类型学理论也充分体现了他作为建筑师的视角。

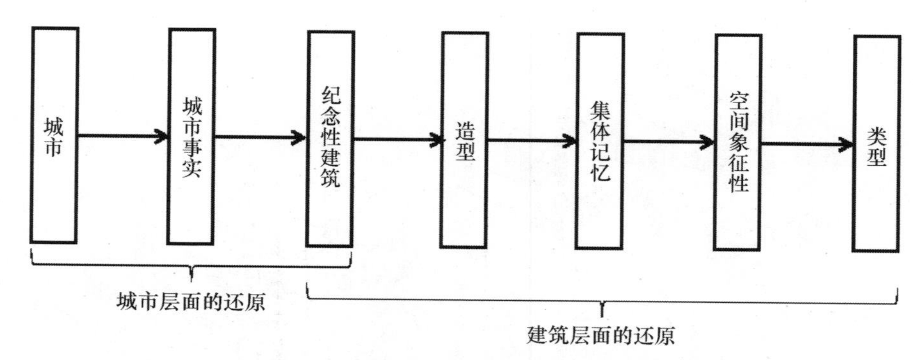

图2.8　阿尔多·罗西《城市建筑学》理论的推导过程图示（笔者自绘）

较为持久的要素分为纪念性建筑与一般性住宅，其中纪念性建筑也被他称作“独特性元素”和“首要元素”，充分显示出这一认知模型中前者的重要地位，也体现出罗西身为建筑师的独特视角。不过，罗西认为，并非所有城市事实的延续性都能是永恒性所能概括，永恒性也并非持续有益于城市，有时也会成为孤立甚至变质的现象，因此永恒性也具有双重可能，即，可能是城市的推进元素，也可能是病态元素。有趣的是，在文化遗产保护理念方兴未艾、尚不完善的60年代末①，关于可能阻碍城市化进程的病态元素，罗西选取了西班牙如今著名的世界文化遗产——格拉纳达的阿尔罕布拉宫②为例论述，如图2.9和图2.10所示[170]，罗西认为它在城市中仅仅是固化下来的博物馆，就像木乃伊一样，虽然给人的印象似乎还活着，事实上却早已腐朽。其实罗西的这一认识已经十分接近于后来文化遗产保护的理论家们近年来所提出的“活态遗产（living heritage）”的理念，具有相当的超前性。我国学者朱锫（1992）也曾提出，罗西的类型学理论中含有两个最基本的属性，其一是抽象的特性，其二便是历史的内涵。[171]

虽然对纪念性建筑的强调在一定程度上弱化了罗西的理论在城市方面的应用性，有学者将其评论为是“特属于传统建筑学的方式”[172]123，但类似性城市的理论部分仍然是很有启发性的。与凯文·林奇相仿，罗西也沿袭了笔者所说的“地标-基质”城市认知模型，只是更有所取舍的偏向侧重了对于前者的研究，同时在针对“地标”元素的深入研究过程中，表达出了更强的时间观念与历史感，这一方面折射出罗西在对现代建筑运动的普遍思想与关注问题的赞同之外，对其难以消除的忧虑，另一方面，也为城市空间研究中时间层面的扩展做出了较早的尝试。

---

① 罗西的《城市建筑学》一书出版时，国际上文化遗产保护的思潮才刚刚兴起，《威尼斯宪章》仅问世了两年，而世界遗产的概念则是在六年之后才出现的。

② Alhambra, Generalife and Albayzín, Granada符合标准（i, ii, iv），于1984年被列入名录，1994年有一次扩展。

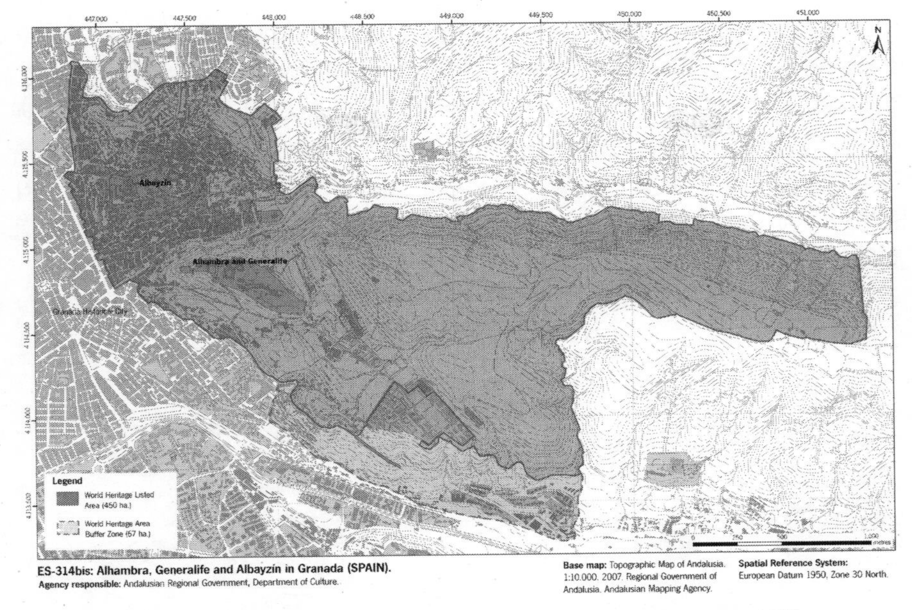

图2.9　世界文化遗产阿罕布拉宫的保护范围与缓冲区示意图[170]

图2.10　坐落在小山上俯瞰城市的阿罕布拉宫[170]

（三）韦恩·奥图与唐·洛干的城市触媒理论

美国学者韦恩·奥图（Wayne Atton）与唐·洛干（Donn Logan）于1989年在《美国都市建筑——城市设计的触媒》一书中提出了城市触媒理论[173]。其中，触媒建筑（catalytic architecture）是用于描述一个单独的城市建筑或项目对其后的项目造成积极影响，并最终将影响到城市形态，比如，作为触媒的建筑或建筑群如何影响其后继建筑和建筑群的建设方式、建筑形式等等。触媒建筑理论的目的是要促进城市结构改革的，因此，该理论也鼓励建筑设计师、城市规划师以及政策制定者多多考虑和评估开发项目对于城市的发展或复兴可能造成连锁反应的潜力。在这套理论之下，触媒建筑对于其后续项目的刺激和引导意义，是受到远大于它自身结果的强调和关注的。而当尺度扩大到城市层面的时候，城市触媒（urban catalysis）的概念就出现了，该理念中强调一个最核心的城市发展特点，即激起其他作用的力量。所以从该理论出发，当多个触媒同时在城市中作用时，便互相借力，同时也互相制约，通过不同形式的反应，达到一种整体性的平衡，如引用来自其原著插图中的图2.11和图2.12所示。

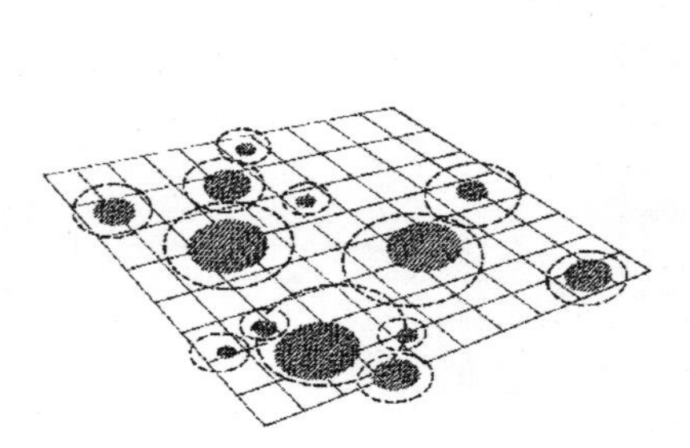

图2.11　城市中触媒过程的图形化表达[173]48

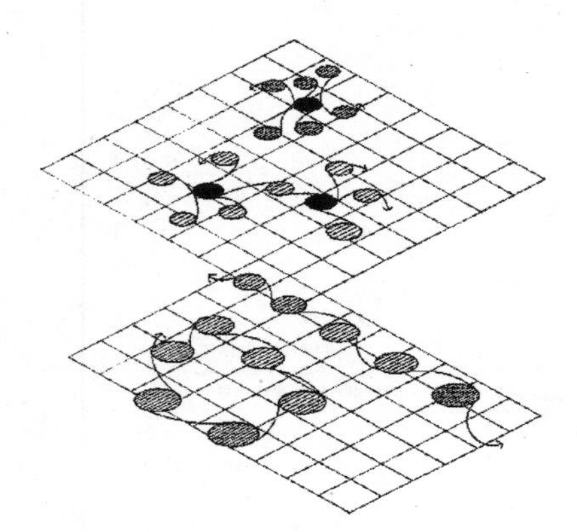

图2.12　触媒反应的几种形式：单核的、多核的、线性连续的、项链状的[173]73

城市触媒理论的提出是基于强调美国的城市与建筑特色的，带有“一点儿健康的实用主义”①色彩。按照该理论，城市的触媒可能是各种形态、各种功能的，比如一个单独建筑的商业综合体、博物馆，或者由一片建筑群组成的大学城、中心商务区，甚至一块绿地公园，总之，其核心是在于这个场所对人的吸引，对活动的聚集效应。这样一些具有特殊意义的点状元素显然是非常适用于笔者所说的“地标”的模型，而作为其反应的场所，城市则提供了广阔而满铺的相对均质化的背景，即“基质”的模型。

综上，城市触媒理论加深了人们对于城市设计与城市开发、管理之间具有较强关联性的认知，促进政府等城市管理者尝试将开发建设和城市的结构以及经济相互联系和参照，也提示设计人员认识到设计过程中非自主的时空性因素，很有启发。而究其初始认知模型，亦是沿袭了“地标-基质”的结构框架的，并且在多个“地标”相互之间，以及“地标”对“基质”造成影响的作用方面有所突破，使模型进一步具有了面向未来的动态化趋势。

① 这是韦恩·奥图和唐·洛干对于自己理论的评价，英文原文为“a dash of healthy pragmatism”[173]174。

（四）其他的一些早期理论与设计实践

除上述三个影响较大的城市理论之外，在其他的一些理论与实践中也能较为明确地看出“地标-基质”的潜在认知模型。

1. 里昂·克里尔

比如继阿尔多·罗西之后，新理性主义的又一位代表人物里昂·克里尔（Léon Krier）①，于1984年在《建筑设计》杂志上发表的《重建欧洲城市》②一文较全面的表述了他反对功能主义将城市划分区块的认知模式，克里尔提出，只有功能的极大复杂性才能使城市拥有一个可读而清晰的，且能优美而永久性的将城市空间及地区相互接合的整合方式。他认为，城市的接合方式可能是公共使用的与家庭使用的空间（public and domestic spaces）；纪念物与城市肌理（monuments and urban fabric）；建筑艺术与建筑物（architecture and building）；广场与街道（squares and streets）[174]。我国学者金广君（1999）用图示表达克里尔的城市空间类型如图2.13所示，充分体现出克莱尔对公共空间重要性的强调，以及对恢复传统城市空间肌理的强烈意愿[169]。这两方面也正是笔者所归纳的“地标”和“基质”两点。

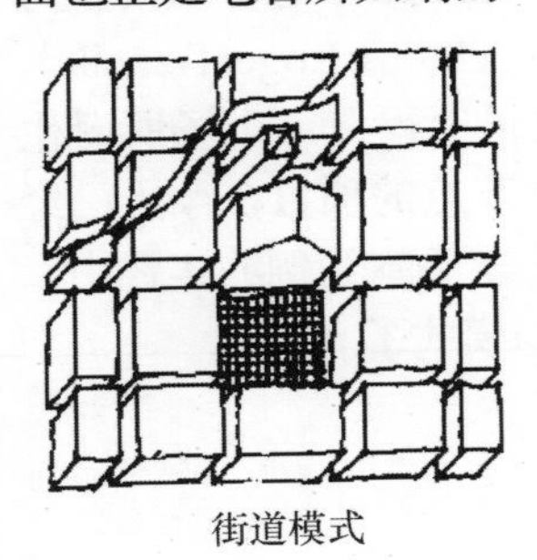

街道模式

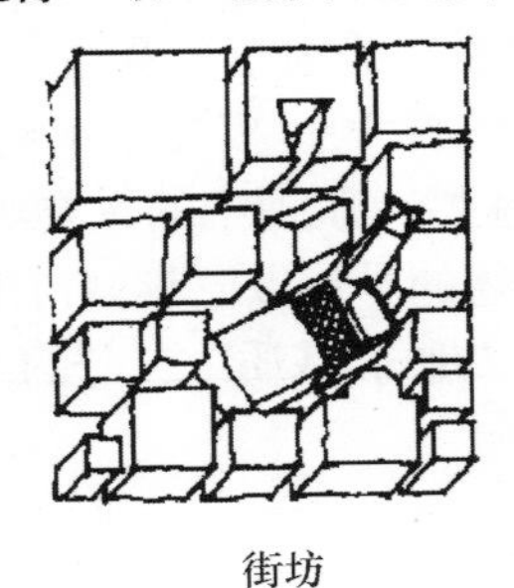

街坊

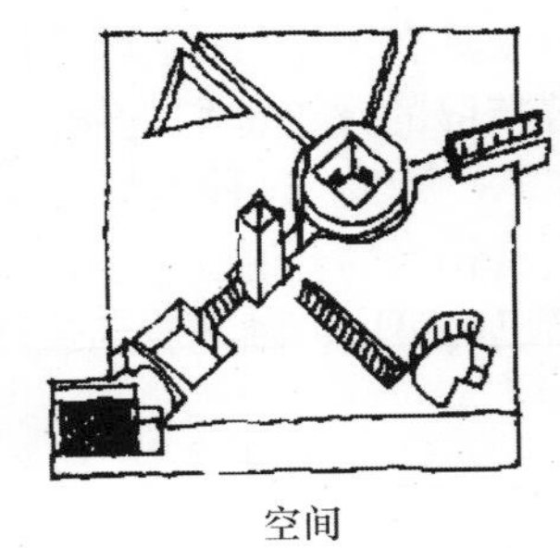

空间

图2.13　里昂·克里尔的城市空间类型图示[169]31

2. 巴黎城市形态实验室

又比如在70年代前后，以巴黎城市形态实验室③为代表的法国文脉主义

---

① 里昂·克里尔于1946年出生于卢森堡，是一位建筑师、建筑理论家和城市规划师。

② 英文原名为：The Reconstruction of the European City。

③ 巴黎城市形态实验室，也称为TAU小组，最初是由安托万·格伦巴赫（Antoine Grumbach）、阿兰·德芒容（Alain Demangeon）、布鲁纳·福捷（Bruno Fortier）、多米尼克·德苏耶尔（Dominique Deshoulieres）和于贝尔·让多（Hubert Jeanneau）等人共同建立的。

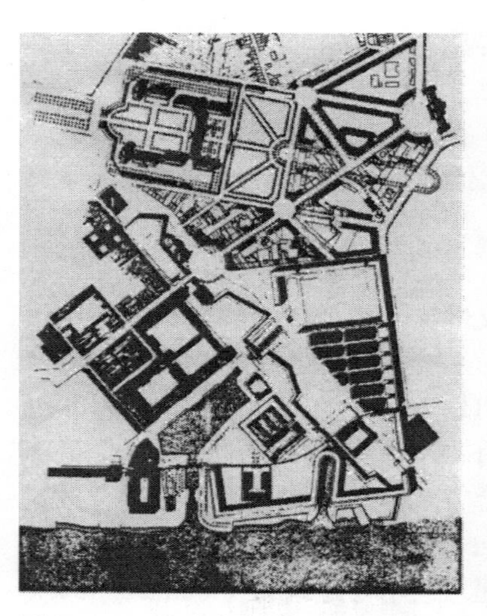
图2.14　巴黎形态实验室的法国罗什福尔规划图纸[66]120

者，其设计实践中对这一模型也有所体现。在他们的品中充满着对于传统城市的怀旧情绪，他们拒绝接受那些年盛行的反城市的思维方式，并着力寻求复兴城市的可能出路，即，通过对纪念性建筑在城市中所发挥作用及形象的改善，探索将其作为重新将城市各个部分予以联结的框架，从而寻求更有意义的城市延续途径。如图2.14所示的法国罗什福尔（Rochefort）实践项目中，他们把城市看作“记忆的剧场”，在城市设计和规划中，并不非常在意特定的建筑类型，而是尤其关注可能塑造不同环境形态的开敞空间类型。在保留几处重要的历史节点之外的城市肌理中，他们刻意引入强烈对比性的元素，比如使用有角度的建筑和空间来打破现状肌理的几何形式感，使当前设计的要素似乎与历史形态之间产生一种看似偶然的关联，最终导致城市形态分层堆积为一个具有多个层次的空间片段。美国学者罗杰·特兰西克（RogerTrancik）曾精辟的评论他们的做法为，“通过模仿城市的成长历程，一个场所诞生了”[66]118。这种类型的关注城市肌理中的重要历史节点的项目在今天已经具有相当的普遍性，但从上述的早年以巴黎城市形态实验室为例的实践中，就已经可以清晰地看到这种“地标-基质”二分的认识模式了。

（五）小结

本章节中归纳总结了早期城市研究中一种潜在的认知结构——“地标-基质”模型，尤其以影响最为广泛的凯文·林奇、阿尔多·罗西，还有韦恩·奥图和唐·洛干等的理论为例阐明。

其实近年来“地标-基质”模型的使用更为普遍。比如我国学者黄鹤（2010）在关于城市文化规划的研究中判定，城市空间文化特征的塑造主要有两个来源，第一是作为地标的一些城市文化要素，比如有历史氛围的环境、承载创意产业的空间，以及容纳公共活动的空间等等，第二则是除此之外的城市基质的文化特色。并依据这一认知，进一步建议文化资源的布局模式应使文化空间符合层级化、网络化的标准，同时鼓励混合化的发展方式[175]。另外在历史城市保护规划及文化遗产保护的实践中，对于这种划分模式的应用就更为广泛了，如第七章所详细阐释的，现行保护制度中，绝大多数都是采用重点围绕一个个单点的“地标”，即各级文物保护单位，或历史文化保护区，再对作为“基质”的城市环境有所关照的操作模式，比如历史文化名城制度。

综上，可以推知这种“地标-基质”模型的方法论已经成为城市研究中的一种自觉或不自觉的范式，而本书所要提出的“锚固-层积理论”亦将基于这一范式而展开。

三、锚固-层积模型的整体框架搭建

（一）提出锚固-层积模型

基于对“地标-基质”认知范式的进一步发展，本书提出“锚固-层积模型”，即，用作为地标“城市锚固点”和作为基质的“层积化空间”的结构重新解读城市历史及其现状形态。

当城市历史景观将变化纳入到传统的范畴，便赋予了我们重新思考历史城市的可能，从这样的角度出发，本书塑造的锚固-层积理论将是关注城市历史呈现出来的动态变化过程的理论。锚固-层积模型与前述的凯文·林奇、阿尔多·罗西，以及韦恩·奥图与唐·洛干等的理论与实践所使用的认知模型相比，固然要解决的问题，亦即研究目的不尽相同，不过对于相同的本质层次上的认知模型，最明显的一个差别就会体现在锚固-层积模型在时间维度上的拓展，就如同赋予了城市空间一个历史坐标轴上的厚度。

图2.15　灯塔与海潮的意象（图片来源：谷歌图片）

直观形象的来描述锚固-层积理论，就像如图2.15所示的灯塔与海潮所组成的意象，即，在画面的可见空间范围内，如果想象一段相对较长的时期，那么画面中的灯塔以及周边的部分较高的陆地将呈现为静止不变，可以模拟城市锚固点的意象，其首要的特性便是能在一段动态的时间中维持相对的静止；而海潮则起起落落，与易被淹没的部分陆地一同变化不停，可以模拟层积化空间的意象，其各个时间点和空间点中层积模式不同，所带来城市体验也会是完全不同的，所以可以说是城市历史景观的存在中具有决定性的组成部分。如若具体的观察海潮变化过程，便犹如观察城市中层积化空间的生长方向，海潮的方向有时是从灯塔趋向远方，有时又是从远方趋向灯塔；又犹如层积化空间不同阶段呈现出来的层积特性，即海潮变化的程度范围可能既包含有浪头覆盖时的剧变，也包含有浪头之间比较平静水面上的徐变；并且整体也通常具有一定的周期性规律或者趋势，体现于所有城市都具有几类相似的层积周期，类比于海潮，则随着月圆月缺，潮水有时来的猛烈，有时来的和缓，浪潮所能覆盖到的陆地范围也因此各不相同；如此等等。另外，在人们的意识中，灯塔对于苍茫的大海总是散发一种如同呼唤回家的精神吸引，或者如同归祖认宗的精神力量，就像城市中人们对一些重要的文化遗产有时间难以磨灭的眷恋与归属感；而在摄影作品及现场体验中，海潮也往往是烘托灯塔的上述这种氛围的绝佳配景和背景，回到城市主题，城市锚固点显然对层积化空间的产生有不可低估的影响，同时自身也会受到相应的反作用力。

综上，锚固-层积理论将从城市历史景观的视角出发，提供重新解读城市历史与现状形态的新认知模型，即，由“城市锚固点”与“层积化空间”两个要素以“地标-基质”型的研究范式所构建起来的模型，随后可以通过对这一模型进行深入分析，尤其对这两个要素——动态时间中的静态空间与限定空间中的连续时间——分别深入研究，寻找一些隐藏的规律或潜在的规则，以求更好的认知城市历史景观，并尝试对城市历史景观的未来保护实践有所指导。

（二）锚固-层积效应的双向性

在将历史城市划分为城市锚固点和层积化空间两个要素后，观察其相互之间发生作用的过程，也就是锚固-层积效应了。这是一个具有双向性的动态过程，一方面城市锚固点塑造或影响了作为层积化空间的城市，反过来，层积化空间的变迁其实也会固化或者动摇城市锚固点。

1. 城市锚固点对层积化空间的作用力

城市锚固点对于其周边的层积化空间具有锚固的作用力，空间方面，城市锚固点可能会在一段时期内影响城市的发展，在从宏观到微观几个层面上分别可能影响城市整体发展方向、影响周边道路网络及区域功能的形成或规划、影响新建的建筑形式等。

首先，往宏观里说，城市锚固点有时能够影响整个城市的发展方向。比如新中国在1950年前后北京旧城亟待扩建之时，天安门城楼[①]就因为曾经在建国时作为毛主席宣布共和国成立之地而被当时的城市管理者们无比珍视，梁思成与陈占祥曾建议在西郊完全新建一处行政中心，对北京旧城实施整体保护的方案，这个今天看来比较有先见的方案最终仍然被否决，政府最

---

① 天安门始建于明代永乐年间的1417年，原名为“承天门”，在清代顺治年间1651年才更名为“天安门”，在明清两代曾经是新帝登基、皇后册封等国之大事诏告天下的场所，也是皇帝金殿传胪、招贤纳士的地方，还是皇帝出征，或者赴太庙祭祖时所要经过之门。

终还是坚持必须要以天安门作为全城，乃至全国的政治中心，随后又有扩建天安门广场、拆除城墙等后续变迁，甚至到今天北京城单中心、摊大饼模式的发展都与此有脱不开的干系。然而无论是好是坏，总之，如图2.16所示，天安门城楼在这一阶段确实十分突出地影响了我国首都的城市发展方向。

图2.16　现今的天安门城楼（资料来源：百度图片）

同时，在中观层面上，城市锚固点对一定范围内的道路网络及区域功能的形成或规划，往往也有很强的作用力。仍然以人们所熟知的北京天安门城楼为例，如图2.17所示，正是因为天安门城楼作为一处城市锚固点的重要意义，其紧邻的正前方，便是号称“十里长街”的长安街，长安街是北京城最重要的一条贯穿旧城东西的大道，最宽处达到120米，最窄处也有60米，几乎最大限度地保证了该锚固点的可达性与连通性；再向南隔街相望的便是世界上最大的广场天安门广场了，经过新中国的扩建之后，其面积已有44万平方米之广，可以容纳100万人的活动；广场中及周边的人民大会堂、毛主席纪念堂、人名英雄纪念碑等等一批肩负政治功能和象征意义的巨大的建筑物和构筑物，也都是因为天安门城楼作为最初的城市锚固点而逐渐被规划建设的。当然，城市锚固点造成的这些影响也并非对所有主体都是促进建设的，比如原本在长安街位置的城墙、东华门、西华门，以及天安门广场位置的千步廊等就纷纷遭到了被拆除、被覆盖的命运，这些也同属于城市锚固点在空间方面的中观层面上对层积化空间的作用力的体现。

图2.17　鸟瞰天安门城楼、广场、长安街及周边建筑物、构筑物（资料来源：百度图片）

最后，在微观层面上，城市锚固点往往会对在其后新建的建筑形式有一定影响，这一影响有时体现在平面布局与空间序列上，有时体现在立面尺度与比例上，有时则体现在细部或构造上。这种微观层面的影响在天安门城楼的案例中仍然有绝佳的体现，如图2.18至图2.21所示，天安门广场中间及四周的几座主要建筑物和构筑物无一不是历经精心的形式设计，十分重视比例和尺度，以及水平向展开的态势与竖向柱廊的分割，以求得能与天安门城楼为代表的传统建筑形式有所呼应。具体举例来谈，1958年，梁思成先生与刘开渠先生共同主持设计建造了人民英雄纪念碑，梁先生负责建筑设计事宜，刘先生则负责浮雕等美术设计事宜，是天安门广场上的第一个落成的现代构筑物[176]。梁先生在碑形的设计中曾推敲了多种风格的方案，最终选择了借鉴唐代登封的嵩阳书院碑、唐代西安的孝经碑等我国传统石碑形象，加以一定程度的新时代设计，碑顶形式选取了上设卷云、下设垂幔，接近于庑殿顶和盝顶之间的传统意味十足的造型，并将碑身安放于双重的有汉白玉栏杆的宽阔平台上，如图2.22所示，与天安门城楼的重檐歇山顶和宽阔的城门楼遥相呼应[177]。在一块由拥有一定历史的城市锚固点统领的场地上设计建造新建筑时，人们都会或多或少对其有所敬畏，西方学者后来亦将这种情感归纳为"场所精神"，新建筑对场所精神的回应可能体现在很多方面，这也解释了城市锚固点在微观空间层面可能对层积化空间造成的影响。

图2.18　位于广场正中的人民英雄纪念碑（资料来源：百度图片）

图2.19　位于广场中部的毛主席纪念堂（资料来源：百度图片）

图2.20　位于广场西侧的人民大会堂（资料来源：百度图片）

图2.21　位于广场东侧的国家博物馆（资料来源：百度图片）

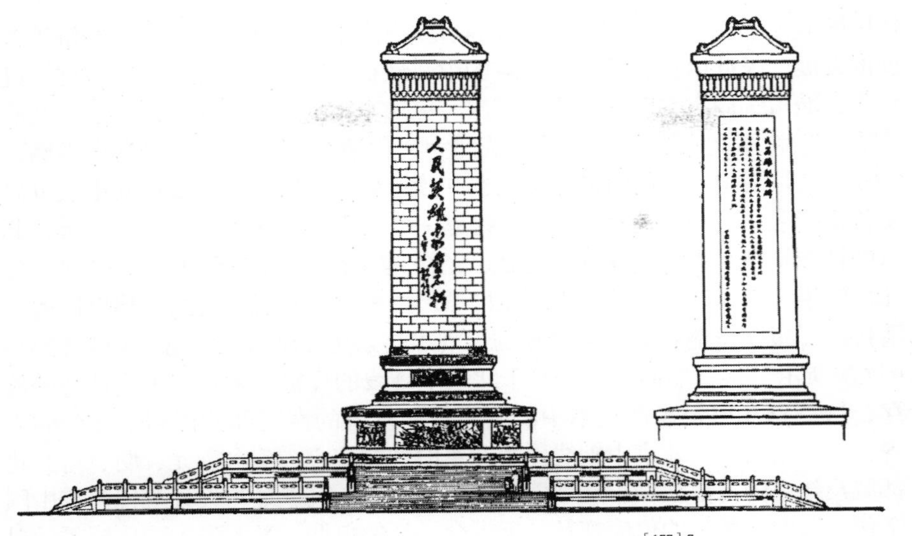

图2.22 人民英雄纪念碑的南、北立面图[177]7

事实上，除上述的从宏观、中观到微观层次以外，城市锚固点对其周边层积化空间的锚固作用力不只体现在空间方面，还可能表现在文化、政治、经济等多个方面，这一来是因为空间对文化、政治、经济等非物质因素有一定塑造作用，二来是城市锚固点自身也会对城市辐射相当的非物质能量。比如从很多年以前以来，其他城市的人们说起北京，第一个联想的对象往往就是“北京天安门”，这最初自然是政治的作用，同时，异常宽阔的长安街与宏大的天安门广场也进一步烘托和助长了这种情绪的氛围，而后便潜移默化到文化的传承之中了。因为毛主席在宣布建国之时就赋予了天安门城楼独特的政治意义，早期的人民大会堂以及各部委大楼等重要的文化、政治、经济功能建筑也都围绕该城市锚固点，沿长安街展开，以至于后来至今，无论在物质层面还是非物质层面上，这一带都逐渐成了城市的首要的文化、政治、经济中心。这些非空间层面的影响都同样体现出城市锚固点对层积化空间的锚固作用力，同时非物质文化遗产的传承也是城市历史景观着力关注的重要方面。

2. 层积化空间对城市锚固点的反作用力

另外，不容忽视的是，作为层积化空间的城市对其锚固点是具有相应的反作用力的，同样是既体现在物质性的空间层面，又体现在非物质性的文化、政治、经济等层面的。

首先，是城市连续的反作用力将城市锚固点逐渐塑造成为文化遗产。一些历史上的城市锚固点因为某些事件而获得了独特的意义，之后其产生的锚固效应便如上文所讲到的，影响周边城市的空间、文化、政治、经济等方面的发展，长此以往，城市锚固点的中心性自然会愈加凸显出来，在这个过程中，城市锚固点会获取到更多层次、更加丰富的价值，而不仅止于最初所具有的独特意义，因此将被逐渐认知为文化遗产。倘若仍以北京来举例，2012年11月刚刚入选我国世界文化遗产预备名录，准备下一步正式申报世界文化遗产名录的“北京中轴线”①就是一个很典型的案例。追溯其渊源，北京中轴线早在元大都设立的时候就已经初具雏形了，到明嘉靖三十二年（公元1553年）正式形成，折射出北京旧城严格根据礼制思想规划的建设历程。清代的《康熙南巡图》非常清晰的展现出这条历史轴线的形态，如图2.23与图2.24所示[178]。然而，人们对于北京中轴线的理解并未止于古代社会的遗存，这一点在申报遗产文本中的突出普遍价值的声明部分得到了充分的体现，文本指出：“北京中轴线作为北京旧城的核心，蕴含着元、明、清封建都城及新中国首都在城市规划方面的独特匠心。其选址与设计既代表着中国文化‘以中为尊’的价值观及‘天人合一’的信仰，又不失中国传统哲学对自然的尊重和对人与自然和谐关系的理解。严格按照《周礼·考工记》规划并建设的都城既是古代中国礼制思想的物质载体，同时又强化了井井有条的社会秩序。这条轴线在近八百年的历史中历经中国社会的重大变革，不断被改造和发展，始终适应不同时代的社会生活需求。它体现出中国文化中礼制思想的价值观对都城设计的影响，是中国传统社会治理方法在城市规划领域的创造性实践和典型实例。这种独特的探索将城市规划建设与社会秩序建立紧密结合，对于当代和后代社会具有普遍的参考价值。”[179]3可以看到这一描述中对“近八百年”的连续历史过程的关照，虽然大篇幅的阐述的是元明清封建时期的礼制城市规划价值，但同时强调了作为“新中国首都”的北京，在新时代的都城规划中对中轴线的延续，因此最终划定的范围如图2.25所示。甚至直到近年来奥林匹克运动会场馆及公园规划布局时，如图2.26所示，以及2003年开始启动的南中轴治理计划等都体现出该城市锚固点迄今依然旺盛的生命力。因为面对一条传统的观念中建城之初的城市中轴线，人们在后来的城市建设中确实持续性的受到它的锚固。综上，在不同的时代，中轴线都被视为北京城市规划和城市格局中最重要的组成部分而得到充分的重视与尊重，因此反过来也不断加强了它的存在。

除了塑造的力量外，另一方面，层积化空间对城市锚固点的反作用力也可能体现为破坏或削弱。仍然是北京中轴线的案例，从申报世界遗产的核心要素选取结果中亦可见一二——在长7.8公里，宽0.1～2.6公里，总面积468.86公顷的核心区范围内，申报的核心要素自北向南分别选择了：钟楼、鼓楼、

---

① 遗产提名地的核心区为：“从元代至近现代与中轴线直接相关、严格依据中轴思想规划建设而成的重要城市要素和紧邻中轴两侧轴线对称的皇家坛庙。”[156]10

图2.23　现藏于故宫博物院的《康熙南巡图》第十二卷[178]71

万宁桥、景山、故宫、社稷坛、太庙、天安门、天安门广场（包括人民英雄纪念碑、毛主席纪念堂）、正阳门及箭楼、天坛、先农坛及永定门。这其中，以地安门等为代表的一些中轴线的重要构成要素已经在历史进程中被拆除了，地安门是曾经的皇城北门，位于皇城北垣之正中，南望景山，北对鼓楼，且与天安门遥相对应，然而1954年底在建设新北京城的大潮中，地安门被以疏导城市交通的名义拆除了，近年来关于其是否应当南移复建也有过不少争论，如图2.27和图2.28同一位置的两张照片对比所示，构成中轴线的一些要素也被反作用力有所改变了，比如第一张照片中部的地安门如今已经消失不见，而第二张照片中中部偏南，对称位置十分显眼的几组大屋顶建筑则是近年来的建设；其他很多要素也都经历过了重大变迁，比如上一小节的重点案例天安门广场曾经过改造和扩建，而出入京城的通衢要道南大门——永定门则先后经历了拆毁和重建①，如图2.29和图2.30所示。凡此种种，都是中轴线被城市反作用力所侵蚀的例证。

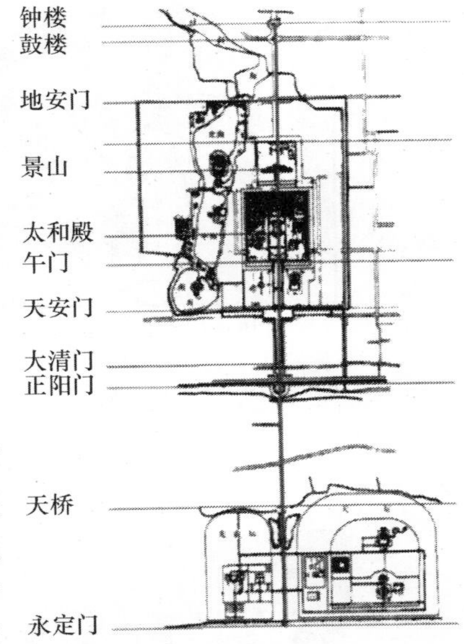

图2.24　根据《康熙南巡图》绘制的北京传统中轴线示意图[178]71

① 永定门的重建是严格按照历史文献、历史照片以及测绘图的记载，并且采用传统材料和工艺进行的。

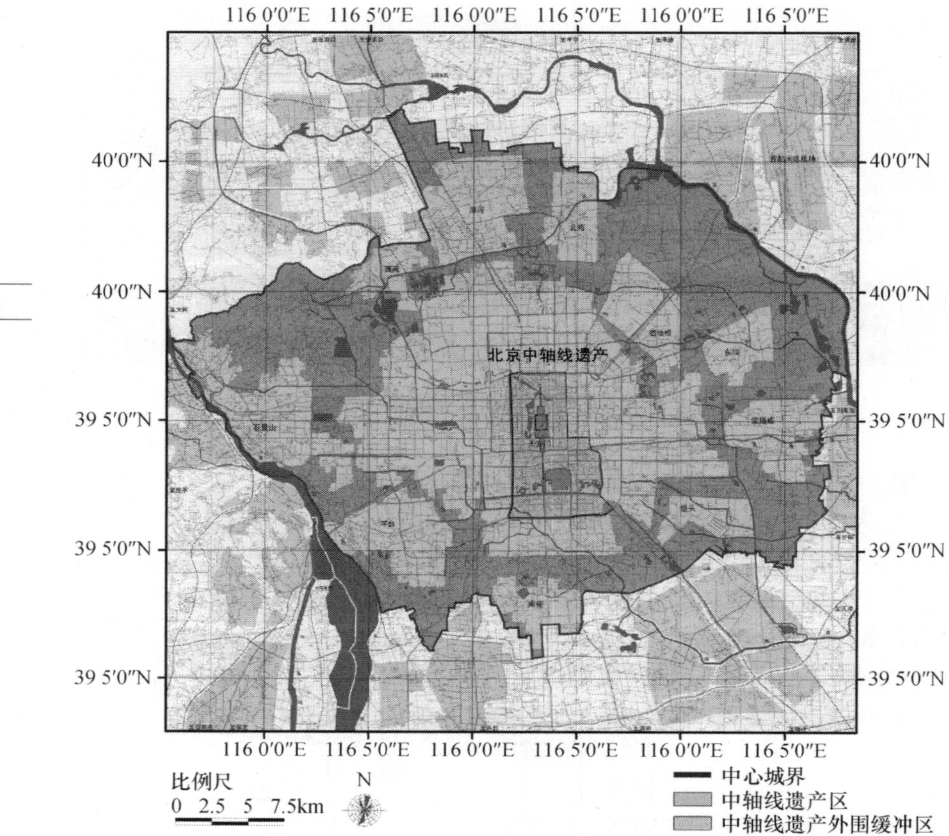

图2.25　最终提名中轴线的遗产区域缓冲区在北京的位置示意图[179]13

图2.26　中轴线向北的延伸——奥林匹克公园（资料来源：笔者自摄）

图2.27　民国时期从景山看向鼓楼的历史照片[179]56

图2.28　现今从景山看向鼓楼的照片（资料来源：笔者自摄）

图2.29　20世纪20年代的永定门历史照片（资料来源：百度图片）

图2.30　复建后的永定门照片（资料来源：百度图片）

综上所述，由本节对反作用力的分析和阐述可知，在层积化空间的不断冲刷覆盖下，城市锚固点虽然多数时间呈现为相对静止，却也绝非永恒，仅只是在一段时期内给层积化空间施加一定的作用力，各个时期交互时，空间也会有所转移，反作用力就可能会淹没旧的城市锚固点，当然也可能形成新的城市锚固点。

（三）单个城市锚固点与层积化空间的相互作用范围

如本章第三部分“（二）”中谈到的，城市锚固点与层积化空间之间存在相互的作用力和反作用力，因此整体模型内部的锚固-层积效应呈现出具有双向性的特点。不过，力的作用范围显然并非无限蔓延或均匀分布的，所以本节便从时间与空间这两个最基本维度出发，探讨二者相互作用的范围。

1. 时间维度下的相互作用范围

在锚固-层积模型的初始设定中，城市锚固点是一个在时间维度上相对静止的存在，层积化空间则不断往来迁移，处于相对的变动状态中。实际上，如若从更长远的时空来看，与层积化空间相仿，城市锚固点在反作用力的作用下也是存在变迁的，只不过相对于前者，这个变化的周期更要漫长许多，在前述的北京中轴线案例中，关于这类城市锚固点的变迁也已经可见一斑。如此，便涉及一个时间维度上不可忽视的范围问题，即城市锚固点在多大的时间范围内在对层积化空间发生着作用力，而倒过来的反作用力又何时终止。对于这个问题，不同情况的城市锚固点加上不同情况的层积化空间显然有无数种各不相同的可能，笔者只能尝试归纳与描述一种大致的普遍趋势，来辅助时间范围的判断。

形象的来讲，城市锚固点都是具有一定的生命周期的，这个生命周期的长度便构成时间维度下的范围。换言之，并非某个建筑凭空就成为城市锚固点，而是在某些事件之后，锚固-层积效应交互的作用力与反作用力彼此吸引、碰撞、弹开的过程中逐渐成形的。所以当我们回头看今天的城市锚固点的历史，常常可以分析出其成长为城市锚固点及其发挥锚固效应的过程，但这并不意味着它能在未来也一直担任城市锚固点的角色。不过，按照对历史上发挥过锚固效应的城市锚固点的特性分析，从它们的现状以及可规划的未来状况中，我们便可以对此做出相对可靠的预测。总之，在一个或长或短的周期之末，作用力与反作用都会逐渐变得微小，当小到一定程度时，该城市锚固点的使命便告一段落了，如图2.31所示。虽然有时候从未来的某个时间点开始，该城市锚固点可能又将重新获得某些独特意义或功能从而再度成为新的城市锚固点，但那也将是下一段生命周期，或者叫作下一段城市锚固点与层积化空间的相互作用时间范围了。

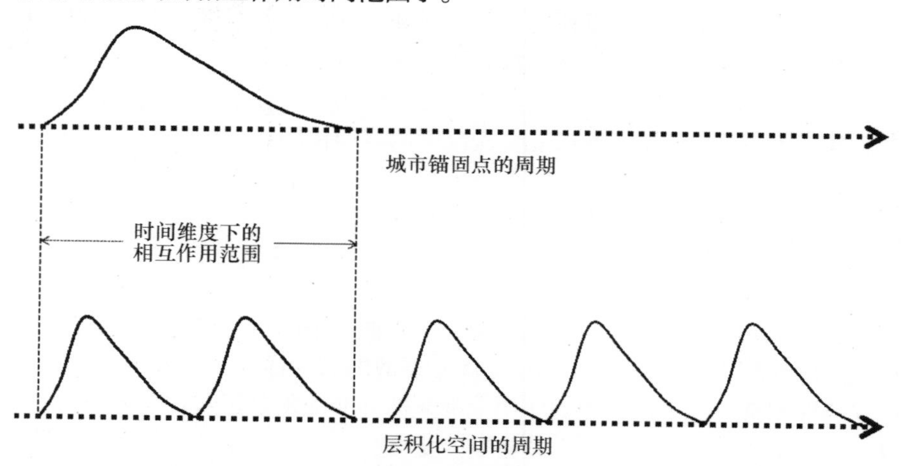

图2.31　城市锚固点与层积化空间在时间维度下的相互作用范围示意图（资料来源：笔者自绘）

一个近年来我国的著名新类型文化遗产再利用案例可以进一步解释说明，即位于西安曲江的大明宫国家遗址公园，如图2.32所示[180]。龙首原上的大明宫是唐代时世界范围内最宏大最辉煌的宫殿群，规模是北京故宫的4.5倍，是巴黎卢浮宫的8倍，大朝含元殿、日朝宣政殿、常朝紫宸殿，以及麟德殿等50多座殿宇曾十分奢华，如图2.33与图2.34所示[181]，但大明

图2.32　大明宫国家遗址公园的水墨效果图[180]

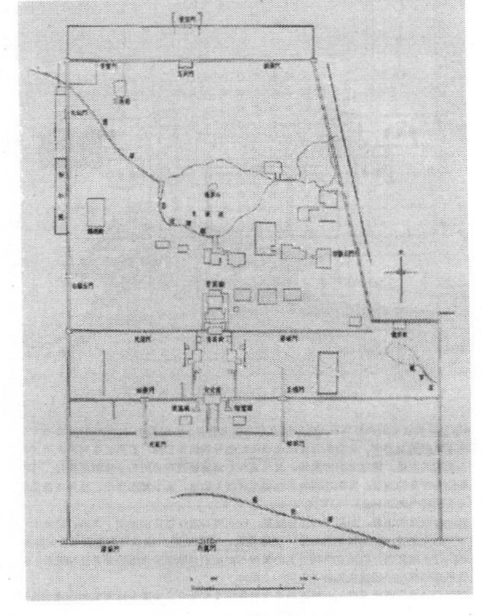
图2.33　唐大明宫重要建筑遗址实测图[181]119

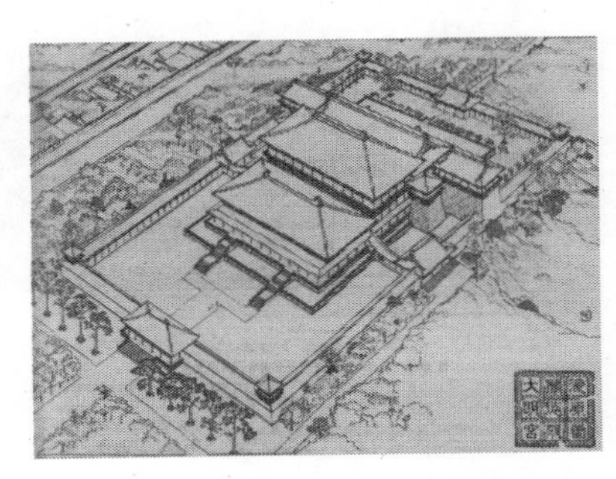
图2.34　唐大明宫麟德殿复原图[181]121

宫仅曾在历史上存在了200多年，虽然在唐长安的建设中发挥过一定的锚固效应，但很快就在唐末的战乱中毁于战火，结束了这一生命周期。随后的一千多年中，大明宫曾经的基址虽尚未磨灭殆尽，但也并未在周边层积化空间的变迁中发挥什么作用。然而，到2007年，西安曲江新区与香港中国海外发展有限公司共同签署了大明宫项目整体合作开发的框架协议，大明宫国家遗址公园因此获得了两百多个亿的本

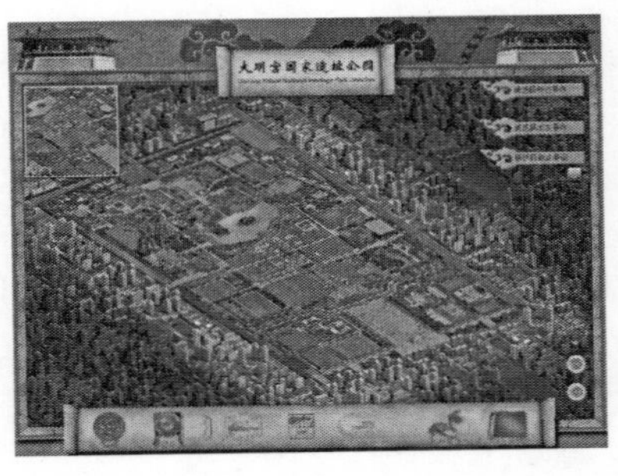

图2.35　大明宫国家遗址公园及其周边建设的虚拟现实界面[180]

体建设与周边改造工程投资，如图2.35所示。该遗址位于西安市的北关中，新的整体规划面积达到24万平方米，由于原本主要是棚户区、城中村，还有企事业单位及家属区，涉及拆迁建筑面积640万平方米，动迁改造人口15万，是很大规模的拆迁工作[182]。再次印证了在这一项目开展之前，当前的城市肌理与其早已没有任何关联，就如同平静的水面之下就算暗流汹涌，但也已属于不可观览的范畴。可是，通过主动的保护和整体性的开发，如图2.36与图2.37所示，该项目改善了地块环境，建立了文化产业，并提升了周边区域的土地价值，从而获得了资金上的均衡，引导了城市的发展。综上，在唐代时，大明宫无疑是当时重要的城市锚固点，而后消亡，可以说大遗址公园项目自启动以来，它正逐年重新获得着作为锚固点的特性，甚至是可以按照城市触媒理论归类为“触媒点”的，但是就其现状而言尚不能完全属于锚固点的范畴，仍然仅只是形成的阶段，只有当其在未来一段时间后确实证实了其对周边层积化空间的作用效果时，才有机会被视为新的城市锚固点，开始一段新的生命周期。

图2.36　麟德殿遗址的展陈现状[180]

图2.37　太液池的复原与遗址公园周边的建设现状[180]

综上，时间维度下判断一个城市锚固点与层积化空间相互作用的范围是以该城市锚固点所能延续的时长为主要划定标准的。不过，倘若在较长时间范围内扩大观察的空间范围，涵盖到不止一个城市锚固点的范围中，则可能看到更为复杂的趋势和规律，多个城市锚固点此起彼伏，像层积化空间一样，在变迁中扩散出去或者覆盖回来，总体上将呈现出相当的层次性，即，不同时间切片下的城市都可能拥有该时间状态下过去的、现在的以及未来的城市锚固点。因此，在今天的城市历史景观研究中，界定时间维度下单个城市锚固点与它周边的层积化空间的相互作用范围就显得十分必要，将可以用作展开复杂问题分析的基本单元。

2. 空间维度下的相互作用范围

相较于前述的时间维度，空间维度更加直观和容易辨识。至于城市锚固点和层积化空间的相互作用范围，则是理论上可以落实在一张城市地图上的判断，不过，这一判断的前提也正隐含在这“一张”地图中，也就是说，任何空间维度下的范围判断都必然是在某一时间切片下完成的。现实中的判断不可能基于某个准确的时间切片，而必然是某段时间之内的累积结果，倘若我们借助20世纪初美术史上兴起的未来主义绘画的视角来描述，则如图2.38所示，就像长时间曝光拍摄到的，在底片上呈现出多个感光影像一般，多重叠加导致的模糊范围可能可以在同一个画面上表达一小段时间中的连续性运动所产生的形象。回到空间维度下作用力范围的判断问题上，十分相似的，通常是体现为一小段时间内累积可以观测到的大致范围，而单个瞬间下的空间范围则无法判断，意义也不大，相反，一段时期内的空间范围变化趋势将更具有研究价值，再次体现出即便在空间维度的研究中，时间要素也仍然是不可或缺的。

图2.38　贾柯莫·巴拉于1912年创作的未来主义绘画《链条上的狗》

针对锚固-层积模型这种在空间上呈现为城市锚固点与其周围的层积化空间的二分的认知结构，讨论这两者相互作用力的空间范围时，自然是以其空间上相交汇的边缘为力的最主要作用场所，并向两个对象分别扩散，随着远离边缘距离的增加，力的作用整体上也在逐渐弱化。在城市锚固点的空间范围相对于层积化空间较小时，或者城市锚固点中的空间相对单一时，则可在模型中简化为一个点，完整的涵盖在相互作用的范围中，而向层积化空间一侧则单向衰减；而在城市锚固点的空间范围并不明显小于，甚至大于层积化空间的空间范围时，或者城市锚固点本身也具有一定的层积特性，而非铁板一块时，则模型应当展现的是两个面的关系，那么作用力自二者交汇边缘起，延向两边都将同时各有一个不同程度衰减的过程。上述两种情况以图示来表达则如图2.39和图2.40所示，仍然有作用力的空间范围即属于我们在空间维度下的研究范围。另外，无论城市锚固点是更接近于点状还是面状，一般情况下，城市锚固点和层积化空间交接的边缘处总是两者相互作用力最强的地带，分别体现为两个图示中的最高峰，虽然在城市历史景观中这些边缘空间不一定有多么强烈的表现，但通常是向二者发出彼此作用力的隐形辐射点。这些边缘空间一方面向层积化空间辐射城市锚固点的作用力，如前所述可能在空间上影响大到城市整体发展方向、周边道路网络及区域功能的形成或规划，小到新建的建筑形式等，并同时对经济、文化、政治等非空间的方面施加影响；另一方面也向城市锚固点辐射层积化空间的反作用力，造成塑造、破坏或者削弱等不同效果。

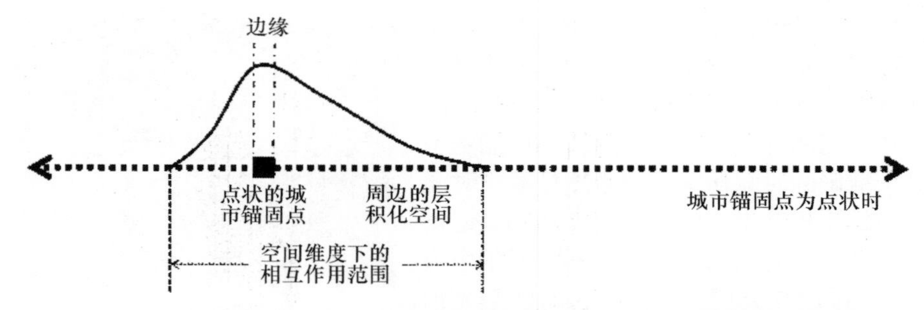

图2.39　当城市锚固点为点状时，其与层积化空间在空间维度下的相互作用范围示意图（资料来源：笔者自绘）

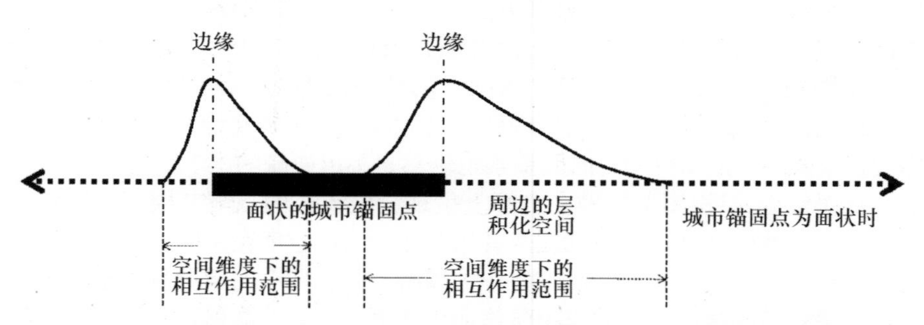

图2.40　当城市锚固点为面状时，其与层积化空间在空间维度下的相互作用范围示意图（资料来源：笔者自绘）

在现实情况下，因为受到各种因素的影响，二者的相互作用力必然不会如图2.39和图2.40中所表现出来的那样，在空间上平滑的渐变衰减，而是通常以某些道路、障碍物等有形边界，或者文化信仰、行政区划等无形边界为该相互作用范围的终止。以北京市西城区什刹海地区为例，如本书在第三章中所具体论述的，什刹海水体乃是这一片区的主要城市锚固点①。虽然什刹三海水面面积非常大，在真实的卫星地图上体现为明显的面状元素（如图3.39至图3.41所示），但是因为作为水体，空间非常单一而完整，且水体的特殊性使其异常均质，且不对锚固-层积效应的作用力和反作用力产生反应，所以在认知模型中更近似于点状的存在，适用于图2.39所示的范围拓扑形，其相互作用的空间范围是单向的作用力衰减所圈定出的。倘若聚焦到如图2.41所示的，由西南至后海北岸、北至二环、东至钟鼓楼所在中轴线的这一小块三角形区域当中进一步分析，可以看出，后海北岸基本上近似于与东

① 什刹海地区城市锚固点具体的判定原因等可参考本书中该部分的章节，这里不再重复做展开。

图2.41　后海北岸的三角形区域的卫星地图（资料来源：谷歌地球）

西方向夹角30°的一条斜线，而以几乎平行于该斜线的鼓楼西大街为典型，越是靠近后海岸线的区域，道路越是平行或垂直于水域边界，而不是像北京城中其他区域那样南北东西平直交叉分布，而且，与道路走向相对应的，建筑朝向也自然沿街面展开，与北京旧城中通常的建筑布局呈一定角度。

此外，如图2.40所概括的，与什刹海状况不同，对于一些面积较大或者构成要素比较复杂的城市锚固点，在受到周边层积化空间的反作用力时，通常在内部出现力的作用效果从二者交接边缘向中心逐渐衰减的情况。仍然以北京的城市中轴线为例，虽然理论上只是一条线，而事实上中轴线则是具有一定宽度的长条形的面，因此与层积化空间的主要接触边缘自然更明显的体现在沿线的东西两侧，从南至北的每一段两侧的空间作用范围情况又各不相同，如图2.42所示，从遗产区域的认定结果就可以看出不同南北段区域中，相互作用的空间范围的各不相同。比如中轴线之中——故宫，高耸的宫墙几乎可以说是完全隔绝了外界层积化空间可能具有的反作用力，所以中轴线在这一段的边缘之内并没有可以划为二者相互作用的范围的空间，如图2.43所示；而如果切换到地安门附近的万宁桥段，则此时相互作用范围的划定也应该落入城市锚固点本身的范围之内。其中，万宁桥至鼓楼段如图2.44与图2.45所示，前门大街段如图2.46与图2.47所示，都是两侧新老城市建筑混杂，有如水乳交融，相互作用的范围已经涵盖到城市锚固点内部。而由于中轴线对于早期城市规划的特殊意义，向外则通常向东西至少应当扩展到很远距离以外的城墙，亦即今天的二环处，向南北则远不至于历史上的范围，而是至

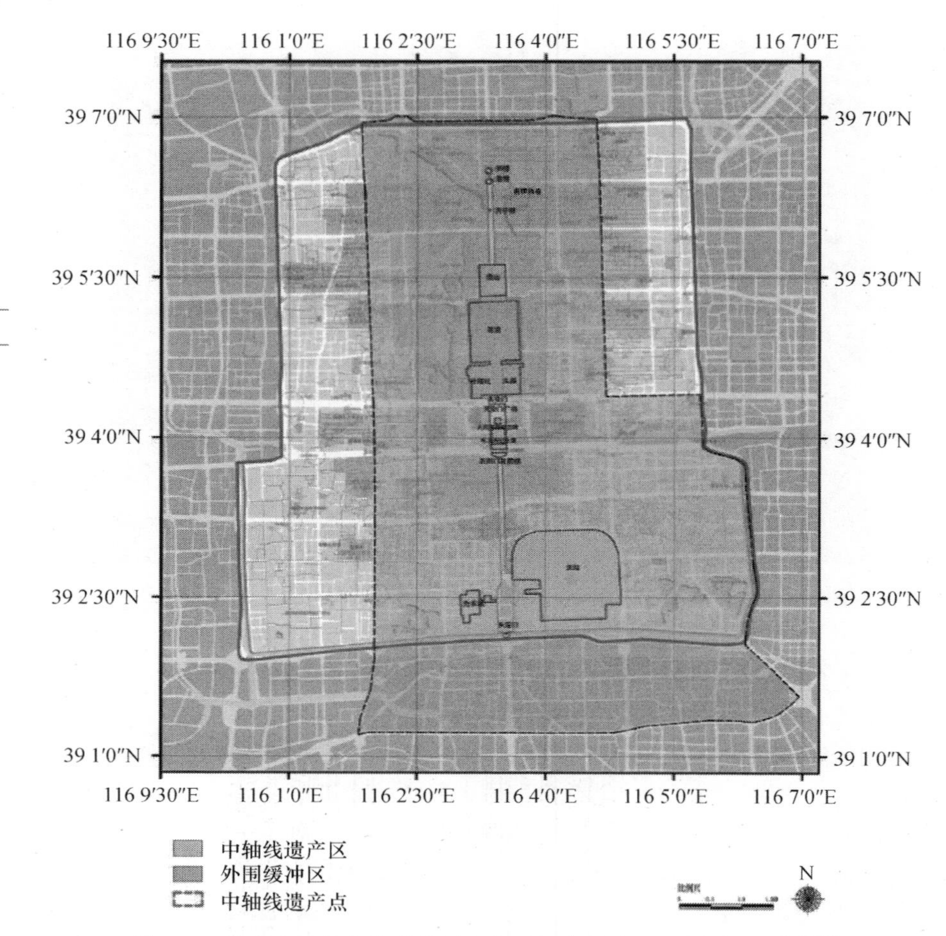

图2.42　北京中轴线在申报世界遗产时划定的遗产区与缓冲区[149]14

今仍在不断扩展的，比如向北方向，按照本章第三部分（二）中给出的判断方法，至少扩展到如图2.48所示的奥林匹克公园[183]。综上，表现在整体中轴线作为一个城市锚固点的存在上，则因为其本身及周边空间构成的复杂性，而具有了如图2.40所示的向内外两侧的共同作用范围。

综上，空间维度下判断一个城市锚固点与层积化空间相互作用的范围，乃在某一时间切片下回顾此前一段时间内积累而成的大致空间范围，在认知这一范围时，有的城市锚固点可简化为点状的模型，有的则与层积化空间同为面状的模型，但不管是哪一种，城市锚固点与层积化空间交界的边缘处，通常都是力的作用最强，向二者辐射彼此作用力的隐形所在，并且向内外各自衰减。这些边缘空间在城市历史景观中通常并不会以非常突出的实体形式存在，而且会随着时间变迁，二者相互作用的空间范围边界也是如此，所以

—··—· 中轴线　-·-·-·· 边缘　空间维度下的相互作用范围

图2.43　城市锚固点北京中轴线在故宫段与周边层积化空间相互作用的空间范围示意图（资料来源：笔者自绘）

—··—· 中轴线　-·-·-·· 边缘　空间维度下的相互作用范围

图2.44　城市锚固点北京中轴线在万宁桥至鼓楼段与周边层积化空间相互作用的空间范围示意图（资料来源：笔者自绘）

图2.45　从万宁桥向北望向鼓楼的今日之影像（资料来源：笔者自摄）

需要因案例不同各自进行判断。总之，在今天的城市历史景观问题研究中，界定空间维度下单个城市锚固点与它周边的层积化空间的相互作用范围是十分必要的，与时间范围一样，也将用作展开复杂问题分析的基本单元。

图2.46　城市锚固点北京中轴线在前门大街段与周边层积化空间相互作用的空间范围示意图（资料来源：笔者自绘）

（四）由多个城市锚固点所锚固的城市历史景观

本节前文所谈到的锚固-层积模型、作用力与反作用力，以及城市锚固点与层积化空间的相互作用范围目前位置还都是基于单点锚固的模型来展开的，这是深入分析城市历史景观的必要起点。在真实的城市中，只有少数规模较小或者历史延续性非常高的城市，再或者仅将时间限定在一段历史时期内研究时，是可以使用单点锚固模型来模拟的，而在大多数情况下，历史城市都是历经不同时期的多个城市锚固点——先后或者同时锚固层积化空间——而构成的今日之城市历史景观。

比如上文已经多次使用到北京旧城的案例，已经涉及的城市锚固点就至少有天安门城楼、什刹海水体，以及城市中轴线，虽然形态、尺度、功能都十分不同，但它们无疑都曾担当过北京旧城的城市锚固点的重要角色，甚至北京还应当有过更多的城市锚固点。即便从最直观的层面上仅观察这三个点，我们也可以感受到它们是一组具有时间层次和空间结构的系统性存在。其中天安门城楼获得城市锚固点的地位是在1949年新中国成立以来，而什刹海水体与城市中轴线则早在元代北京建城之初便具有了这样的地位，并且三者的作用力都延续至今，如图2.49所示，城市锚固点之间是拉开时间层次的。如此，多点的空间分布结构必然带来每个单点相互作用范围的重叠，在现实空间中则意味着在它们各自的锚固-层积效应过程中彼此的互相带动或者牵制，比如天安门广场及其东西两侧的建筑就曾同时受到至少城市中轴线与天安门城楼这两个城市锚固点的作用力。

倘若我们假设，在理想的单点模型中，作用力是与距离的平方成反比规律衰减的；则在多点模型中，因为受到来自多个处于不同时间阶段的城市锚固点此起彼伏的扰动，将导致总体分布上的变形，以及个体受力上的多样性与多向

图2.47 前门大街修整一新后的影像（资料来源：百度图片）

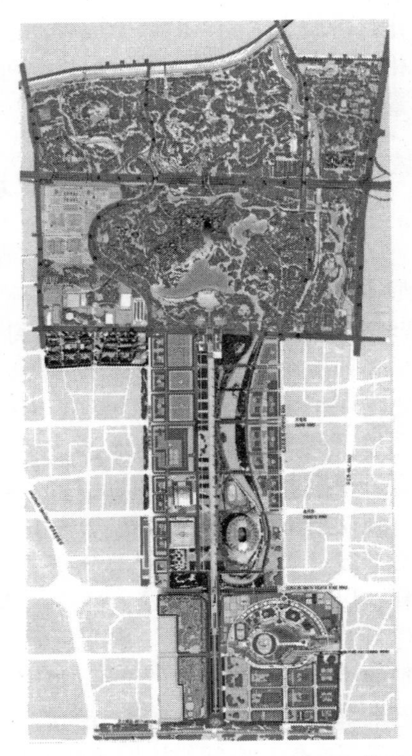

图2.48 奥林匹克公园的总规划图[183] 2

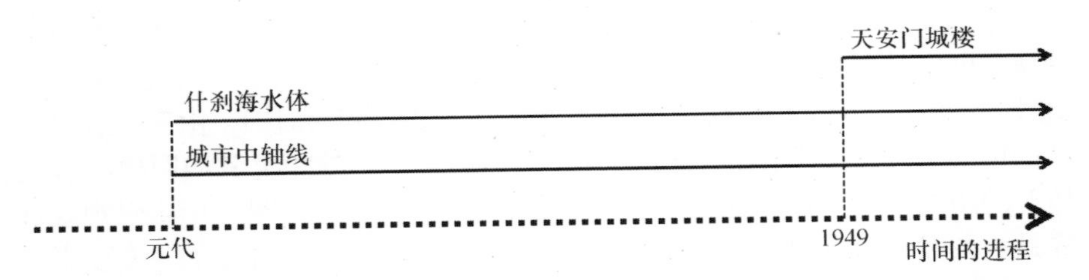

图2.49 北京旧城中的三个城市锚固点在时间维度上的层次性（资料来源：笔者自绘）

性，结果可能呈现为因冲突而减弱，也可能呈现为因共振而加强。而城市历史景观就是由这些连绵起伏的多点锚固所架构而成，形象来讲，如果说层积化空间是城市历史景观的内容或者肌肉，则这些具有时间层次和空间结构的一系列城市锚固点则是城市历史景观的纲领或者骨架。

综上，在锚固-层积模型的视角下，在将城市历史景观二分为城市锚固点与层积化空间后，认知与保护城市历史景观的第一步，首先便在于认知各城市锚固点交替或发展规律，以判断其所处阶段和作用方式；而认知与保护城市历史景观的第二步，则是积极寻求在将来可能的情况下，通过统筹而谨慎的规划和设计，使诸多城市锚固点达到一个较好的布局，这将不仅能最大化每个城市锚固点的锚固效应，还能使不同层次或系统下的城市锚固点之间相互借力，塑造更好的层积化空间，更为整体而全面的保护和传承城市历史景观。

四、本章小结与“城市历史景观”的再定义

本章中，笔者首先在第一小节阐明了锚固-层积理论立论所基于的两个最主要的认识论基础，分别是第三种类型学与阐释人类学。第二小节中总结归纳出自20世纪60年代凯文·林奇以来，多位重要的城市理论家及实践者在城市研究中已经逐渐形成的方法论范式——“地标-基质”模型，并再次将之借用于城市历史景观的认知与保护问题中，将城市历史景观二分，发展出了以“城市锚固点”为地标，以“层积化空间”为基质的“锚固-层积”模型，该模型的整体框架比传统的模型更增加了时间维度上的厚度，试图将这一新视角用于重新解读历史城市过去及现状的空间形态变迁，和指导未来的形态设计。本章的第三部分便主要对这个新模型做出尽量详细的整体性阐释，以具象的比喻起始，论述了锚固-层积效应作用力的双向性，以及对简化的单个城市锚固点与受其影响的层积化空间在时间维度和空间维度下，分别的相互作用所涵盖的范围判断方法和一些规律，辅以北京、西安等大量案例来解释说明，并在该小节的最后指出，现实的城市中，往往是一系列具有时间层次性和空间结构性的城市锚固点此起彼伏的共同发挥作用，更好的认知锚固-层积效应中的客观规律将有助于相对后期的保护与设计。

综上，基于现有研究与锚固-层积理论的提出，笔者认为，“城市历史景观”可以重新定义为：“以一系列具有时间层次和空间结构的城市锚固点为骨架，以可能历经多种层积模式至今的层积化空间为肌肉，由于具有双向性的锚固-层积效应而始终处于变化中的有机体。”这里尤其应明确“有机体”的用词，对于其具有类似于生命的属性定位揭示出，城市历史景观既首先是一种存在，也同时是一种过程，既构成影响历史城市体验的主要要素，也是我们认知与保护历史城市的方法论根源。

所以，接下来的第三章、第四章和第五章中，笔者将分别深入分析“城市锚固点”“层积化空间”，以及“锚固-层积效应”，以完善这一定义与锚固-层积理论。

第三章
城市锚固点：一些文化遗产

一、文化遗产的认知扩展历程

人们对待过去遗留下来的物品的态度，从历史上至今有过长足的发展过程，在各个文化中的名称亦有所不同。比如我国使用了最长时间的“文物”一词，最早是源自成书于春秋时期的《左传》，在“桓公二年”的“臧哀伯谏纳郜鼎”篇中载：“夫德，俭而有度，登降有数，文物以纪之，声明以发之，以临照百官，百官于是乎戒惧，而不敢易纪律。”[184]在这里，“文物”二字是一个动宾短语，是指铭刻纹样于某物，具体指将法度纹于鼎上，以求彰显。后来才逐渐发展为专指青铜器等这些古代器物，受到外来思潮影响后，其所指也越来越丰富，在我国曾长期使用。不过自2005年《国务院关于加强文化遗产保护的通知》颁发以来，“文化遗产”的提法开始在我国更为广泛的使用，逐渐替代了“文物”一词[9]。这一用词变化一方面是为了与国际用词接轨，是“cultural heritage”的直译，另一方面也是因为“文化遗产”比之于“文物”少了对于器物性的强调，主体范围和涵盖类型似乎都更宽泛了。

如今，将各种从历史上流传下来的物品认定为全人类所共有的“文化遗产”，并采取恰当的保护措施已经被公认为是现代社会的基本职责之一。与此同时，文化遗产概念的内涵和外延也在不断扩大，从早期的古代艺术作品、古代遗迹、古代器物等，到近几十年国际上专业的文化遗产保护组织形成后，极大地推动了融合各种新的价值观念带来不同认知方式，从而对应衍生出诸如文化景观（cultural landscape）、文化线路（cultural route）、非物质遗产（intangible heritage）、城市历史景观（historic urban landscape）、活态遗产（living heritage）等许多新的遗产类型。这些价值观带来概念扩张的同时还产生了新的、或有针对性的保护态度，比如修复（restoration）、保存（preservation）、保护（conservation）、展陈（presentation）、阐释（interpretation）、适应性再利用（adaptive reuse）、管理（management）等等，进一步丰富了“文化遗产”的基本理念。本章将试图从空间、时间、价值三个角度对该扩展过程进行研究、阐述和分析。

（一）文化遗产认知的空间扩展：从“金石学”到“城市遗产”

1. 金石器物及其铭文

在我国，涉及保护的研究行为最早可以追溯到金石学。北宋统治者鼓励恢复礼制，提倡经学，金石学[①]在这一时期的开创正是顺应了时代思潮，亦成为后世考古学之滥觞。金石学最初主要是研究和收藏古代青铜器和石刻碑，偏重于其上文字的考证，以辅助证经补史，这也非常贴合引言中谈到的“文物”一词的最初含义，说明古人对文化遗产的认知是由金石器物及其铭文为开端的。时至清代，乾隆年间御纂的《西清古鉴》等研究皇宫内多年收藏的古代器物的书籍问世，使金石学再次风靡并进入鼎盛发展期，一直持续到民国及后来科学考古学的传入。这一时期的研究范围也比之北宋有很大扩展，包括甲骨、简牍、铜镜、兵符、砖瓦、封泥、明器及各种杂器等，但仍未超出金石器物及其铭文的范畴。

在西方，与此很相仿的有铭刻学，或可称为铭文学（epigraphy），大致起源于文艺复兴时期人们对古希腊、古罗马的重新关注。铭刻学的学者们在游历古迹时，会特意临摹其铭文，并在回国后印刷发行，为古代文字及历史研究提供了大量素材。代表人物有英国学者H.C.罗林森、德国学者T.莫姆森等。

总之，金石器物，尤其是其上纹刻的图文字样，是人们最早关注到的文化遗产空间类型。比如现藏于台北故宫博物院的毛公鼎，如图3.1所示，就是这类文化遗产的典型代表，其内部铭刻的500字金文无论单独的字体、整体的内容、镌刻的书法都具有极高的价值。

图3.1 西周中晚期铸造的毛公鼎
（资料来源：百度图片）

2. 重要历史建筑

相对于金石器物及其铭文，建筑是较晚得到认知的文化遗产类型之一。根据我国历史上的记载，早年非但没有保护意识，甚至许多历史建筑会被当作前朝统治的象征而遭到刻意的毁坏。比如秦朝灭亡，项羽入咸阳城时，就对城市与宫殿进行了毁灭性的破坏，致使“大火三月不灭”，尽为灰烬；再

---

① 金石学是由欧阳修所开创，而后曾巩在《金石录》中提出金石一词。金石学是我国考古学之滥觞。

比如北宋灭亡时，金兵把首都汴梁中的皇宫和苑囿全部拆毁，旧料运到北京修筑新的都城，如今的北海公园假山石中就仍有北宋名园艮岳的用料；北京城在后来辽灭金、元灭辽的过程中都依然遭到各种彻底的破坏。也曾有过一些偶然得到保护或延续的城市和建筑，比如到明代、清代及民国，北京城主要选择了留存与改进前朝遗构；还有比如王莽篡汉五年后打算迁都洛阳时，专门立下圣旨《禁御长安室宅》，要求“其谨缮修常安之都，勿令坏败。敢有犯者，辄以名闻，请其罪”[185]，使原来的都城长安也得到保存。

总体来讲，被人们最早认知为文化遗产的建筑一般都是实际功能或象征意义非常重大的类型。比如唐代时，武宗曾想要重修汉代未央宫，便嘱学士裴素为他撰文记述，亦即后来的《重修汉未央宫记》，表达重修的目的就是“欲存列汉事，悠扬古风耳”[186]，并在文中进一步阐述道：“喜人有爱其人犹思其树，况悦其风登其址乎？吾欲崇其颓基，建斯余构，勿使华丽，爰举旧规而已。庶得认其风烟，时有以凝神于此也。”[186]奔着这个心愿，他的宠臣鱼志宏动用了一万余兵士，将汉初萧何营建的未央宫重建，总计修复殿宇三百四十九间[187]。虽然古人采取的态度不是今日严格意义上的保护，但这个跨越千年重建汉初宫殿的历史事实折射出明显的保护思想动机。这类事件也常发生在寺庙上，比如被梁思成先生称为“中国第一国宝”的五台山佛光寺，全寺内现存共有殿、堂、楼、阁等一百二十余间，其中年代最久远的是唐代创立之初留存至今的东大殿，如图3.2所示，以及唐代的石幢，随后又有金代的文殊殿，明、清及更晚时期的建筑，如图3.3所示，就是漫长历史中经历过多次重修或扩建得以延续至今。古人常说的“重修庙宇，再塑金身”表达的也是相似的想法，即虽然物质实体不一定还是原初的那个，但庙宇的重要性是始终得到认同的。

在我国类似的情况往往以寺庙、宫殿、祠堂等最为典型，在西方则以教堂、城堡等为典型。简言之，这些比较容易得到保护和延续的建筑往往或者在人们的现实生活中扮演重要角色，或者在人们的心理世界中占有重要地位，这以外的其他显得不那么重要的历史建筑则听任其自然破败和损毁。

图3.2　佛光寺的东大殿（资料来源：笔者自摄）

图3.3　从较晚期院落中看向东大殿（资料来源：笔者自摄）

3. 世界遗产

即使在对文化遗产的保护意识已经发展了相当一段时间以后，保护作为一种有专门人员从事的职业也并未立即形成。1950年成立的国际博物馆藏品保护学会①聚集了最初的一批文物保护工作者，但此时也只是针对博物馆中的历史性的或艺术性的作品的修复。而直到1964年，在威尼斯召开的第二届国际建筑师大会发表了著名的《威尼斯宪章》，以及随后的1965年成立了国际古遗址理事会（ICOMOS），涉及建筑学、城市学的文化遗产才正式得到了独立机构与专业人员的特别关注，世界遗产相关的立法工作也得以开展。国际机构的先后成立和人才的集聚也为保护理念的快速发展提供了土壤，因此，伴随现代化的进程，以及文化多样性理念引导下的人类价值观的进步，世界遗产类型才得以愈发丰富起来。

世界文化遗产体系下的遗产类型扩展过程如表3.1所示。1931年《雅典宪章》颁发时，所针对的对象是历史纪念物（historic monuments）[188]。而后在最初的国际文化遗产保护文件《威尼斯宪章》中，所论述的保护对象为纪念物和遗址（monuments and sites）[189]。而到1972年联合国教科文组织颁布《保护世界文化和自然遗产公约》时，则定义文化遗产为："从历史、艺术或科学角度看具有突出的普遍价值的建筑物、碑雕和碑画、具有考古性质成分或结构、铭文、窟洞以及联合体；从历史、艺术或科学角度看在建筑式样、分布均匀或与环境景色结合方面具有突出的普遍价值的单立或连接的建筑群；从历史、审美、人种学或人类学角度看具有突出的普遍价值的人类工程或自然与人联合工程以及考古遗址等地方。"[190]所以至少又增加了建筑群（groups of buildings）的类别。在随后的发展中，1976年的《内罗毕建议》，或者称作《关于历史地区的保护及其当代作用的建议》提出了历史地区（historic areas）的概念，认为"历史地区及其周边应被视为不可替代的世界遗产的组成部分"[191]。其后又有1987年《华盛顿宪章》将关注点落在了历史城镇与城市地区（historic towns and urban areas）上。2000年以后世界遗产体系下又进一步出现了许多全新的遗产类型，比如2003年《保护非物质文化遗产公约》中提出的非物质文化遗产（intangible cultural heritage）[193]；2005年《维也纳备忘录》中提出的城市历史景观（historic urban landscape）[13]；以及文化景观（cultural landscape）、文化线路（cultural route）等等。

① 国际博物馆藏品保护学会，即International Institute For Conservation of Museum Objects，缩写为IIC，后来此机构又更名为International Institute For Conservation of Historic and Artistic Works。

表3.1　世界文化遗产体系下的遗产类型扩展简表（资料来源：笔者自制）

文件名称	颁发年代	文化遗产范围
雅典宪章	1931	历史纪念物 historic monuments
威尼斯宪章	1964	纪念物；遗址 monuments; sites
保护世界文化和自然遗产公约	1972	纪念物；建筑群；遗址 monuments; groups of buildings; sites
内罗毕建议	1976	历史地区 historic areas
华盛顿宪章	1987	历史城镇与城市地区 historic towns and urban areas
保护非物质文化遗产公约	2003	非物质文化遗产 intangible cultural heritage
维也纳备忘录	2005	城市历史景观 historic urban landscape

以我国的世界遗产为例，早期列入的典型比如北京的故宫，如图3.4所示，是典型的历史建筑群；而如图3.5所示，2011年列入的杭州西湖属于文化景观新类型；到2014年，刚刚列入的两个“丝绸之路”与“大运河”都是属于文化线路的新类型了。

图3.4　北京故宫（资料来源：笔者自摄）

图3.5　杭州西湖（资料来源：百度图片）

综上，国际上研究组织和专业人员的出现与世界遗产体系的形成无疑极大地促进了人们价值观念的进步，从而推动了对更多类型文化遗产的认知，是有史以来认知扩展最为迅速的几十年。

4. 城市遗产

世界遗产对文化遗产理念的影响不仅体现在整体的类型数目的增加，也体现在每个类型内部的包容度。而在建筑类型的文化遗产内部，这一包容度涉及的一个重要理念就是“城市遗产”。

如前文在第一章第二部分中已经讲到的，城市遗产的理念是相对于传统上的世界遗产认知所产生，强调的是在城市中较为普通的文化遗产、周边环境，以至于更大范围的城市历史景观的整体性价值。在我国，阮仪三等学者早有相关论述[21-23, 41, 43]，又有以上海的新天地、田子坊等早期的成功改造实例为榜样，如图3.6所示，很多拥有一定历史资源的城市争相效仿，所以后来到2011年国际上发表的《关于城市历史景观的建议书》中，城市遗产的概念一经提出，自然也很快深得人心。如同当初建筑被纳入文化遗产的考量范围，城市遗产理念的产生是文化遗产认知历史上的又一次重要扩展，尤其体现在空间层面上，同时，这也是人们尝试从文化遗产保护的角度介入城市规划与设计问题的一次特别尝试。

图3.6　上海新天地改造之后的实景鸟瞰（资料来源：百度图片）

综上，“城市遗产”是相对于以往深受关注的“世界遗产”而言的，强调的是在城市中较为普通的文化遗产、周边环境，以至于更大范围的城市历史景观的整体性价值。一些原本不具有人们所共同认知的突出普遍价值，但确为历史城市的有机构成部分的成片的一般遗产也因此被纳入保护的视野。因此，是人们对于文化遗产认知范畴的又一次重大扩展，尤其强调了保护的广泛性、完整性，甚至文化遗产本身的“平民性”。

（二）文化遗产认知的时间扩展：从“古物”到“现代遗产”

1. 我国自古以来对“古物”作为文化遗产的认知

当我们从前面所描述的在动态的时间中去发现静态空间的视角来观察城市，文化遗产会以一种最原始的状态自然呈现，即在较长时间中持续留存了的空间片段，无关乎我们今天对其突出普遍价值，或历史、艺术、科学价值的判断。从本章第一部分中对于文化遗产的空间认知扩展历程的描述中已经可以看到，人们在划定文化遗产的历史上，始终都伴随着价值的判断，这也决定了文化遗产的认知必然可以在时间上得到扩展。

历史上的中国人有着牢不可破的崇古观念，这源于“天不变，道亦不变”的宇宙观，即认为如同“天”永远不会变一样，决定社会与历史命运的“道”也永远不会变。既然“道”永远不变，那么从古代沿袭下来的种种规范、习俗等传统就具有了神圣性，值得尊崇。因此“崇古”可以说几乎是我国古人的思维定式。

于是，在具有极强崇古文化的古代中国，加之对上古时期的人类本能崇拜和文化宣扬，以及物质实体本身的脆弱性导致历经时间洗礼之后的稀缺性，古物很早以来就一直受到人们的青睐。从我国过去描述文化遗产常用的习语、俗语中可见一斑，比如“古画”“古玩”“古董”“古迹”“古建筑”等词汇，都是着重强调其在时代上与今日之间遥远的时间跨度，及因之而产生的陌生和稀缺感。典型的实例比如图3.7所示的战国时代的清华简，又比如图3.8所示的一万八千年前山顶洞人的遗址。

图3.7　清华简（资料来源：百度图片）

图3.8　周口店山顶洞人遗址（资料来源：笔者自摄）

另外值得注意的是，追溯到古代时人们对更早期艺术品的收藏动机，除了“古”这个原因外，有时还在很大程度上来源于对于古物美学价值的认同。典型的实例如图3.9所示的现藏于台北故宫博物院的元代古画《富春山居图·无用师卷》，这类是在过去为文人墨客广为收藏的著名字画及工艺品等。

图3.9　黄公望的《富春山居图》局部（资料来源：百度图片）

在类似文化遗产保护的古代中国语境中，若列举我国古代即已十分珍视的各类古物实例，则有小型的比如甲骨、古代陶瓷玉石制品等，中型的比如各朝古画、名人书法作品等，大型的比如几朝名寺、几朝古都乃至名山大川等。直至今天，我国仍然保持了对于古物类型文化遗产的强烈认同，无论在世界遗产还是全国重点文物保护单位中，“古物”都占到了极高的比例，早年尤为明显。当然，这种现象在其他国家也并不罕见，因为这是各种文化中人们最初开始认知文化遗产时，最为显然而自然的时间维度限定。

2. 世界遗产体系下的“现代遗产”保护理念

与空间上的扩展历程相仿，在文化遗产的时间认知扩展历程上，世界遗产的体系也同样做出过卓越贡献。而由于世界文化遗产的判定是基于突出普遍价值（Outstanding Universal Value），因此后来文化遗产涵盖范围的扩展过程实际上就是基于人们对于价值的认知不断扩展的过程，这一扩展与最初“古物”之“古”的关联性其实是越来越小的，换言之，时间在文化遗产遴选的标准中所起作用是日益缩小的。在这一过程中，“现代遗产（Modern Heritage）”的保护理念也应运而生。

UNESCO和ICOMOS在1994年6月共同组织的专家会议上①，曾重点对来自巴黎大学的LeonPressouyre教授于1992年提出的世界遗产名录的平衡性与代表性问题进行了讨论，并刊发了影响深远的《世界遗产名录平衡性与代表性的全球战略》②。在该会议所指出的五种代表性不均衡的类别中，就包括20世纪遗产相比于其他历史阶段的代表性的缺乏。2004年针对平衡性问题ICOMOS又发表《世界遗产名录：填补空白——未来行动计划》③进一步阐明[194]。2001年UNESCO总部召开了一次关于现代建筑及20世纪遗产的讨论会，并自此开展了针对现代遗产的项目，该项目的第一步主要包括调查研究以建立数据库，确定在保护和引起公众关注方面的一些关键性问题，第二步则主要包括识别潜在的世界遗产，建立地域间相协调的预备名录，以及起草考虑地域平衡性的申报材料。2003年UNESCO世界遗产中心刊发的《世界遗产5号文件：现代遗产的识别与记录》④则收录了这一时期众多学者的讨论，进一步丰富了现代遗产的保护理念和实践。另外，一些专门针对现代遗产的保护组织DOCOMOMO⑤等也在相关研究和工作的推进中起到很重要的作用。

尽管历史并非久远，但20世纪却早已被公认为是一个非凡的世纪。实际上，从地缘政治学的角度来看，准确地讲20世纪所指的仅仅是，自1918年第一次世界大战伴随着维多利亚时代结束，到1989年以柏林墙为标志的冷战时期开启，这之间的短短71年。于尔根·哈贝马斯（Jürgen Habermas）曾在其关于现代性的讲稿中解释现代化的概念为一系列持续累积且相辅相成的进程，这些进程包括资本的形成和资源的运作、生产力的发展和劳动生产率的

① 这次会议的成果即1994年12月由世界遗产委员会刊发的重要文件——《世界遗产名录平衡性与代表性的全球战略》。该会议也使得后来提名世界遗产的评估标准得到复审，扩展到了建筑的、技术的、不朽的艺术、城市规划及景观等方面。

② 英文原名为Global Strategy for a Representative, Balanced and Credible World Heritage List。

③ 英文原名为The World Heritage List: Filling the Gaps - an Action Plan for the Future。

④ 英文原名为World Heritage Paper 5: Identification and Documentation of Modern Heritage。

⑤ 该组织的英文全称为：Documentation and Conservation of Buildings, Sites and Neighbourhoods of the Modern Movement。

提升、中央集权政治力量的建立和民族认同感的形成，还有政治参与权利、城市生活方式以及正规学校教育的激增，价值观和规范的世俗化等等[195]。简言之，人类对于世界的认知、对于时间和空间的感知，以及我们在历史进程中所处的位置的判断等，都在20世纪发生了巨大的改变，并给人们日常生活的方方面面造成了不可逆转的改变，甚至当下的历史保护观念最初也是现代主义的产物[196]。尽管“现代化”这一术语的出现是在20世纪50年代，但其主要驱动力——个性化、民主化以及工业化的进程却是早在18世纪晚期和19世纪就已经开始了，因此当我们使用“现代遗产”这一术语时，通常的涵盖范围是19世纪与20世纪遗产。

通常情况下，世界遗产的价值评估往往会考虑到本体距今的历史时长，所以这曾使得现代遗产很难操作。此外，由于我们所处的建成环境中包含有大量现代性的直接或间接产物，也使得人们容易有忽视其重要性的倾向，听任情感因素凌驾于客观分析之上。一个很有趣的案例即澳大利亚著名的悉尼歌剧院申请世界遗产的历程：悉尼歌剧院第一次向世界遗产委员会提交提名申请是在1981年，虽然当时该建筑因其杰出的设计已经十分出名，但世界遗产委员会认为，作为一个1973年才建成，竣工尚不足十年的建筑作品，悉尼歌剧院尚无法证明其是否真正具有价值，因此对该申请予以了延期决议。不过这也引发了人们对于文化遗产的时间性的思考，以及后来关于现代遗产的讨论。不过这也引发了人们对于文化遗产的时间性的思考，以及后来关于现代遗产的讨论。这些思考和讨论无疑拓展了人们的思路，26年以后的2007年，年仅34岁的悉尼歌剧院按照符合标准（i）被列入了世界遗产名录。由丹麦建筑师丁·伍重（Jørn Utzon）设计建造的悉尼歌剧院被描述为是20世纪伟大建筑工程的杰出代表，如图3.10所示，从场地选址、建筑形式，到结构设计，都体现了独特的艺术创新，对于新时代的建筑业造成了深远影响[197]。此外还有很多著名的现代遗产逐渐加入到世界遗产的行列中：比如最早的是1984年即已列入的西班牙的安东尼·高迪（Antoni Gaudí）作品①，如图3.11所示[198]；德国的位于魏玛与德绍的包豪斯建筑及其遗址②，如图3.12

图3.10　悉尼港中由贝壳状穹顶相互交错组成的悉尼歌剧院鸟瞰[197]

① Works of Antoni Gaudí, Spain符合标准（i, ii, iv），于1984年被列入名录，且2005年有过一次扩展。

② Bauhaus and its Sites in Weimar and Dessau符合标准（ii, iv, vi），于1996年被列入名录。

图3.11　安东尼·高迪的代表作——位于西班牙巴塞罗那的圣家族教堂[198]

所示[199]；英国的利物浦海上商城①，如图3.13所示[200]；等等。

图3.12　德国的包豪斯教学楼[199]

图3.13　英国的利物浦海上商城[200]

对于时间重要性的弱化也体现在现代遗产的保护操作中，文化过程受到了更大的重视，而非传统的针对纪念性遗产的方法。是不是足够古老不再是人们甄别文化遗产的基本标准，由此，遗产认知在时间层面上被极大地扩展了。

① Liverpool – Maritime Mercantile City, UK符合标准（ii, iii, iv），于2004年被列入名录。

3. 我国文化遗产保护实践中时间维度的扩展

由于历史时代划分的差别，以及更具可操作性的实践目标，在我国文化遗产保护的语境中，“现代遗产”的概念通常对应于“近现代建筑遗产”“近现代工业遗产”“革命遗址及革命纪念建筑物”“近现代重要史迹及代表性建筑”等表述。

在全国重点文物保护单位的分类方式变迁中可以尤为清晰地读到现代遗产对我国文化遗产认知的影响表现，如笔者整理制作的七批国保分类及数据统计表 3.2所示。1988年以前的第1～3批国保单位的分类为：革命遗址及革命纪念建筑物、石窟寺、古建筑及历史纪念建筑物、石刻及其他、古遗址、古墓葬；而1996年以后的第4～7批国保单位的六类则调整为：古遗址、古墓葬、古建筑、石窟寺及石刻、近现代重要史迹及代表性建筑、其他。虽然1～3批国保单位的分类中有“革命遗址及革命纪念建筑物”类同于我们所说的“现代遗产”的范畴，但显然关注点不在于此，而是在于其见证革命的价值；而4～7批国保单位的分类中则单列出了“近现代重要史迹及代表性建筑”类型，主要是将“历史纪念建筑物”同“古建筑”分开，与“革命遗址及革命纪念建筑物”合并后的统称，分类更加合理。

表3.2　七批全国重点文物保护单位名录的分类及数据统计（资料来源：笔者整理制作）

1～3批分类	革命遗址及革命纪念建筑物	古建筑及历史纪念建筑物	古遗址	古墓葬	石窟寺	石刻及其他	总计
第1批（1961）	33	77	26	19	14	11	180
第2批（1982）	10	28	10	7	5	2	62
第3批（1988）	41	111	49	29	11	17	258
4～7批分类	近现代重要史迹及代表性建筑	古建筑	古遗址	古墓葬	石窟寺及石刻	其他	总计
第4批（1996）	50	110	56	22	10	2	250
第5批（2001）	40	248	144	50	31	5	518
第6批（2006）	206	513	220	77	63	1	1080
第7批（2013）	330	795	516	186	110	7	1943

并且一个值得注意的趋势是，时间上愈发晚近的国保单位在数目上的增长也是愈加迅猛的。以保护工作一直较为系统、完善、先进的北京市为例，在入选国保单位的全部文化遗产中，近现代重要史迹及代表性建筑类别在第六批中就已占到39%；而这一数据到第七批时则甚至高达51%，独揽了半边天。

综上，这些事实都体现出在新时期的保护实践中，我国对于文化遗产认知在时间维度上的重大扩展。

4. “文化景观”启发的活态遗产认知新动向

文化景观（Cultural landscapes）是1992年提出并纳入《世界遗产名录》中的新遗产类型。文化景观代表《保护世界文化和自然遗产公约》第一条所表述的“自然与人类的共同作品”，具体又可细分为由人类有意设计和建筑的景观、有机进化的景观、关联性文化景观。其中，对于文化遗产认知的时间扩展尤其具有新的启发意义的是“有机进化的景观”，指产生于最初始的一种社会、经济、行政以及宗教需要、并通过与周围自然环境的相联系或相适应而发展到目前的形式。在这些有机进化的景观中，有相当一部分都仍然处于进化之中，或者也可称之为“持续性的景观”，最典型的如我国2013年刚刚列为世界文化景观遗产的“红河哈尼梯田”，世界遗产委员会的评价决议中特别强调了该景观的持续性：红河哈尼梯田文化景观所体现的森林、水系、梯田和村寨“四素同构”系统符合世界遗产标准，其完美反映的精密复杂的农业、林业和水分配系统，通过长期以来形成的独特社会经济宗教体系得以加强，彰显了人与环境互动的一种重要模式。可以说，文化景观，尤其是持续性的景观，作为遗产的新类型，为遗产的认知和保护打开了新的大门，从此时间维度上不止可以是近代的、现代的、十分晚近的，更可以是延续的、面向未来的，乃至活态的。

在世界遗产的体系下，自文化景观的新类型出现以来，各国思潮和实践方兴未艾，目前有88处遗产地先后得到列入，我国也已有庐山国家级风景名胜区、五台山、杭州西湖文化景观、红河哈尼梯田4处了，其中两处都是在近3年内，并且2014年新列入的中国大运河与丝绸之路：长安-天山廊道的路网两处也都有极强的文化景观属性在其中，充分验证了我国对于文化遗产的认知在时间维度上持续扩展的论断。

（三）文化遗产认知时空扩展背后的价值扩展

如本章第一部分“（一）”中所总结的，在空间方面，人类对于文化遗产的认知持续扩展，经历了从金石器物及其铭文到重要历史建筑，到世界遗产，如今到城市遗产的几个认知阶段。若以北京旧城的钟鼓楼地区为例，如图3.14所示：假设我们处在对文化遗产的最早期认知阶段，则可能只有钟楼里的大铜钟这类金石器物及其上铭文会受到认知和保护；假设

图3.14　北京钟、鼓楼及其周边地区
（资料来源：百度图片）

我们处在稍后的认知阶段，则钟楼和鼓楼两座高大的纪念性历史建筑物同样会受到认知和保护；假设我们经历过世界文化遗产对认知的多次推进后，则可能认识到北京旧城中的城市中轴线是一系列非常有特色的建筑群，甚或文化景观，以及城市历史景观，钟楼和鼓楼则是其重要组成部分；而在我们的认知已扩展到城市遗产时，则不止钟楼和鼓楼，其周边的胡同四合院，甚至其中非物质的文化传统及生活场景。

图3.15　Temple restaurant and hotel 改造后的场景[201]

图3.16　三个不同年代的建筑共处一个场景[201]

而在时间方面，则如本章第一部分“（二）”所总结的，这一认知扩展则经历了从古物到现代遗产的跨度。比如以一个2012年刚获联合国大奖的北京项目为例，Temple restaurant and hotel[201]。其最早的遗构是永乐年间的智珠寺神殿建筑群，1949年新中国成立以后，曾改建为电视机厂，还生产出了北京市的第一台黑白电视机。这个项目就是用了一种非常具有包容性的时间观念来认知文化遗产，如图3.15所示，600年的神殿与60年前的小工厂同为遗产，明代的老砖与“文化大革命”的标语同为遗产，并且在新建筑加建的时候选择了全新的设计，用很精致而古典的方式表达对两组老建筑的回应，但也不去混淆风格，维护其各自的真实性。如图3.16所示，从新建筑看出去，三个时代共处一个场景，正是这种包容性的时间认知扩展，塑造了新空间中舒适而独特的人居环境。

芬兰学者尤嘎·尤基莱托（Jukka Jokilehto）认为，文化遗产保护思想进步的过程是与现代化进程相同步的，而现代社会之所以会对文化遗产越来越感兴趣主要有两种原因：一种是基于历史观的，有时表现为对逝去的浪漫性怀旧，有时表现为对某些文化成就的尊重缅怀，有时也表达想要吸取过去的历史经验的愿望；另一种则是剧变所致，比如在某些著名历史性构筑物或伟大艺术作品遭到破坏时，又或者曾经熟悉的地方被突然改变等带来的震惊和痛心[202]。而这两种情愫都是与我们社会的现代化和工业化进程紧密相关的，我们对于文化遗产内涵外延的认知扩展受到整体时代思潮的影响，所以应当认识到，这些林林总总的遗产认同背后的，越来越具有文化多样性和包容性的价值扩展，才是空间和时间认知扩展的本质原因。

观念扩展的确使越来越多全人类所共同拥有的文化财富为人们所知所享，这也是符合UNESCO最初创立世界遗产名录时的意图的。如今，我们有明确的世界遗产遴选标准在《操作指南》中详细陈述，每个加入名录的遗产要求具有突出普遍价值（Outstanding Universal Value），即要求遗产具有超出国界的、异乎寻常的文化或自然意义，获得对于当下和未来的全体人类共同的重要性[203]14。而具体评判是要求至少符合10条遴选标准中的1条，这些标准也跟着认知的扩展，随时完善和调整着，以确保名录中世界遗产的高质量和高代表性，2013年7月最新版的《操作指南》中所列出的标准如表3.3所示。

表3.3　2013年版《世界遗产公约执行的操作指南》中用于判定遗产是否具有突出普遍价值的10条标准（资料来源：笔者自制）

标准编号	中文译文（笔者自译）	英文原文	针对遗产类型
（i）	是代表人类创造性天赋的杰作；	represent a masterpiece of human creative genius;[203]	文化遗产
（ii）	能于一段时期内，或世界某一文化区域中，在建筑、技术、纪念性艺术、城镇规划或者景观设计上，展现出人类价值观的重要交流；	exhibit an important interchange of human values, over a span of the world, on developments in architecture or technology, monumental arts, town-planning or landscape design;[203]	文化遗产
（iii）	能为某个仍然存在或已经消失的文明提供唯一的，或至少是独特的见证；	bear a unique or at least exceptional testimony to a cultural tradition or to a civilization which is living or which has disappeared;[203]	文化遗产
（iv）	能作为某种类型的建筑、建筑群、技术工程群或景观的杰出范例，来阐释人类历史上的重要阶段；	be an outstanding example of a type of building, architectural or technological ensemble or landscape which illustrates (a) significant stage (s) in human history;[203]	文化遗产
（v）	能作为传统人居聚落、土地使用或海域使用的杰出范例，来代表一种或几种文化，或人类与环境的相互作用，尤其是在遭受了不可逆转的改变带来的影响后变得脆弱时；	be an outstanding example of a traditional human settlement, land-use, or sea-use which is representative of a culture (or cultures), or human interaction with the environment especially when it has become vulnerable under the impact of irreversible change;[203]	文化遗产

续表

标准编号	中文译文（笔者自译）	英文原文	针对遗产类型
（vi）	与具有突出普遍意义的事件、活态的传统、思想、信仰、艺术及文学作品存在直接的或实质性的关联（世界遗产委员会认为这条标准最好与其他标准共同使用）；	be directly or tangibly associated with events or living traditions, with ideas, or with beliefs, with artistic and literary works of outsanding universal significance. (The Committee considers that this criterion should preferably ne used in conjunction with other criteria); [203]	文化遗产
（vii）	拥有最顶级的自然现象，或具有异乎寻常的自然美景以及美学重要性的区域；	contain superlative natural phenomena or areas of exceptional natural beauty and aesthetic importance; [203]	自然遗产
（viii）	能作为代表地球历史一些主要阶段的杰出范例，包括生命的记录、地形地貌变迁的持续性重大地理进程，或重要的地形地貌特征；	be outstanding examples representing major stages of earth' s history, including the record of life, significant on-going geological processes in the development of landforms, or significant geomorphic or physiographic features; [203]	自然遗产
（ix）	能作为代表重大持续性生态和生物进化和发展进程的杰出范例，包括陆地的、淡水的、浅海的、深海的生态系统以及动、植物群；	be outstanding examples representing significant on-going ecological and biological processes in the evolution and development of terrestrial, fresh water, coastal and marine ecosystems and communities of plants and animals; [203]	自然遗产
（x）	包含需要对生物多样性进行现场保护的最重要和最有意义的自然栖息地，包括那些从科学或保护视角看来具有突出普遍价值的濒危物种的栖息地。	contain the most important and significant natural habitats for in-situ conservation of biological diversity, including those containing threatened species of Outstanding Universal Value from the point of view of science or conservation. [203]	自然遗产

（四）文化遗产的本源属性是锚固于时空

如前文所述，文化遗产的认知历经几千年的扩展，已经几乎无所不在、无所不包，但这些认知扩展背后的价值扩展中隐藏了一个很细小而容易被忽视的转变，即当价值变得纷繁复杂，成为分析理性的产物之时，便混淆埋没了我们对文化遗产最直觉的却也是最深刻的认知的部分，比如“纪念性”，

图3.17 世界文化遗产雅典卫城是“纪念性”认知的极好体现[204]

如图3.17所示[204]。换言之，随着文化遗产覆盖范围越来越大，很多文化遗产的价值变成了需要成套的罗列、对比、分析才可知，而非如以往早期文化遗产划定时那样可直接感知了。此时另外一个附带的后果则是，只要理性可达，万事万物都具有一定的价值，分析的深度甚至直接影响到其价值的评判，这样一来，文化遗产之所以成为文化遗产的一些很本源的属性就容易在这一混淆中逐渐消解了。

尤嘎·尤基莱托（Jukka Jokilehto）在著作《建筑保护史》中谈到，古旧的构筑物和历史地区一般来讲都体现出不同时期和多次演变的历史过程，而非单一的设计阶段，并且过去建筑的建造方式、材料、结构体系和装饰造型等都与特定地域文化相关，同时要持续一个漫长的历史时期才会发生变化[202]。从而，一个地方可能获得特定的和谐性与连续性，换言之，形成我们今日可以识别的文化特色。顾名思义，文化遗产本来就是地方文化历经时间所凝结而成，根据联合国教科文组织在1989年的文件中给出的文化遗产定义——“全人类由过去各种文化传承下来的所有物质符号的集合”，亦是如此。所以，“锚固”于时空的存在，乃是纷繁价值背后，文化遗产的最本源的属性和特质的来源。这里“锚固”一词的选用取自船锚的意象，有在变动时空中保持相对静止之意，也有不确定情形中提供稳定支点之意。

综上，本章节试图还原或追溯城市环境中一些作为文化遗产本源的特性，以求为保护城市历史景观提供新的视点，文化遗产是锚固于时空的存在，是历史的物质形成过程，故仍然从空间和时间角度出发，归纳和研究其在城市环境之中时，作为城市锚固点的至少有如下两个特性。

二、城市锚固点的特性

（一）特性一：某段动态时间中的静态空间

倘若我们紧盯住某些特点的点或区域，让时间快进，可能发现尽管其周围的城市环境如潮水般不断刷新，有些点却是纹丝不动的，如同湍急洪流中牢牢锚住大地的巨石，这些便是历史城市时常具有的锚固点，呈现给人们真实的城市过去。这里我们要选取的视点十分重要，即透过动态的时间去观察某块固定的城市空间，去发现其中静态的未随城市变迁、甚至引导城市变迁的锚固点。时至今日，这些历史城市中的锚固点常常体现为一些重要的文化遗产。

图3.18　威尼斯圣马可广场鸟瞰
（资料来源：百度图片）

图3.19　圣马可广场的实景体验之一
（资料来源：笔者自摄）

图3.20　圣马可广场的实景体验之二
（资料来源：笔者自摄）

如图3.18至图3.20所示，威尼斯著名的圣马可广场（Plazza San Marco）常常被美誉为“欧洲最美的客厅”，以此为例，这座初建于9世纪的广场当年只是圣马可大教堂（Basilica di San Marco）前的一个普通的小广场，1177年才扩建到了如今的规模，1797年拿破仑来到威尼斯，为其美丽所震惊，又改建了自己的行宫并加建了拿破仑翼大楼等，如今广场环绕了各个时代的精美建筑，以文艺复兴风格为主。美国学者埃德蒙.N.培根在其专著《城市设计》中谈到，圣马可广场的整个发展过程是一个“半自觉的过程”[205]105，是一长串以美学为前提而不断完善的进程。而参考他对圣马可广场发展进程的图示记录，如图3.21所示，可以清晰地看到，虽然圣马可大教堂形制有过少许改变，钟楼也曾从原本相连的建筑中逐渐脱离成为独立的构筑物，但是，圣马可大教堂与钟楼都在动态的时间中始终保持了相对固定的状态，如图3.22所示，这便塑造了它们可能作为圣马可广场自创立至今的锚固点的重要特性。

与此同时，作为一个动态时间中的静态空间，是允许其在内部发生一些改变的，尤其是在符合原初使用者使用目的时候。生活在19世纪的拉斯金在《建筑的七盏明灯》“真实”一节中曾写道：“我们看到乡村房屋有着岩石般的色彩，住宅和谷仓很容易区别，因为历代人们不急于更新住宅，而是根据需要进行改变，它们在时间气候中变化，连色彩也变得柔软了。那些房子就像从岩石中生长出来的一样，体现出自然的宁静和世代相传的生活创造。”[206]在这贴切的比喻中，我们可以看到人们很久以来就有的，对于时间带来的真实感的留恋情愫。至于多大程度的内部改变可以认定为仍然相对静止，日本坐落于三重县伊势市的五十铃川上的重要神道教建筑伊势神宫，可以说是一个尤为特殊但仍当被认为具有此特性的案例。

如图3.23和图3.24所示，伊势神宫最初的建造年代不详，但自飞鸟时代

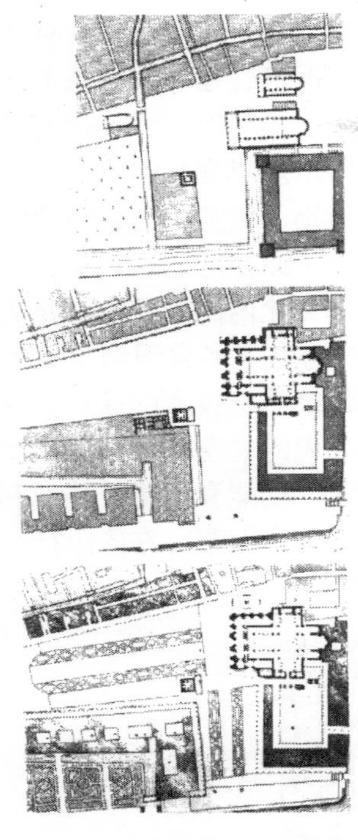

图3.21　埃德蒙.N.培根绘制的圣马可广场演变历程图示[205]104

图3.22　圣马可广场发展历程中的静态空间：圣马可大教堂与钟楼（资料来源：笔者自摄）

图3.23　伊势神宫两块建造用地的航拍图（资料来源：百度图片）

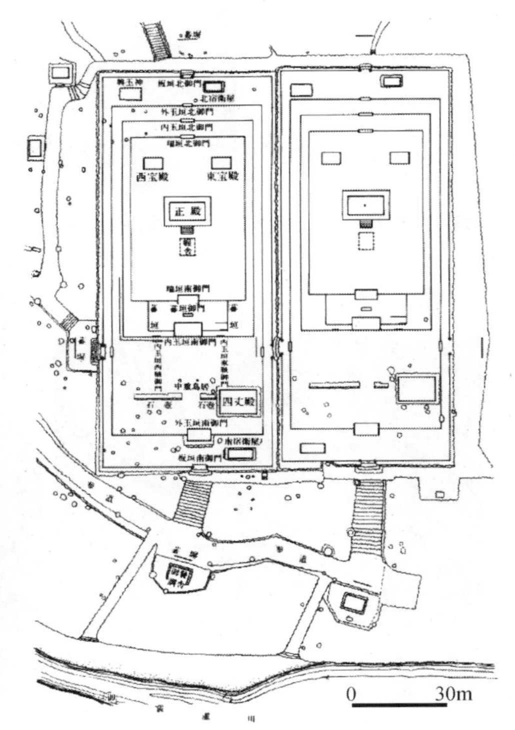

图3.24　伊势神宫两块建造用地的测绘图（资料来源：百度图片）

的公元7世纪起，便延续了一种非常独特的“造替”制度，即相邻设有两块完全相同的神宫建造用地，每过20年便将旧的神宫拆除，在相邻地块上重新建造一座完全一样的神宫，称为“式年迁宫”，最近的一次“式年迁宫”就发生在2013年的10月①，其盛况如图3.25至图3.27所示。早在1994年，也就是再上一次“式年迁宫”活动之后，就已经有学者指出，伊势神宫始终象征着日本民族的精神信仰，且不断更新的建筑材料保住了原初的建筑风格，因此正是不断吸收各时期世界先进国家营养以丰富自身文化内涵的日本书化史的典型缩影[207]。随后，经过更多的国际讨论，人们也更多意识到了正是这一“造替”传统事实上帮助了非物质的、活态的传统建筑技术的保护，这应当是文化遗产“真实性”的重要组成部分，同年发表的《奈良文件》指出，真实性的考量应当涵盖：形式和设计、材料和物质、功能和用途、传统和技术、区位和场合、精神和感情，以及其他的内在或外在因素，在国际社会上进一步确立了这一认识[208]。

图3.25　2013年“式年迁宫”过程中的航拍图（右为旧社殿，左为新社殿）（资料来源：百度图片）

图3.26　2013年“式年迁宫”夜景盛况（资料来源：百度图片）

图3.27　2013年“式年迁宫”日景盛况（资料来源：百度图片）

① 这一传统曾在战国时代中断过一段时间，2013年的这次已经是第62次。

综上，在一段历史中，无论其自身空间内部发生过一些怎样的变迁，只要尚符合真实性的原则，我们便可以判断其为一段动态时间中的静态空间。这种静态具有相对性，且限定在某段时间中，可以说绝大多数文化遗产都天然具有这样的特性，这也便是作为锚固点所应普遍具有的第一个特性。

（二）特性二：以静态空间为核心的动态发展

文化遗产往往都是符合前述的锚固点遴选标准中，在一段动态时间中保持了相对的静态，但这只是锚固点的必要条件，尚非充分条件。沿用上文中急流与巨石的比方，用以比拟具有锚固点特性的文化遗产的巨石不但要求露出水面，还需要深厚的根基，因其存在而对水流的走向、速度等造成一定影响，使其在水流表面亦较为可观，此即为这类文化遗产的第二个特性。

如果用实例来更清晰阐述该特性的话，欧洲有大量城镇是在中世纪时候形成的，而它们的城市结构形成肌理就如同对这一过程的凝固和展陈一般精确而贴切。如美国学者保罗・M・霍恩伯格与林恩・霍伦・利斯在其专著《都市欧洲的形成：1000～1994年》讲述到中世纪城镇结构和功能时所描述的："未经设计的城市通常一个或多个核心，如一座城堡、教堂、僧院、市场或这些建筑的聚集地而发展，结果便形成了以地处中心的公共建筑或场地为核心、呈辐射状借刀分布的椭圆形成城市"[209]33-34。仅以弗兰德斯（Flanders）地区①为例，许多重要的弗兰德斯城镇诸如法国北部的阿拉斯（Arras），比利时西北部的布鲁日（Bruges）都是由弗兰德伯爵城堡最初锚固形成的，周围逐渐聚集了商业形成聚居地，随后又有教堂、市政厅的钟楼等公共建筑的纷纷建立，而街道与公共空间的布局则十分明确地导向这些最初的城市锚固点，形成不规则放射性的、同心圆状的中世纪城市格局。如图3.28所示，阿拉斯古城中，有三个较为明显的中心，分别是高卢罗马旧城区、修道院，以及两个市集广场，在图中分别表示为a、b、c。很多钟楼至今仍坐落在各个历史城区的中心，有的连同其所在历史城区，一并成了世界文化遗产②，如图3.29至图3.32所示[210]。

如本书第二章第二部分"（三）"中提及的美国学者韦恩・奥图（Wayne Atton）与唐・洛干（Donn Logan）提出的城市触媒理论[173]，对于

① 佛兰德斯（Flanders）是中古时期欧洲一个封建诸侯国家的名称，11世纪时曾是欧洲最富有的地区，著名的历史城市布鲁日、根特、安特卫普等都是13世纪时开始获得的城市自主权，并逐渐发展出独特的城市文化。目前的弗兰德斯地区主要是指比利时的北半部分、法国东北角部分，还有荷兰西南的一小部分所组成的区域。

② 比利时和法国的钟楼（Belfries of Belgium and France）符合标准（ii, iv），于1999年被列入名录，并于2005年增加一次扩展；布鲁日历史中心（Historic Centre of Brugge）符合标准（ii, iv, vi），于2000年被列入名录。

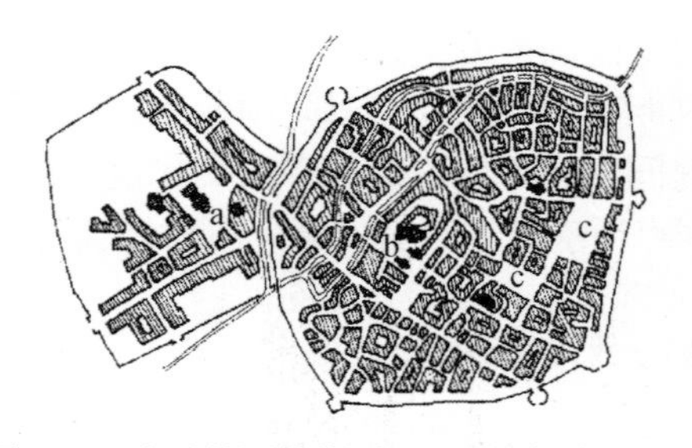

图3.28　法国的阿拉斯（Arras）中世纪时的城市格局示意图
（a为罗马城堡，b为修道院，c为市集广场[210]34）

图3.29　世界文化遗产名录中的55座比利时和法国的钟楼之一[210]

L'aite culturelle

图3.30　55座比利时和法国的钟楼的分布图示[210]

此处城市锚固点特性二的理解十分有益，因为二者在城市中发挥的作用是具有很大相似性的。该理论中的触媒建筑（catalytic architecture）就是用于描述一个会对其后的项目造成积极影响，并最终将影响到城市形态的单点的城市建筑或项目。城市文化遗产因其通常具有的公益性、公共性，加上较高的可观赏性，越来越受到城市规划关注，大多数是十分适合成为触媒的场所。不

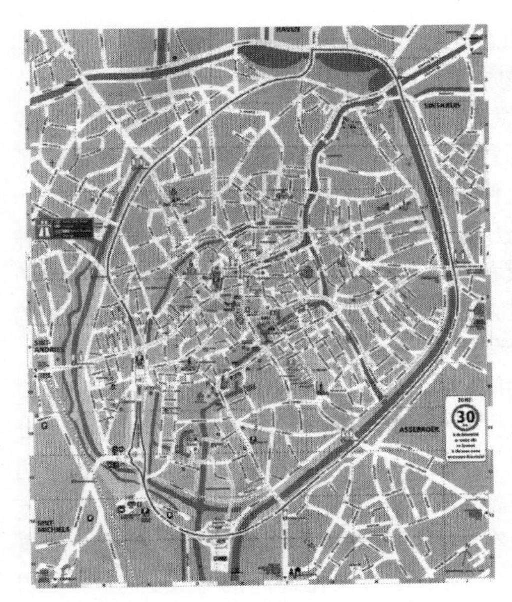

图3.31　以布鲁日钟楼为正中心的布鲁日历史城区地图（资料来源：谷歌图片）

图3.32　布鲁日历史城区中心的布鲁日钟楼（资料来源：笔者自摄）

过这里要指出的是，触媒点与城市锚固点的确定中一个核心差别是，触媒理论相对更针对城市现状，因此体现得更为平面化，城市锚固点则尤其强调时间上的厚度，更强调对于地段历史的历时性的关怀。前文第二章第三部分“（三）”中的“1. 时间维度下的相互作用范围”中所引用到的关于唐代时候的大明宫与前些年刚刚重修和整治的大明宫遗址公园的案例，对此处所讨论的问题也是一个很好的解释，简单地说，即现今的大明宫遗址公园可以被看作一个城市触媒点，但尚需一段时间来再次形成真正的城市锚固点，不过，根据其本身的一些特色可以判定它为相当有潜力的未来城市锚固点。

如前所述，本节所要强调的城市锚固点的第二个判定标准是以静态空间为引领的动态发展的特性，是指在历史上已经如此的，并不包括将来适合如此的，因此，对于作为城市中的锚固点的文化遗产遴选是一个比较严苛的特性要求。但是从另一个角度来讲，大多数今日被人们认知的文化遗产都是具有很大潜力的未来城市锚固点。

三、“城市锚固点”的定义与类型

（一）定义与分类依据

如上所述，兼具上述两个特性，即能在某段动态事件中呈现为相对静态的空间，且曾以之为核心引领过动态发展的，在城市中至今仍然留存的空间片段，我们便可以称之为“城市锚固点”。

暂不关心历史上的城市锚固点，以及未来有潜力的城市锚固点，当我们把眼光仅仅关注到当下的时间切片上，则城市锚固点的第一个特性强调了当下空间的历史性，因此，实际上便已经决定了其现状必然是属于城市遗产范畴的，而第二个特性则将其范畴压缩到了一个较小的范围。那么究竟何种类型的城市遗产更容易、更适合或者在历史上更多地担当起城市锚固点的角色，若能借鉴传统的文化遗产分类方法，为其探索新的分类来辅助进一步的分析，以及方便说明，则将是十分有益的。

为解决不同类型、不同层次的问题，对于文化遗产，人们有很多种既定的分类方式和限定方法。比如，根据联合国教科文组织世界遗产中心的《世界遗产公约执行的操作指南》[211]，如图3.33所示，世界遗产可以划分为四种总体类型，图表里字体加粗的三种都在本书论述的城市锚固点的可能范围中，其中文化遗产大类根据遗产本体的形态差异，又细分为纪念物、建筑群、遗址三个小类。又比如，根据我国法律对文化遗产的分类，[212, 213]如图3.34所示，本书所关注的可能成为城市锚固点的遗产类型主要属于加粗了的不可移动文物的范围，也细分为三个小类，但这里的划分标准是本体所具有的价值差异。当然还有许多其他国家的，或者非官方的分类方式或限定方

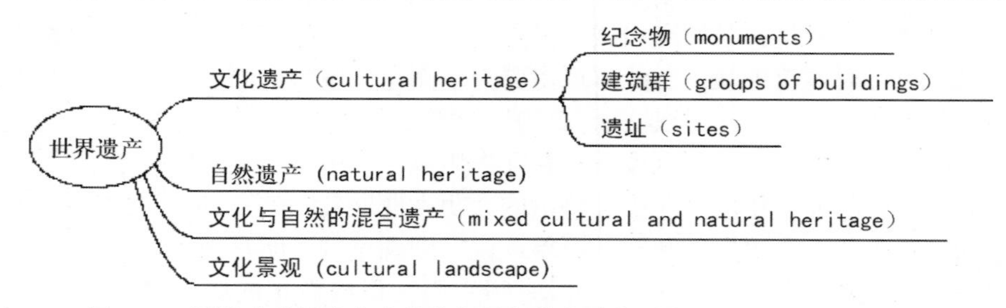

图3.33　根据《世界遗产公约执行的操作指南》绘制的世界遗产分类示意（资料来源：笔者自制）

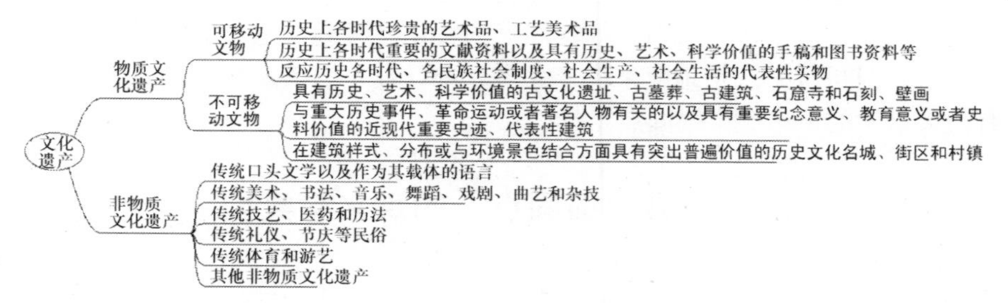

图3.34　根据我国的《中华人民共和国文物保护法》与《中华人民共和国非物质文化遗产法》绘制的我国文化遗产分类示意（资料来源：笔者自制）

法，这里暂不列举。可以确定的是，形态或价值的差异对于一个城市遗产是否成为城市锚固点固然有影响，但绝非最重要的方面，因此需要进行观察和归纳，从而得出新的分类方法。

研究城市与建筑问题，空间形态总是最直接、有效且必须的切入点。就一个建成环境中的锚固点而言，这里的空间形态最重要的所指并非其占地面积、高度、拓扑形状等，因为相比于其所锚固的城市而言，总归是一个点状的存在，所以其内部的空间形态特质只是下一个层面的问题，而总体上，相对更重要的是其开放程度，换言之，即城市锚固点与周围城市环境的连接关系。此外，决定城市锚固点开放性的背后的本质因素又是其所承担的功能类型。综上，探讨作为城市锚固点的城市遗产特点，最重要的关注方向或分类标准应当是开放程度与功能类型。

随着城市的历史变迁，如图2.31所示，城市锚固点可能处在不同的生命周期阶段，与之相应的，常常会具有不同的开放程度与功能类型，从而发挥不尽相同的锚固-层积效应，乃至影响层积化空间的层积模式。比如仍以天安门城楼为例，历史上是明清的庄严皇城正门，与紫禁城一并具有绝对的封闭性和权力机构特性，而进入20世纪以来，先后在1925年随着国立故宫博物院的成立，1949年开国大典的仪式举办，转而获得了开放性和公共场所的特性。这也自然影响到人们观瞻的方式及心理，比如在古代，由于其外还有重重的城墙城门和复杂的仪轨戒备，普通北京居民几乎无法观瞻，王公大臣也只有在固定的中轴线上行进时以仰望的视角进行观瞻；而在近代随着其开放程度和功能类型的转变，天安门观礼台的设计等本体上的变化，以及由其作为城市锚固点开始发挥锚固-层积效应形成的新层积化空间——天安门广场和周边建筑，都提供了许多不同的视角和观瞻方式。另外，景山等其他一些历史空间的开放程度和功能类型转变，附近高层等一些新城市空间的出现，也可能对天安门城楼的观瞻产生影响，诸如出现新的俯瞰视点等，不过，景山这类变迁对天安门城楼的影响溯其根源，也可以归结为，城市历史景观通常是由多个城市锚固点所共同锚固，可理解为单个城市锚固点的变化引发的复杂相互作用。总之，应理解到，可能影响城市历史景观今貌的因素非常之多，而各城市锚固点自身开放程度与功能类型的历史变迁却往往是各条线索的根源。

综上，按照开放程度、功能类型对城市锚固点进行分类，在历史上对人和活动有吸引和聚集效应的场所特点与今天相仿，在我国，历史城市中城市锚固点最主要的两种可能构成类型是下文所述的：开放性的公共场所类；封闭性的权力机构类。

（二）开放性的公共场所类

不同于西方城市传统，我国的城市中鲜有广场这种纯粹的公共场所，寺庙作为一种特殊的公共建筑在便在很大程度上承担起了城市人群的公共活动。董莉（2006）曾在其学位论文中提出寺庙公共空间的概念，认为除了寺庙的本体以外，还延展为一系列的开放空间，包括寺庙院落、庙前空地和商业街，以及一系列的宗教和民俗活动，诸如庙会等[49]。

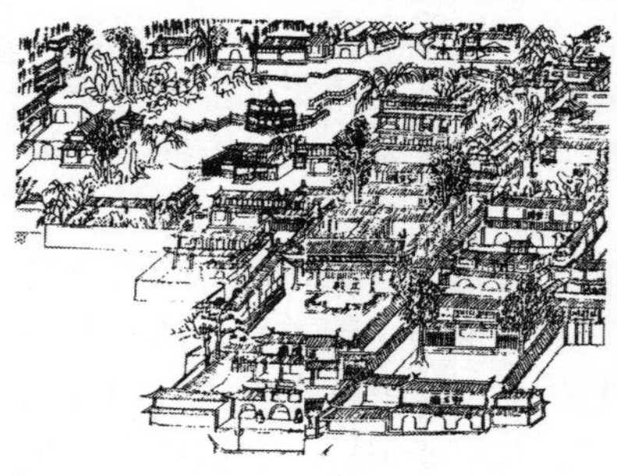

图3.35　清代同治皇帝以前的城隍庙与豫园[214]154

上海的城隍庙，就是一个典型代表。始建于明朝的城隍庙曾是当时上海县城中最有名的道教宫观和邑庙，而豫园则是与其相邻的私家园林（如图3.35所示）。到清代乾隆时期成为城隍庙的西园，也转化为了开放性的公共场所，并侧面见证了城隍庙重要的历史地位。而后历经朝代更迭和城市发展，城隍庙在城市中扮演的角色也有变迁，从最初的宗教场所，到逐渐世俗化、商业化，寺庙外围逐渐形成百姓娱乐与商业交换场所，而豫园纳入作为商业事务活动空间①，庙、园、市集于一身，直到上海开埠前，城隍庙都一直是“阖城民众唯一的游乐场所，所以一年中盛事独多”[214]511，是老上海最为重要的“庙园节场”，如图3.36所示。开埠后，一方面城市在迅速生长，另一方面此时十里洋场等一些新的城市锚固点已经开始形成，其政治、经济、文化、娱乐中心的地位开始受到上海租界发展的挑战，有一定程度的弱化，好在这一过程也强化了城隍庙街区的特色，即传统性与平民性。时至今日都依然如此，吸引着大批的本地与外地游客，同时集聚了周边大批的仿古建筑建造，如图3.37所示，以至于有学

图3.36　表现清末城隍庙的庙园游乐生活场景的《申江盛景图》[214]158

图3.37　如今的城隍庙盛况不减当年（资料来源：百度图片）

① 除了节日占用之外，城隍庙与豫园平时还是行业议事，以及当地士绅阶层聚会的场所。

者指出该街区已经有变味为历史主题公园之嫌[215]。不过可以确定的是，上海市的历次城市规划与设计都对城隍庙的本体与街区特色加以保护，确实保证了其延续至今的城市锚固点地位。

另外我国历史上也没有西方传统城市中的公园概念，最接近的概念可能也只是宋代开始兴起的自然郊野园林，算是属于公共性的大型开放式绿地，不过这类园林一般都坐落在郊野之中、城市之外，不属于城市锚固点的可能研究范围中。但是无论中西方，相同的一点是，早期城市与水体的关系都是十分密切的，城市通常是依水而建的，甚至要特意引水入城，这样一来，滨水一带就自然形成了适合人群聚集嬉戏的城市公共空间，并将在良好的自然环境之外，形成街道、市集等公共城市空间，进一步聚集商业或餐饮娱乐业，从而获得更多的人气，逐渐形成城市锚固点。因此，水体及滨水空间又构成了我国历史城市中另一批非常常见的城市锚固点，有时候几乎是不可避免的，与上文所述的同为开放性空间的寺庙的结合也很紧密，此种类型的典型实例主要有北京的什刹海、南京的秦淮河夫子庙等等。

以北京的什刹海为例，老北京城内的水系分为前三海和后三海，其中前三海分别是北海、中海和南海，是属于皇城以内的禁苑，而后三海则是广大市民的聚集地，分别是前海、后海和西海，也称为什刹三海。在历史上的各个时期，因自然条件与社会经济条件的改变，水域面积、形态以及周边滨水区域的用途、景观也都有变化，如图3.38所示[216]，从金代的一片自然水域白莲潭，到元朝时圈入城内成为京杭大运河漕运终点，以至于“舳舻蔽水”，开始拥有鼎盛的商业气息，至明代水域缩减，不再联通漕运，转而成为较宁静的风景胜地以及民俗文化活动的荟萃之所，清代又因景色之胜，并且靠近皇城，成为很多王公大臣的居所首选地，清代晚期什刹海水畔

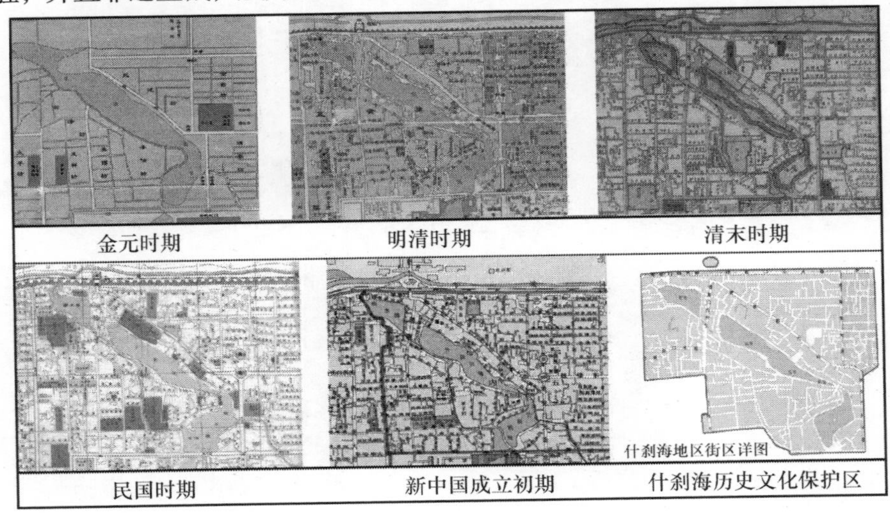

图3.38　什刹海地区的历史变迁图整理[216]45

还发展了很多酒楼，再后来，到新中国成立以后，原为清代的和堤所划出的西小海被填为空地进行建设，很多单位也开始进驻这一区域，近年来又执行了保护规划，很多文献都曾对这一演进历史进行过详尽梳理[47, 216-222]。如今，总面积近3平方公里的什刹海历史文化保护区是北京市面积最大、内涵最丰富的历史文化保护区，也是我国最早开始进行试点和实践的保护区之一，仍然是以体现老北京的市民文化为主题的，如图3.39所示。纵观其历史，虽然不同时期水体的功能与角色不同，但周边的城市都是由水体及滨水空间为发展核心的，这甚至就固化在历史街巷的走向中，在整个老北京内城部分，都是规规整整的方格网街巷格局，唯独在什刹海地区附近，有很多斜街，大部分都与什刹海河岸走向相平行，比如最典型的有后海北岸的后海北沿、鸦儿胡同及鼓楼西大街等，还有就是前海北岸的前海北沿、南官房胡同及大金丝胡同等[223]。同时，什刹海作为开放性的公共场所，与前述的寺庙公共空间联系也十分紧密，如图3.40所示[49]，水体与寺庙在城市锚固中所发挥的作用是难分彼此的。与此十分类似的案例还有南京的秦淮河夫子庙，如图3.41所示，篇幅所限这里不再详细展开。

图3.39　北京的什刹海鸟瞰（资料来源：百度图片）

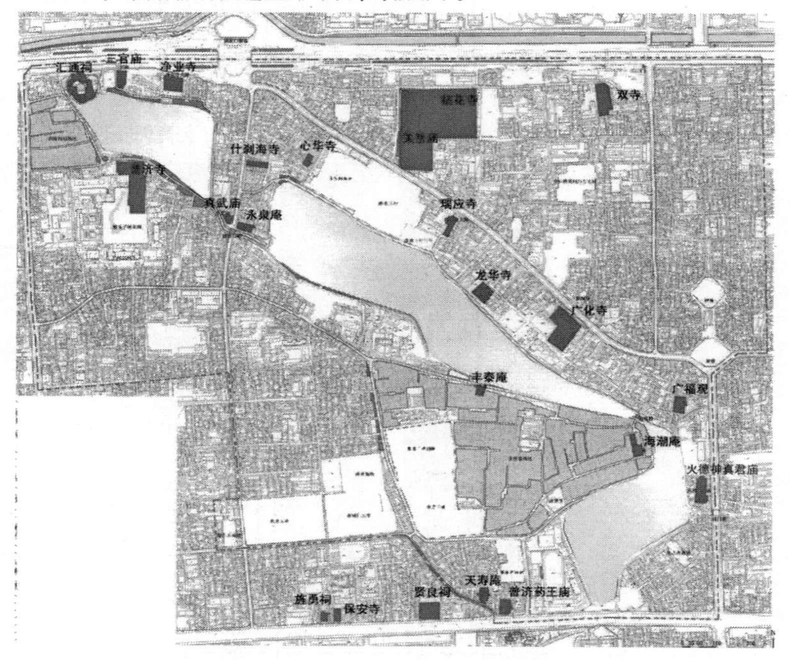

图3.40　什刹海地区的部分寺庙分布情况[49]45

图3.41 南京的秦淮河夫子庙（资料来源：百度图片）

综上，在我国古代的城市历史中，以寺庙、祠堂等公共性建筑、水体等开放性空间首先获得人气，随后商业便自然而然在周边兴盛起来，并形成集聚，经由街道等新城市开放空间[①]的形成，扩张到较大的规模范围中，周边城市总体上呈现出自下而上的、比较缓慢的生长过程。

（三）封闭性的权力机构类

第二种构成城市锚固点的可能是相对具有较强封闭性的权力机构，这一点中西方城市就十分相似了，但仍仅以我国城市为例探讨，比较典型的当属两处世界文化遗产——北京的故宫与承德的避暑山庄了。

北京的故宫，也称作紫禁城，于1987年因符合标准（i）、标准（ii）、标准（iii）及标准（iv）而被列入世界遗产名录[②]，是我国被最早认知、保护，也最早列入的重要文化遗产之一，如图3.42所示。今天所见之故宫是在

---

① 虽然是开放性的公共场所，但通常来讲，街道不被算作本书所谈的城市锚固点。因为街道本身的形成往往也是源于某个更重要也更早的城市锚固点的锚固-层积效应，而呈现为可以用以分析该过程的层积化空间的一部分，正如第五章第三部分中对卡迪夫案例做出的详细讨论时，也选择了以街道为主要分析对象，街道更多地被认定为层积化空间。

② 该世界文化遗产项目包括北京与沈阳两地的明清故宫，其中北京故宫于1987年列入，而沈阳故宫则是2004年的扩展项目。

图3.42　北京的故宫（资料来源：笔者自摄）

明代初期由朱棣皇帝于1406年开始建设的，总占地面积达到72万平方米，拥有古建筑近9000间，如图3.43所示[224]。与我国很多古代都城相仿，北京城的建立也是以城市的最高权力机构紫禁城居中规划的，进一步发展形成延续至今的中轴线等古城格局特色，如图3.44所示。仪式性的中轴线虽然贯穿全城南北，但在历史上并不具有可进入性，尤其中心的皇城部分，是完全封闭于城市的。综上，北京旧城屡次迁移城址，至明清范围乃确定为今天的旧城范围，均以宫城为城市选址核心围绕建设，体现了北京明清故宫从初建至今对于城市发展，尤其对其较近邻的周边环境的锚固作用。

与之相似的还有位于河北省承德市的避暑山庄，是清代1703年至1792年间修建的皇家夏季行宫，于1994年因符合标准（ii）和标准（iv），与其周边寺庙一并被列入世界遗产名录，如图3.45所示，包含大量的建筑群和遗迹，以及周围的山林水体环境。直到清代以前，今天承德的所在地都只是一片有稀疏村落散布的游牧之地，修建此行宫之后才真正进入了发展时期，8年后的1711年乃“生理农桑事、聚民至万家”，后来跟随皇帝前来的王公大臣也争相在周边修建府宅，间接带动了城市的工商业，以至于茶楼酒肆林立，车马不绝，得以成长为真正的城市，终于于雍正元年，即1723年，设立了热河厅。承德市是第一批的24个国家历史文化名城之一，皇帝的行宫避暑山庄在这一古城形成过程中所起到的十分关键的锚固作用不言而喻。

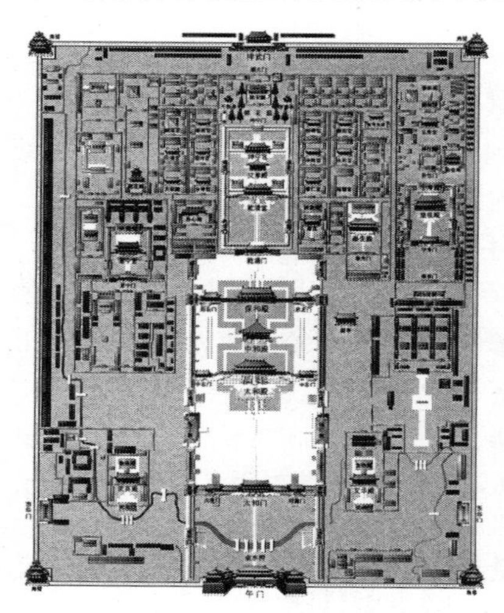

图3.43　故宫博物院的现状地图[224]

图3.44　延续至今的北京的城市中轴线自南向北鸟瞰（资料来源：百度图片）

图3.45　承德的避暑山庄（资料来源：百度图片）

综上，我国古代城市中的另一类城市锚固点的作用方式通常是以宫殿、行宫、府衙等封闭性的权力机构的选址为核心的，社会活动因为政治力量或权利因素的影响也就围绕其展开，甚至后来的整个城市都由此而形成，更多是一种自上而下的过程，带有很强的规划的人为意志在里面，因此呈现出来往往是短时性的、相对规整的、强引致性的城市发展模式。

四、本章小结

城市环境中往往有一些对城市的历史形成过程有过重要意义的文化遗产，这些文化遗产具有某些特性，使其呈现为如同石锚或者图钉一样，能够穿越时间锚固住历史城市中的一些周边空间。城市历史景观虽然是应用于当下的概念，但是，如第一章第二部分“（一）”中所总结的，核心思想强调的是景观形成和发展变迁的历史全过程，以及在未来的延续性。并且，目前城市历史景观概念的空间构成——城镇景观、屋顶景观、主要视觉轴线、建筑地块、建筑类型[13]——仍然是比较平面化的，尚未形成可以有所统领的结构性层次。因此，认识到城市锚固点的视角，对于城市历史景观的认知和保护将具有独特的价值。

本章从梳理人们对文化遗产的认知扩展历程出发，在人类价值观念不断获得突破的过程中，文化遗产的时间与空间认知也变得愈发范围广博、样式多端，笔者尝试重新发掘从城市历史景观角度最受关注的一些文化遗产最本源的特性，简单来讲，即是在某段动态时间中保持静态的空间，同时曾以此静态空间为核心引导过周边的动态发展，拥有了这两个特性的空间片段，便定义其为“城市锚固点”，而这些具有特殊重要性的文化遗产在我国城市中主要体现为两种构成类型，分别是开放性的公共场所类与封闭性的权力机构类，并各自辅以案例来解释说明。

综上，本章确定了城市锚固点是我们城市中一些特殊的文化遗产，并给出了基本判定方法与其可能的构成形式。不过，城市锚固点从来都不是孤立的存在，在锚固的过程中始终与历史城市之间存在相互作用的力，并在相互制衡的过程中形成了今日之城市历史景观。那么，对应城市锚固点的理念，如何理解历史城市的变迁，则是下一章中需要主要解决的问题。

第四章
层积化空间：历史城市的变迁

一、城市历史景观的“层积”新视角

在2005年的《维也纳备忘录》中，对于由于功能、社会结构、政治环境或经济发展等因素的持续变化形成结构性干预，在传统的城市历史景观上造成的变化，已经开始被承认为可以看成是城市传统的组成部分[13]。层积观念在此时已有雏形，然而真正的出现还是在2011年的《关于城市历史景观的建议书》中，根据城市历史景观的定义要求，应当将城市地区理解为各类价值的历史性“层积”结果[15]。在该文件中，层积（layering）一词一共被使用了五次，其所针对的含义大致有两种，如表4.1的分析所示。

表4.1 《关于城市历史景观的建议书》中“层积（layering）”一词的使用情况列表（资料来源：笔者自制）

出现章节	中文译文（笔者自译）	英文原文	含义
前言	还考虑到，由于延续至今的文化以及传统和经验的累积所造成的历史性的价值层积，城市遗产是全人类一种的社会、文化、经济资产，这也体现在它们的多样性中……	Also considering that urban heritage is for humanity a social, cultural and economic asset, defined by an historic layering of values that have been produced by successive and existing cultures and an accumulation of traditions and experiences, recognized as such in their diversity…[15]	针对价值积累
定义（第8条）	城市历史景观是指，理解为一片作为文化和自然价值及特性的历史性层积结果的城市地区，这也是超越“历史中心”或“建筑群”的概念，包含更广阔的城市文脉和地理环境。	The historic urban landscape is the urban area understood as the result of a historic layering of cultural and natural values and attributes, extending beyond the notion of “historic centre” or “ensemble” to include the broader urban context and its geographical setting.[15]	针对价值和特性积累

续表

出现章节	中文译文（笔者自译）	英文原文	含义
政策（第21条）	以目前的国际宪章、建议为代表的现代的城市保护政策为历史城市地区的保护提供了舞台。但是，现在和未来的挑战都要求人们拟定并执行一系列新的公共政策，以明确并保护城市环境中文化与自然价值的历史性层积和平衡性。	Modern urban conservation policies, as reflected in existing international recommendations and charters, have set the stage for the preservation of historic urban areas. However, present and future challenges require the definition and implementation of a new generation of public policies identifying and protecting the historic layering and balance of cultural and natural values in urban environments.[15]	针对价值积累
能力建设、研究、信息和交流（第26条）	未来研究应当着重关注城市聚落中的复杂层积，这样是为了明确它们的价值、理解它们对于社区的意义，以及将之全面地展示给参观者。	Research should target the complex layering of urban settlements, in order to identify values, understand their meaning for the communities, and present them to visitors in a comprehensive manner.[15]	针对空间积累
能力建设、研究、信息和交流（第27条）	鼓励使用信息和交互技术来记录、理解以及展现城市地区的复杂层积及其成分的构成。	Encourage the use of information and communication technology to document, understand and present the complex layering of urban areas and their constituent components.[15]	针对空间积累

该《建议》中的创新性提法及标准用法是理念性的，即将城市历史景观作为城市地区的地理实体，理解为各种价值（和特性）历史性层积的结果。由于这种具有很强时空性的层积观念，使得我们看待历史城市的视角在饱含了考古学的味道的同时，也提供了开放性的无限可能。城市历史景观可以说是决定一座历史城市的城市体验的关键性因素，正是因为我们开始将持续层积的变化看作了进化的城市历史景观，从而视为了城市文化传统的一部分，我们才能拥有尊重和欣赏适度变化过程、而又并非保护所有的变化的态度。那么，在这种理念的支持下，落实到操作层面时，历史和传统需要得到展示，亦即复杂的层积需要得到显现，所以《建议》的后半部分章节中提到对于层积的研究、记录、理解及展示，这个操作过程又必将是与城市形态学息息相关的，所以必须基于空间本身开展，具体来说将是以不同时间切片下的空间分析来反应价值的层积过程。

美国学者刘易斯·芒福德在其巨著《城市发展史: 起源、演变和前景》中曾谈到，如果想更深入地理解城市今日之景观，那么便必须要“掠过历史的天际线去考察那些依稀可辨的踪迹，去了解城市更远古的结构和更原始的功能。"[225]2并且认为在城市研究的过程中，这应当被作为首要的任务。城市的历史研究一直以来都是人们理解城市现状的重要手段，从历史文献上不断考证城市各区域的"功能"也是在复原历史上的城市空间布局时最常用的方式，然而对于芒福德先于功能所首先强调的"结构"，则要求学者对通识性的城市发展历史有自己独到的视角了。由上文可知，城市历史景观的核心视角就是，将城市视为历史与当前发展的动态层积的结果，这同时涉及抽象层面上的价值层积和具象层面上的空间层积，前者是本质，后者是表观。对于城市历史景观的认知和保护，需要由表观推知本质；然而对于历史城市的体验，则是关注本质所生发出来的表观。城市历史景观的理念为我们提供了一个崭新的视角——即历史城市是时空动态层积的结果，这为锚固-层积理论提供了立论的基础，可能成为理解和阐述历史城市之结构的新方式。

二、以巴塞罗那为例阐释层积化空间的含义

在世界各地的历史中，都有一些这样的实践的记载：早年的重要建筑遗产在遭到破坏或损毁后，人们常常会将之修缮或重建，而此时所采用的材料、建造方式、结构体系甚至装饰形式都可能非常体现时代特色，因此在这些流传下来的建筑遗产上，便体现出不同时期中多次演变的痕迹。倘若我们对城市采用同样的观察方法，会得到类似的感受，基于此，我们可以对城市进行层积化现象的空间解析，即城市的现状可以辨识为由若干块层积化空间所共同组成。那么一个最典型的可以阐明城市空间层积化的例子就是西班牙的著名历史城市巴塞罗那。

（一）巴塞罗那的案例解析

巴塞罗那的历史至早可以追溯到公元前1世纪，但城市形成大概要到12世纪成为商贸中心时算起。从鸟瞰的角度或者卫星图，可以清晰地分辨出多种不同尺度和类型的城市平面所构成的多个历史层积，如图4.1所示。

其中，中心是最老的城区，主要在13～15世纪间形成，拥有皇宫、大教堂、城墙等，六边形的老城轮廓内，街区则曲折丰富，是典型的中世纪欧洲城市布局，建筑方面以尖塔形的装饰较为多见，辅以诸多雕塑和彩绘，总体上建筑尺度较小，如图4.2所示；老城区外围有大片规整的方形街区蔓延开来，这是19世纪巴塞罗那建设高潮时期的结晶，也就是著名的希尔达方块，如图4.3和图4.4所示[226, 227]，这些标准化的方格网基本尺寸均为113米见方，整体上又有长对角线贯穿其中，而这片由550个街廓大约9平方千米的新艺术运动时期前后形成的城区中，也蕴含有大量西班牙最优秀的现代建筑，其中最负盛名的比如高迪的圣家族教堂、米拉公寓、巴特罗公寓等，造型独特，

图4.1　巴塞罗那的城市卫星地图
（资料来源：谷歌地球）

图4.2　巴塞罗那老城区里的小广场
（资料来源：笔者自摄）

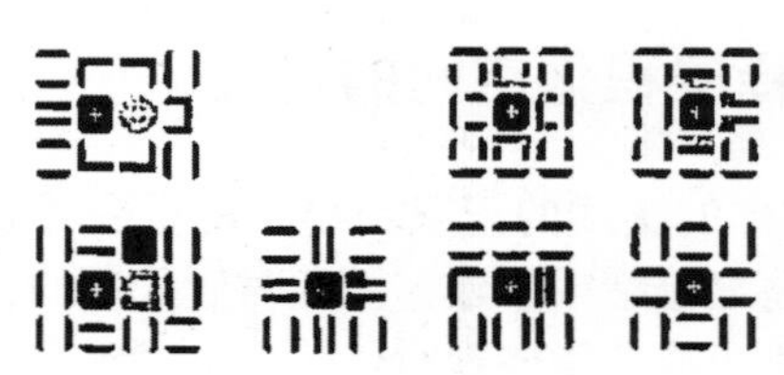

图4.3　著名的“希尔达方块”的几种布局模式[227]54

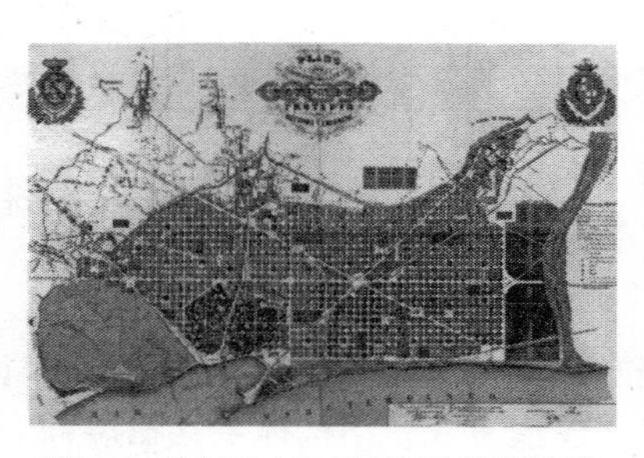

图4.4　希尔达1859年为巴塞罗那的城市扩张所做设计原图[226]3

图4.5　街角的米拉公寓贴合在希尔达方块中（资料来源：笔者自摄）

但都配合整齐的街道，形成城市立面或轴视线终点，如图4.5和图4.6所示；时间进入到20世纪80年代以后，尤其伴随1992年在巴塞罗那召开的奥运会的到来，城市进一步扩张，也为其积累又一个新的历史层次创造了契机，特别开发了滨水码头区域，如图4.7所示[228]，以及周围的山地，有许多学者都曾撰文专门谈最后这一阶段的城市建设成果[228-230]，建筑方面也有许多新的地标落成，如图4.8和图4.9所示。

经过这样几个阶段的空间层积，无论是城市肌理，还是其带给人们的街区或建筑体验，巴塞罗那都自然拥有着极大的丰富性和多样性，而这一切，都是注重了传统和保护的历史城市才能得到的来自时间的馈赠。

（二）各个时间切片间层积的空间组合结果即层积化空间

回顾巴塞罗那的城市发展史，可知巴塞罗那如今至少包含有三个主要的

图4.6　沿街的巴特罗公寓及其他风格各异的建筑共同形成整齐的城市立面（资料来源：笔者自摄）

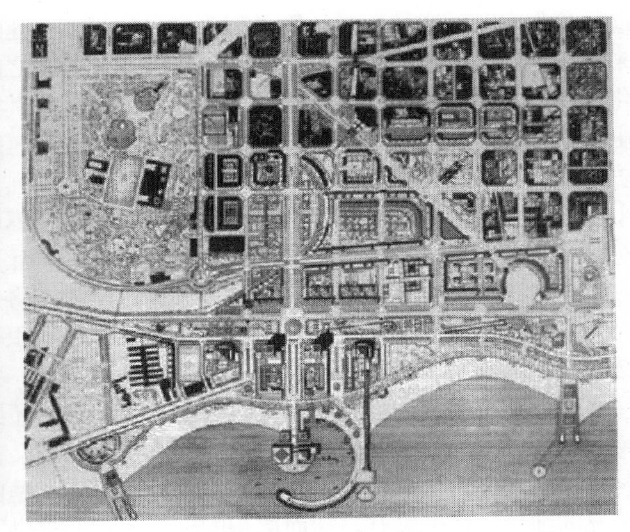

图4.7　20世纪80年代对奥运村和奥林匹克港的规划[228] 57

图4.8　巴塞罗那海滨的双塔新地标建筑（资料来源：笔者自摄）

图4.9　盖里在巴塞罗那海滨的鱼形新地标建筑（资料来源：笔者自摄）

历史层积，即中世纪的、新艺术运动的、当代的。站在不同的时间切片下回顾，呈现出的将是十分不同的历史层积状态，而城市究竟分为多少个层积的划定，则很大程度上是取决于城市有过多少次至今仍留有遗存的建设高潮，尤其是有过多少次风格迥异的建设思潮。建设高潮之所以适合作为层积化空间划定标准，是因为人们对层积化空间的感知需要一定的地理空间范围，所谓独木难以成林，历史上的大规模建设才可能为今天重新认知当年留下足够多的足以表明时代特色的城市肌理。而不断变化的建设思潮作为另一个辅助层积化空间划定的标准，则是因为它导致城市与建筑风格的变迁，从而带来可识别性，在人们的体验层面得以将层积化空间之间的相似度拉开。层积化空间因此也在一定程度上含有“断层”的内涵，其实是人为地将城市发展史根据现状遗存情况断开的，目的是更简明地理解时间维度下的现状城市历史景观。不过，在建设比较连续，且风格延续性较强，常年处于渐变的城市中，层积化空间的划定可能就不能做到精准明确，不可避免会带有很多个人对城市历史的理解，或者历史分期常识的影响在里面。

但无论不同个体划定出来的结果如何，层积都将是一种完整空间的不同时间切片。而至于层积化空间，直观来讲，则是层积不断积累的过程，是连续时间下的某个空间切片，具有动态性的描述意义。我们惯常的城市史研究往往是以某个时代的空间为研究对象的，去考证、还原某一重要历史时间切片下的城市空间形态及其空间背后隐含或折射的意义，而针对某个城市的发展历程研究，由于历史文献有限的原因等，也常常是由几个重要时期的空间情况的细化描述来展开。然而层积的理念为我们提供了另一个视角，即从以往关注时间切片本身，转换到关注时间切片之间的相互关联方式，形象地说就如同关注几个位于不同时间高度上的钢片是如何互相铰接起来的，并最终形成如特性一中所强调的一个连续时间的整体。因此，以层积化空间的划定为基础，层积是对于城市历史的一种动态的持续的描述。

凯文·林奇曾在书中谈到关于时间对于场所的影响以及场所对时间的回应：“每个场所似乎处于发展中，充满预示和目标。……尽管是隐含着的，但空间和时间是我们安排自己经历的宏大架构，我们生活在时间的场所中。”[231]也因为了这时间与空间的相互纠葛，作为时间的场所，绝大多数历史城市往往都留存有一定程度的层积化现象，只不过空间的具体化落实分析时，较少能如图4.10所示——像巴塞罗那这样几个区域轮廓分明，简化模型如图4.11所示。更多情况下，历史城市的层积之间会有相互的覆盖或者累加，如若简化为模型，则如图4.12所示，虽然最后呈现出来的每一个细分空间或者落实到单个建筑，都只能作为单一的层积，但体现在街区层面上却是不同时代层积的叠加与混合。层积的分析方法正是要强调时间这一维度，可以帮助我们从新的解析维度理解现状的城市形态。

图4.10　巴塞罗那全城分区地图
（资料来源：谷歌图片）

总体上来讲，自一个城市最初的兴起，几乎都在不停被累积。从时间角度，各时段的层积总体上构成城市的历史；从空间角度，则最终组合为层积

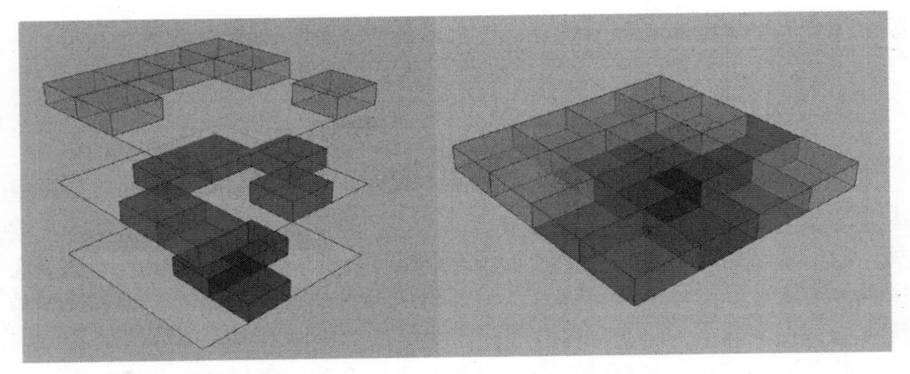

图4.11　巴塞罗那经过多个时代的层积形成的层积化空间示意模型
（资料来源：笔者自绘）

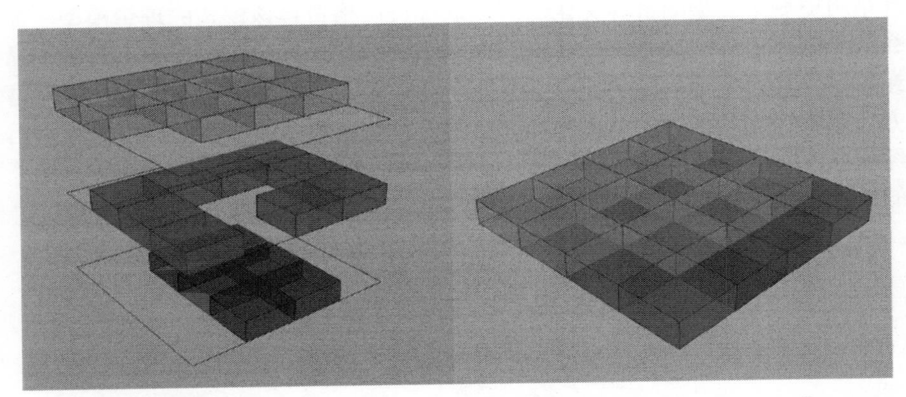

图4.12　大多数历史城市经过多个时代的叠加和混合后形成的层积化空间示意模型
（资料来源：笔者自绘）

化空间。从街区的尺度[①]来看，层积化空间既然体现为各时段层积的空间组合结果，则这个组成要素本身的特性就显得格外重要了，这也是接下来的第四章第三部分所要研究的对象。

三、层积的四种基本模式归纳

观览世界城市历史，一块限定的街区在某段选定的时期中，层积的基本

---

① 这里选取街区的角度是因为：整个城市尺度过大，精度不够，必然呈现并置的状态，不易说明问题；而建筑单体尺度又太小，若选取则大多数都只有维持和覆盖两种状况，不便分析城市尺度。

模式简化与归纳起来无外乎四种：维持、覆盖、并置，或者衰退。

（一）维持模式

在一段时期内，街区中绝大部分街巷和建筑尺度随时间流逝并未遭到重大改变的类型，即维持模式。有时建筑材料的局部替换或者结构重建不可避免，但只要整体街区从尺度上来看没有重大改变即可归为此种模式。这类街区总体来讲至其阶段末期仍保留了最原始的也是唯一的层积，但倘若现场游历体验，在细节上一定有很多时代的印记可供体验，不乏丰富。

此种层积模式一旦延续至今，必然非常符合我们常说的文化遗产最重要的“真实性”原则，并因为其所承载的独特历史价值而在至少近几十年来受到保护，所以在今天，这种层积模式十分常见于具有一定规模的遗产地，尤其是历史城市类型的世界文化遗产，堪称最严格符合该模式的理想模型。那么截至笔者最后一次查询UNESCO官网的2017年10月，在世界遗产名录中已经收录了1073个遗产本体，在其中的832个文化遗产类型的本体中，根据官方公布的数据和图表，如图4.13所示[232]，可以测算出，历史城市的类型已经有192个，占到了世界文化遗产总数比例四分之一，可见在拥有世界遗产的城市中“维持模式”存在的广泛性，并可推知在其他城市中的普遍性。

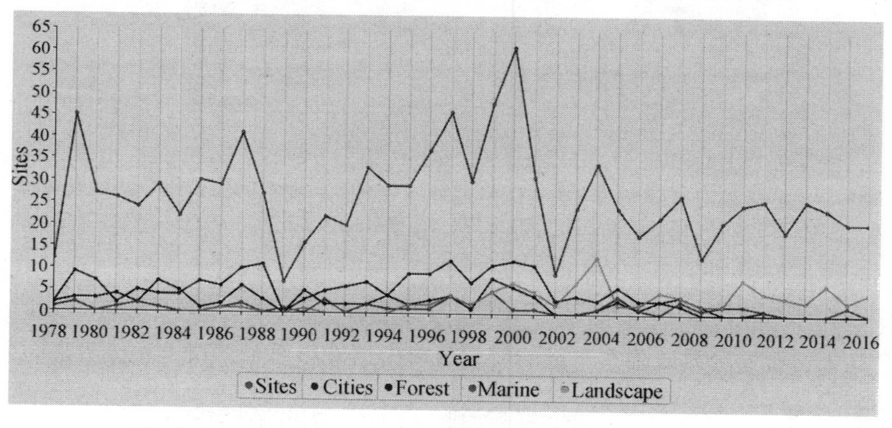

图4.13　列入世界遗产名录的本体主题类型的逐年分布[232]

下面以一个我国的典型维持模式层积的代表——丽江古城来进一步说明维持模式。丽江古城又名大研古镇，是玉龙雪山下的一座千年古城，1986年被列为第二批国家历史文化名城，1997年又被列为世界文化遗产。它被认为符合世界遗产的标准（ii）、标准（iv）和标准（v），并被描述为坐落于充满戏剧性的景观之中的独特古代城镇，十分和谐地将不同文化传统融合成了一处具有突出特色的城市景观。追溯其历史，人类自旧石器时期起就占领了丽江地区，而后在战国时期以及西汉、东汉都有过记载，到南宋晚期13世纪前后，木氏家族来到此地狮子山脚下，开始建造拥有城墙和护城河的府衙，到元朝13世纪50年代已发展成为一个行政中心，历代地方长官也都被赐姓为“木”，这一本土任命制度一直延续到清代1723年朝廷政策的改变，第一个非本土知府的到来也同时带来了政府机构、军营、教育设施等公共设施的城市建设①[233]。如今丽江城市的扩张依托着古城，也湮没着古城，如图4.14所示[233]，人们为了更好地保护世界遗产古城，不得不划定了保护区和缓冲区的范围。然而值得欣喜的是，古城内部虽然经过常年的建设过程，也曾多次遭遇自然灾害②，但其绝大部分的街巷与建筑都仍然延续了历史上的形态和尺度，并维持至今，如图4.15和图4.16所示。其实真正在丽江古城中行走，会发现许多店面的细节装饰中都有不少现代的元素，但这些往往并不会影响人们获得一种具有历史连续性的和谐体验。这不但与丽江很早就开始划定各类重点保护民居并挂牌实施保护有很大关系，丽江还有一个功不可没的行动，即自1996年12月与联合国共同编印的《丽江古城民居修复建设手册》③，该手册旨在指导老百姓在自家民居的改造、翻修、扩建过程中，有所参照的协助保持丽江古城风貌[234]。《手册》不但编印的简单易懂、可操作性强，而且发至了大研古城、白沙、束河每一户居民的手中，配合以严格的审查制度，保障了即使是新添加的现代元素，也都能以较为和谐的态度融入周边和整体，如图4.17和图4.18所示，古城风貌从而得到了较好的控制，同时又不乏新鲜的体验。因为旅游的过分兴盛，丽江古城近年来也遭到过不少批评[235, 236]，然而毋庸置疑的是，经过人们不懈努力，其整体的风貌保存状况仍然是我国最好的古城之一，按照本书的提法，则是维持模式贯彻最彻底的案例之一。

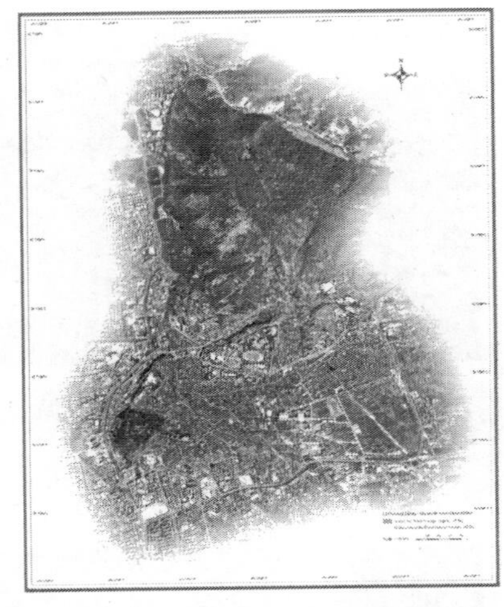

图4.14　丽江古城大研古镇的保护区与缓冲区范围示意图[233]

---

① 这里是笔者根据联合国教科文组织世界遗产名录官网中丽江古城条目自行翻译的，源网址为http://whc.unesco.org/en/list/811/。

② 丽江是地震频发区，根据记载主要地震的发生年份至少包括：1481年、1515年、1624年、1751年、1895年、1933年、1951年、1961年、1977年，以及丽江为世人所知的重大契机——1996年地震。但所幸丽江地区的传统建筑与城市结构十分合理，多次地震并未对其风貌造成严重破坏。

③ 其后该手册作为丽江古城保护的技术丛书之一，在2006年得到了正式的出版，名为《丽江古城传统民居保护维修手册》。

图4.15　从狮子山鸟瞰丽江古城（资料来源：笔者自摄）

图4.16　从木府鸟瞰丽江古城（资料来源：笔者自摄）

图4.17　店面立面新添加的现代元素很好地考虑了与周边的协调问题（资料来源：笔者自摄）

图4.18　院落内部新添加的构筑物及装饰与现存的建筑风格比较协调（资料来源：笔者自摄）

从对丽江的分析中已经可以看出，对于城市，本书所强调其不同于普通建筑类或遗址类遗产本体的一个重要方面即真实性的判断，维持模式是一种可以替换的维持，尺度与风貌才是最为重要的标准。因此，维持模式中一个比较极端的例子是同样列在世界文化遗产名录中的战后重建的华沙历史中心。华沙历史中心是在1980年因为符合标准（ii）和标准（vi）而被列入世界文化遗产名录。华沙的老城区是以集市广场（Market Square）为核心，最初形成于13世纪的，该广场一直到18世纪末期都是华沙最重要的城市场所，用以举行各种集市和庆祝活动，可惜却在第二次世界大战1944年8月的华沙起义期间，连同周围历史悠久的老城区85%以上的建筑遭到纳粹部队的摧毁成了一片废墟。然而惊人的是，在民族的意志力下，从战后的1945年到1966年，城市的历史中心从这些废墟中得到了原样的重建。其中比较重要的场所包括集市广场、城墙、皇家城堡、圣约翰大教堂、圣母教堂、圣詹姆斯教堂、圣三一教堂，以及住宅等，都得到了恢复，如图4.19至图4.21所示[237]。这一重建事件对二战后欧洲关于城市化与城市保护论题有很重大的

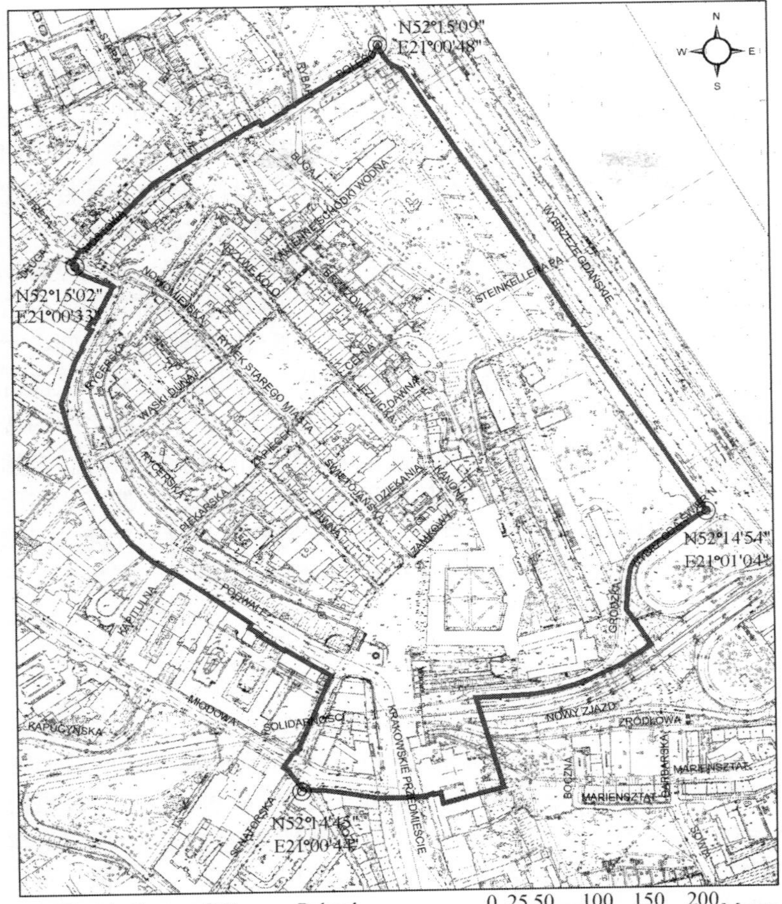

- boundary of the World Heritage property
- cadastral property divisions

图4.19　波兰的华沙历史中心保护区与缓冲区范围示意图[237]

图4.20　废墟中重建的华沙历史中心景象之一[237]

图4.21　废墟中重建的华沙历史中心景象之二[237]

意义，也展现了当时人们对于城市整体保护的决心和执行力。不同于一直留存至今的丽江古城，如今我们所看到的华沙历史中心只是20世纪才有意做出的“复制品”，不过，虽然在历史上曾发生过损毁，如果站在今天的时间切面上回看，从空间角度确实仍然是维持了原有的肌理，因此，同样判定为是属于层积三种基本模式中的维持模式的，是比较特殊的城市实例。

综上，维持模式的最终表象一般是单一层积的，具体又可细分为以丽江为例的连续维持类，以及以华沙为例的断裂后回归类。如前文中所分析的，除了空间的层积，价值也在不断地产生层积。那么针对维持的空间模式，一般来讲，价值层积的最大特点便是单一而清晰。比如丽江古城、平遥古城等大多数古城的价值很显然是代表了古城创立之初择地山水形胜之中的智慧，古城形成过程中的杰出建造，以及反映出的非物质的文化交流等。当然，一些特例比如华沙历史中心的核心价值则可能不止于此了，在拥有这些价值的同时更展现了重建时期的文化。总体上看，维持模式一般是几种空间模式中拥有价值最丰富的，也是最有利于保持和深化原有价值的，多数情况下是符合人们对于文化遗产的预期的。

（二）覆盖模式

在一段时期内，街区中绝大部分街巷和建筑在时间变迁中被损毁、改变，表现为新的尺度和风格的类型，即覆盖模式。这种做法在整体城市层面上虽然累积了新的层积，但对于街区层面，则是完全的替换，所以被覆盖的街区与被维持的街区一样，表现出来都是单层积的街区。这一模式在历史上与现在都不少见，其中发生在历史上的覆盖模式案例中也不乏今日的文化遗产。

这种类型体现在文化遗产中，覆盖的时间点多发生在19世纪到20世纪初，这是城市繁荣生长的一个时期，也是变革的时期。最典型的比如我们今日所熟知的巴黎是豪斯曼大改造覆盖之后的产物。巴黎从塞纳河上小小的西岱岛渔村开始生长，到公元400年前后蔓延到塞纳河左岸，中世纪时发展到两岸形成了一定规模，如图4.22所示[238]。后来也持续生长，在西方国家中也具有了越来越大的政治和文化的影响力，16世纪末亨利四世统治时期与17世纪上半叶路易十三统治时期的巴黎如图4.23和图4.24所示[238]。到18世纪下半叶路易十六统治时，巴黎已经扩展到了3800公顷，拥有50万人口的大都市，如图4.25所示[238]。紧随其后的1789年，法国大革命的爆发给城市造成了很多急剧的变迁，比如圣雅克教堂、旺多姆广场的路易十四等全城各地的国王铜像被夷为平地等，大革命之后在拿破仑的领导下，巴黎又加建了卢浮宫的南北两翼，新建了凯旋门，以及大量古典主义的公共建筑和住宅，这一时期的城市变迁有时也被称为“前豪斯曼化时期”。而真正的覆盖是发生在

图4.22　12世纪末菲利普·奥古斯特时期的巴黎古地图[238]20

图4.23　16世纪末亨利四世时期的巴黎古地图[238]43

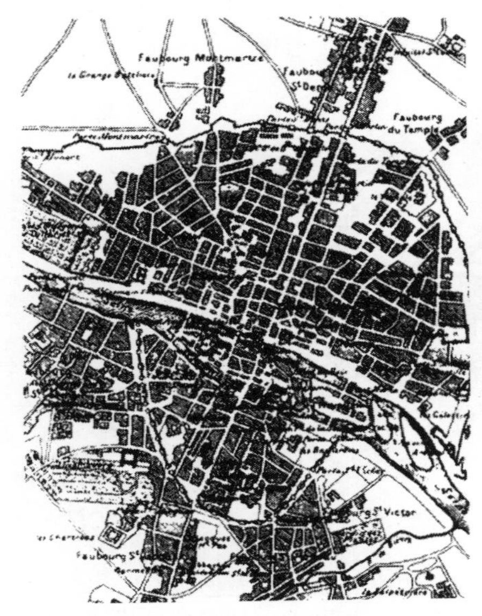

图4.24　17世纪上半叶路易十三时期的巴黎古地图[238]49

图4.25　18世纪下半叶路易十六时期的巴黎古地图[238]54

1859年，塞纳大省省长兼巴黎警察局长乔治·豪斯曼①被任命负责对巴黎进行城市改造。有学者认为，拿破仑三世5年内在巴黎所修建的建筑就已经超过其所有前辈700年的总和[239]106。由于城市卫生及政治、军事需要等多种原因，豪斯曼大刀阔斧地对巴黎进行的改造不只历史性的修建了城市的供水排水等基础设施，在城市空间方面，他拆除了老城墙（历史上的城墙景观如图4.26所示[238]），修为环城路，并一改老城区里中世纪以来自然多变却也狭窄混乱的巷道，开辟了许多笔直的林荫大道，如图4.27所示[240]。法国历史学家卢瓦耶曾评价说，林荫大道不只是交通的路线，还是城市中各个区域间的界限，其创立赋予了城市一个清晰的整体结构，形成的乃是不同于以往的大尺度的网络体系。同时还新建了新古典主义风格的公园、广场、喷泉、

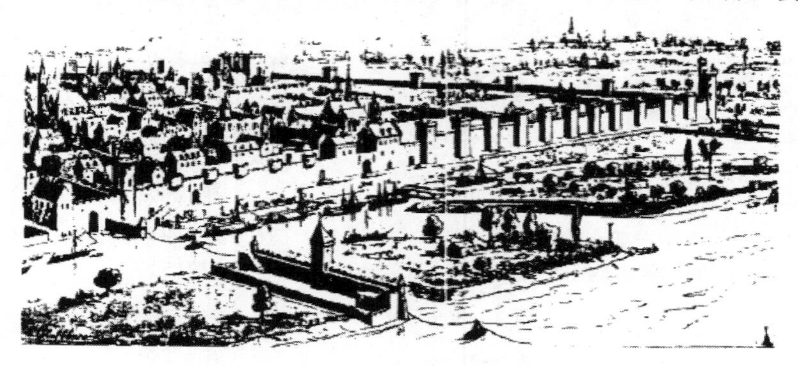

图4.26　被拆毁的老巴黎城墙景观[238]184

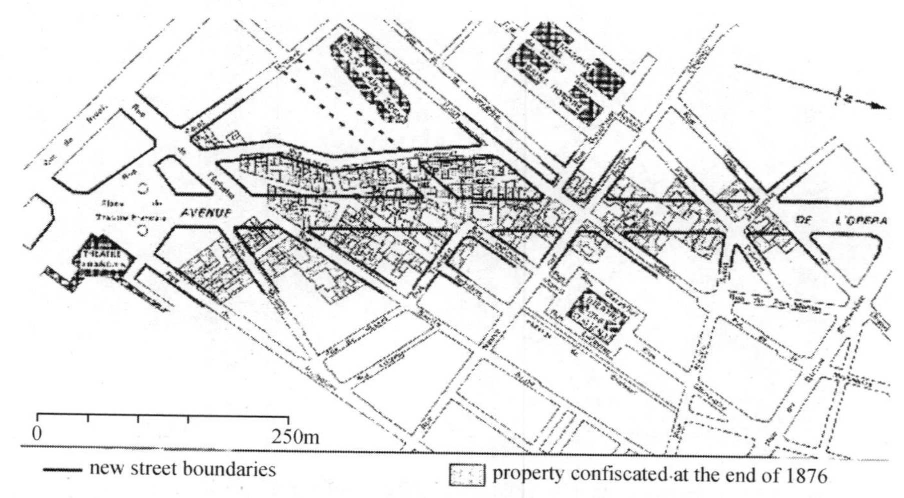

图4.27　豪斯曼大改造将中世纪的城市肌理碾作笔直宽阔的林荫大道[240]

① 即Balon Georges Eugène Haussmann。

雕塑等开放空间，以及新古典主义风格的医院、图书馆、学校、火车站以及住宅等建筑。这场自上而下的大规划运动毁掉了许多中世纪以来的文化遗产，还造成了关于贫民居所的社会问题，直至今天，人们也对其褒贬不一，但这次大改造中对新建街道及两侧建筑的严格控制毋庸置疑塑造了我们今日所熟知的巴黎——一座拥有新古典主义的尺度和风格的典雅城市，如图4.28和图4.29所示。因为这次豪斯曼大改造到人们真正产生保护文化遗产尤其是城市遗产的意识时，算来也已经又过去了近一百多年，而这一百多年间巴黎的层积又是维持模式为主的，所以便仍然被人们普遍接受为一座光辉的历史城市了。综上，豪斯曼大改造是一次典型的覆盖模式，虽然也有巴黎圣母院、卢浮宫等不少早期建筑留存下来，但从街区的尺度来观察，宽敞的林荫大道的开辟对中世纪以来城市层积造成的是全盘抹杀，故而仍然是一种单一的层积结果。

图4.28　如今的凯旋门和林荫大道（资料来源：笔者自摄）

图4.29　从埃菲尔铁塔俯瞰今天塞纳河两岸的巴黎城市（资料来源：笔者自摄）

其实，覆盖模式在我国近年来也仍然是非常多见的模式。比如北京市西城区90年代建设的金融街，选址在原本的北京老城区范围内，建设时拆除了大片的胡同四合院，修建为大尺度的高层建筑和现代道路网，如图4.30所示，与历史上的这一片区已没有什么关联可循，因此亦是典型的覆盖模式。而这样的例子在我国快速城市化的进程中至今仍然比比皆是。另外除了政治性的强制自上而下的统治者意志带来的覆盖，有时起因只是一些突发的灾害，比如1666年伦敦大火导致的重建等等。

图4.30　北京市西城区金融街的卫星地图（资料来源：谷歌地球）

此外，一种比较特殊的覆盖模式就是一块区域从农田或者乡野变为建成环境的过程，换句话说即城市的初创或者扩张，所以，每个城市地块的历史都是从这种特殊形式的覆盖模式开始的。

综上，覆盖模式的最终表象与维持模式相同，一般也是单一层积的，具体又可细分为以豪斯曼大改造时期的巴黎为例的早期覆盖类，以北京金融街为例的近期覆盖类，以及每个城市在初创和扩张阶段都会经历的初始覆盖类。而谈到覆盖的空间模式对于价值层积的影响，最直接的莫过于抹杀，这也是造成历史上大批建筑、城市、遗址未能延续至今的最大原因之一。对于文化来讲，覆盖也就相当于断层。所幸每个不同时代的人们都富有自己时代的独特创造力，总有些城市在遭到覆盖之后也能有新的辉煌，并由此获得新的价值，比如经历豪斯曼大改造以后的新古典主义巴黎。因此，从这个意义上来说，覆盖模式是毁灭原有价值的，然后有些可能也会产生新价值，但绝非如维持模式一般保持并深化价值。所以至少在覆盖模式发生的当时，多数情况下是不符合人们平日里对文化遗产的理解的，甚至常常是恰恰与之相悖的，争议性比较大。

（三）并置模式

即便仅限于尺度和风格，现实中城市也很难做到完全的维持或完全的覆盖，就像丽江延续至今恐怕已鲜有完全不改变位置和大小的院落，而即使改造彻底如北京的金融街也留有元大都城隍庙等一些重要的历史文化遗产，但从街区的尺度上来看，它们已十分接近纯粹的维持模式或覆盖模式了。不过，对于更多的城市和地区，并置模式是一种更加多见的空间层积模式，也是前面两类基础模式的组合形式。顾名思义，并置模式显然是对前两种模式的小尺度混合结果，比如一片保留了很多单点文化遗产但其余的周边环境却被拆除重建的街区，或者保留了一个很大面积的单点文化遗产但街区内其他建筑被拆除重建的街区，又比如一片完全延续了原有街区尺度但是风格一新的改造项目，还有挖掘场所精神、沿用历史元素并将原有空间感觉融入设计中的改造项目等。总体来讲在今日之城市中，这种类型比前两类更为广泛分布，但也更为多变，更难以划界。由于形成动机的不同，并置模式又可以细分为很多种类型，与文化遗产的关系也因此更为复杂。

接下来仍以一个典型的并置模式层积代表——苏州来具体说明。苏州是我国著名的古城，也因此被第一批列入了国家历史文化名城名单，方圆共计14.2平方公里。吴郡古城始建于吴王阖闾时期，自公元前514年至今已有超过2500年的建城历史了，因为城之西南有山曰姑苏，于隋朝公元589年正式更名，始称苏州。网络上广为流传的概括是苏州古城拥有“五六千年的农耕土壤，三千年的吴文化根基，两千五百年的春秋故都，一千五百年的佛道教文化熏陶，一千年的唐代城市格局和八百年前宋代街坊风貌以及明清五百多年的盛世文明”[241]。无论是古来未曾变迁的地理位置，还是其“水陆并行、河街相邻”的独特双棋盘格局，都是这座历史古城珍贵而罕见的遗存结构。苏州的古典园林更是名满天下，1997年便被列入世界文化遗产名录①，符合标准（i）（ii）（iii）（iv）（v），描述认为，建造于11～19世纪之间的这些园林，拥有精雕细琢的设计和建造，取法于自然而又能超越自然，杰出地体现了我国古典园林设计思想——“咫尺之内再造乾坤”的文化意境，如图4.31所示。这些重要的文化遗产点受到了广泛的关注和重视，然而苏州古城却没有那么幸运。1958年城墙被拆除，1982年则开辟了宽阔的干将路横穿整个老城区，为了城市发展的需要，越来越多的公路以及现代建筑插入了古城之中，如图4.32所示[242]，古城的破碎从如今古典园林在城市中的分布图中可见一斑。目前，苏州市区已规定不能建设150米以上的高楼，而护城河内建筑高度则控制在24米以内，这一高度正是位于城北偏

图4.31　苏州古典园林的杰出代表拙政园一景——香洲（资料来源：笔者自摄）

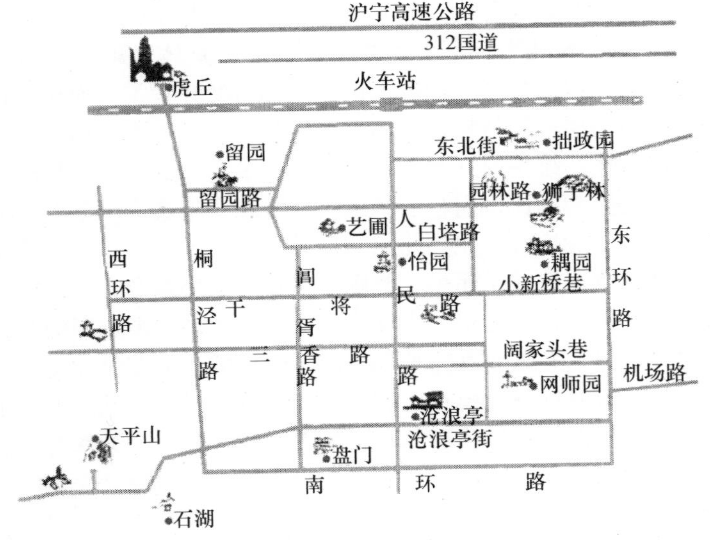

图4.32　苏州古典园林在老城区的分布示意图[242]

① 1997年列入时，包含的对象是拙政园、留园、网师园，以及环秀山庄，而2000年又有一次扩展，增加了沧浪亭、狮子林、艺圃、耦园，以及退思园，园林数目扩充到了9个。

西的北寺塔[①]三层的高度，也可以说保证了城内的眺望景观，如图4.33所示，近年新建的房子也以粉墙黛瓦的传统样式为主，尺度亦尽量控制。早年的拆迁与近年的控制使苏州呈现出如今新旧并置的城市风貌，如图4.34的卫星地图所示。并置的苏州恰如贝聿铭设计的苏州博物馆，新建筑、新园林与传统文化遗产忠王府并置的同时，亦将新材料、新构造与传统形式并置，如图4.35至图4.38所示。因此，并置的空间层积模式至少同时包含着两个不同时代的层积。

并置模式的实例在历史上与现今阶段都不少见。历史上，比如20世纪前期在意大利的罗马也发生过性质上十分近似于豪斯曼大改造的事件。墨索里尼提出要改造罗马城，建设一个“大理石的城市”，一个“新罗马”，罗马斗兽场前的帝国大道就是在这一时期开辟的，其笔直的选址倾轧了古代罗马的众多广场遗址，造成的割裂今日犹可感知，如图4.39所示。而现今阶段的典型实例则可数北京西城区的阜成门内大街。在二环路今阜成门桥的位置是原本北京老城区的阜成门所在地，其东侧曾是大片的四合院与胡同，还有白塔寺、历代帝王庙、广济寺等重要的传统公共建筑，然而90年代金融街的新建彻底改变了阜成门内大街以南的街区尺度及风格，因此，如图4.40所示，形成了以阜成门内大街为大概的分界线，南侧的现代街区与北侧的历史文化保护区鲜明对比和对抗的现状，与苏州的并置类型十分不同。

综上，并置模式从来都不会是单一层积的，具体又可细分为以苏州为例的遗产散布类，以北京阜成门内大街为例的对峙并置类。而对于这样的空间层积模式，价值层积的特点往往体现出一定的非完整性，但同时常常伴有多样性。如前所述，维持模式和覆盖模式都是最基础的空间层积模式，而并置模式则是二者以相当比例组合的结果。并置本身很难产生新的价值，价值通常来源于组合前的模式。比如北京的阜成门内大街，一侧就是传统的胡同四合院所体现的维持模式，而另一侧则是全新的高层综合办公楼群所体现的覆盖模式，那么价值则主要由历史文化保护区所提供，金融街的并置在一定程度上是对其价值，尤其对其完整性造成了破坏的。但按照前面一节关于覆盖模式的论述，有时候覆盖模式也是会创造价值的，比如苏州博物馆就选址在与拙政园紧邻的西侧，当我们分析这一街区的时候，因为其对本土建筑布局、尺度、形式、细部都做出了精妙的现代阐释，作为贝聿铭这位国际大师杰出才能和江南情怀的结晶，也具有一定的价值，则是与阜成门内大街的情况又很不同了。

---

① 也称报恩寺塔。

图4.33　从北寺塔眺望苏州的整体风貌（资料来源：笔者自摄）

图4.34　拙政园与狮子林附近街区的苏州城市卫星地图（资料来源：谷歌地球）

图4.35　拙政园和狮子林西侧的宽阔大路（资料来源：笔者自摄）

图4.36　拙政园和狮子林东侧的水陆并行的小巷子（资料来源：笔者自摄）

图4.37　贝聿铭设计的苏州博物馆新馆（资料来源：笔者自摄）

图4.38　苏州博物馆中东侧的忠王府（资料来源：笔者自摄）

（四）衰退模式

如果在一个阶段内，街区不再得到新的加建或修缮、新的人口补充，

图4.39　今天的帝国大道和周围的古代罗马文化遗产（资料来源：笔者自摄）

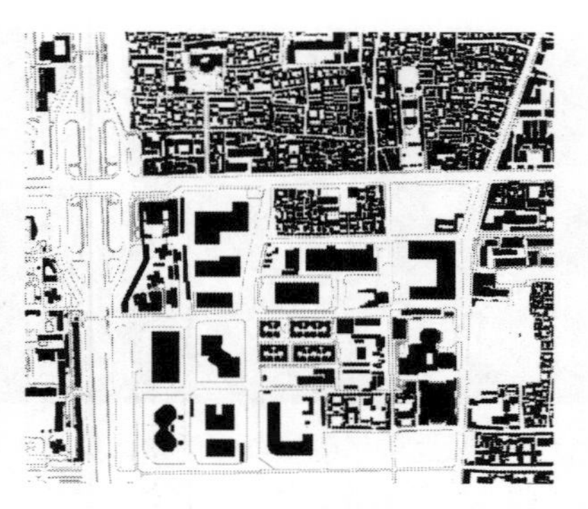
图4.40　阜成门内大街两侧建筑肌理图底分析：南为金融街，北为西四头条至八条历史文化保护区（资料来源：笔者自绘）

或者其废弃的速度远超过新建的速度、离开的人们的总数远大于前来生活的人们的时候，可以说是陷入了衰退模式。这是一个将原有的层积化空间不断风化的过程，有时缓慢，有时急剧，有时也会停滞下来。现代的文化遗产保护问题最初被提出来就是因为人们认识到了衰退模式对物质实体持续性的伤害，以18世纪英国人的风景画为代表的对于残垣断壁的审美和怀古之幽情也因之而生。占绝大多数比例的世界文化遗产正处在衰退之中，其中相对脆弱且变化明显的比如以我国敦煌为代表的石窟类遗产，如图4.41所示。

衰退本就是一股一直存在的自然力量，任何城市都在时刻经受着，当这股力量不去急遽爆发时一般并不明显而已。在漫长的人类与自然抗争的历史上，人类总是试图建设起来高耸的建构筑物、规模庞大的都城，然而自然和时间则总是选择无意识地削弱它们。有些体现为瞬间的销声匿迹，其中最著名的有在公元79年瞬间被维苏威火山灰埋没的，已有600多年历史的意大利庞贝古城，直至1748年才被附近的农民在为维护葡萄园时偶然发现，得以重见天日，如图4.42所示。也有一些经过抗争无效逐渐被放弃的，比如西域的

图4.41　在物质层面典型体现出衰退的石窟类遗产（资料来源：百度图片）

图4.42　意大利的庞贝古城（资料来源：百度图片）

楼兰古城，东汉时期，塔里木河中游的注滨河突然改道，人们虽然曾试图对其进行拦截和引导，但800多年的历史古城仍然是日渐干枯，最终遭到了废弃，直到1892年才被探险家在塔克拉玛干沙漠深处发现，如图4.43所示。

图4.43　西域的楼兰古城（资料来源：百度图片）

另外也有人为因素或者叫作社会因素导致的衰退，比如由于战争的摧毁、重要运输线路的改道、经济衰退等原因而引发的衰退。除了上文提到过的波兰首都华沙等外，一个当今正处在衰退模式之中的重要案例即美国曾经的汽车之城底特律。如图4.44所示，作为美国与加拿大边境线上一座最大的城市，同时与周边有便捷的各类交通联系，使得底特律从历史上的军事要地，到近代的航运枢纽，终于在19世纪初成了工业和制造业，尤其是汽车行业的聚集地。这座传奇般的“汽车城”在19世纪50年代到20世纪30年代间长达80年的时间中都保证了每10年30%的人口增长率，最高的时候甚至曾达到过100%[243]。可是在20世纪60年代，种族问题引发了底特律人口结构改变，以至于城市的经济产业转型，加上后来的石油危机等汽车行业的重大冲击，1960年底特律就开始出现的人口负增长持续到21世纪出现了更加空前的下跌，加上近年来的次贷危机和经济危机连续爆发，整个城市每况愈下。虽然政府也曾尝试对城市进行改造和翻新，比如建造乔路易斯球馆、建造“人民运载”线以及由7幢73层的高层建筑所组成的文艺复兴中心等，企图从空间入手反向刺激城市活力以振兴经济，最后的结果不过是一笔笔更大规模的负债[244]。2013年7月城市政府正式申请破产保护，更使其衰退之势呈现为不争的事实，如图4.45所示。

衰退模式是很多城市都经历过的阶段，具体又可细分为以庞贝、楼兰为例的自然诱因类，以及以底特律为例的社会诱因类。有些城市自此一蹶不

图4.44　美国密歇根州底特律鸟瞰（资料来源：百度图片）

图4.45　曾经的汽车之城底特律如今的衰退之势（资料来源：百度图片）

振，有些城市后来又恢复以往[①]，有些城市则在衰退完成后将其视为平地上的重新建设了。但如若对这一空间层积模式进行价值方面的判断，则无疑是十分负面的影响，首先就体现在衰退必然表现为对于历史遗留下来的用以承载价值的物质实体的损毁，其次，人口的流失带走的是活态文化的流失，对价值的保护与传承也是极大的损害。衰退模式之于城市，有如草木之枯荣，总归只是阶段性的存在，但无论从城市历史景观保护的角度，还是城市生活和体验的角度，都是一种并非令人愉悦的模式，需要尽可能寻找积极的改善机会。

（五）小结四种基本层积模式

抽象归纳起来，每种模式的细分类型依据适合各自的划分标准，都可以有两到三种，比如维持模式适合依据历史时间进程上的连续性来划分为两类，覆盖模式适合依据覆盖发生的时间与阶段来划分为三类，并置模式适合依据空间的最终呈现形式来划分为两类，而衰退模式则适合依据诱发衰退的主要原因来划分为两类，因此总结如表4.2所示。

表4.2 层积的四种基本模式分类情况一览（资料来源：笔者自制）

	维持模式	覆盖模式	并置模式	衰退模式
细分标准	历史时间进程上的连续性	覆盖发生的时间与阶段	空间的最终呈现形式	诱发衰退的主要原因
细分类型	a. 连续维持类	a. 早期覆盖类	a. 遗产散布类	a. 自然诱因类
	b. 断裂后回归类	b. 近期覆盖类	b. 对峙并置类	b. 社会诱因类
		c. 初始覆盖类		

另外，根据笔者对联合国教科文组织《关于城市历史景观的建议书》的分析，层积理念既是体现在空间上的，也是体现在价值上的，这一认识也在笔者对层积四种基本模式的阐述过程中亦得到了充分的重视和强调。这里再次归纳对比各个模式对于空间与价值的作用特性差异如表4.3所示。由此可知，在价值的层积方面，能够创造新价值的一定是且仅是覆盖模式，但往往需要维持模式将其长久保存并进一步深化才会为人们所认同，衰退模式对于价值总是产生损害，而并置模式因为影响具有价值部分的周边环境而对其造成影响，有时候体现为消极的非完整性，有时候则体

① 比如二战给华沙古城带来的伤害也是衰退模式的一种，而华沙后来重建为原样。

现为相对积极的多样性。

表4.3 层积的四种基本模式对于空间特性和价值特性的作用（资料来源：笔者自制）

	维持模式	覆盖模式	并置模式	衰退模式
空间特性	绝大部分街巷和建筑尺度无重大改变	绝大部分街巷和建筑变成新的尺度和风格	其他模式的小尺度混合	废弃的速度远超过新建
价值特性	保持与深化原有价值	毁灭原有价值，有时产生新的价值	并置本身难以产生价值，呈现为其他模式所有价值的非完整性与多样性	损害原有价值

在这一部分的论述中，本书主要采取了用典型城市或街区举例的方法，具体使用到的包括5个国内案例与5个国外案例，如表4.4所示。这些案例提供了最直观的认知与解释，也是未来继续深入分析不同空间与时间尺度下的层积现象的基石。

表4.4 本章在层积的四种基本模式阐释中使用到的城市或街区案例归纳（资料来源：笔者自制）

维持模式	覆盖模式	并置模式	衰退模式
丽江	巴黎豪斯曼大改造	苏州	庞贝
华沙	北京金融街	罗马	楼兰
		北京阜成门内大街	底特律

对构成元素的清晰认识有助于理清历史城市变迁这一更宏观问题的新结构性视角，这也正是本小节的主要意义所在。

四、本章小结

历史城市的变迁历来是城市研究者重点关注的课题，本章引入城市历史景观中的“层积”概念，尝试用这个概念在历史城市的结构性研究中提供新的可能。论文首先以巴塞罗那为典型案例，对“层积化空间”的含义做出了详尽阐释。划归到街区尺度下，层积既为层积化空间的组成元素，则其本身的模式十分重要，论文考察世界范围的大量历史城市，归纳出了维持、覆盖、并置与衰退四种基本模式，并对比分析其作用于空间与价值上的特性差异。

这样我们便拥有了可以按阶段、分区域解读的历史城市变迁，即每个阶段中的每个区域都将由某种层积模式作为主导，城市历史是其组合得到的时间结果，历史城市则是其组合得到的空间结果。对于当下的城市来讲，层积化空间就构成历史城市的城市历史景观的绝大部分，而不同的层积化空间类型组合方式则会造成城市体验的极大不同。

那么层积化空间的形成和组合是否遵循一定的规律，城市锚固点在其层积过程中发挥怎样的作用，不同时间段下的作用力又是否有差异等等，这些问题都指向一种动态的过程，需要将城市锚固点与层积化空间两个对象联系起来讨论，本书将在下一章中继续讨论。

第五章
锚固–层积效应的三个阶段

刘易斯·芒福德在《城市文化》与《城市发展史: 起源、演变和前景》两本巨著中，曾提出过城市发展会经过六个阶段：即从最原始城市的“村落（eopolis）”开始；到村落集合为“城邦（polis）”；当开始有比较重要的城市时，“大城市（metropolis）”的阶段开始出现；到“大城市区（megalopolis）”阶段时城市便进入衰落进程的开端；随着经济发展和城市系统的持续过度膨胀，进入“专制城市（tyrannopolis）”阶段；最终由此导致城市的废弃，即“死亡之城（nekropolis）”阶段①[225, 245]。芒福德的这一划分是基于对现代化和工业化破坏城市文化与生态的批判，以及大量西方城市案例的分析，也带有浓重的时代色彩在其中。本书主要针对对象为历史城市，从其空间发展和时间历程的角度，笔者试图以锚固-层积模型的视角，将这些城市迄今的历史归纳为如下的三个阶段，用于描述动态的锚固-层积效应，为了便于阐述，采用单点锚固特性较为强烈，发展脉络较为清晰的英国卡迪夫城堡-卡迪夫城市案例来辅助说明。

一、典型案例卡迪夫与卡迪夫城堡的历史研究

位于英国威尔士的卡迪夫（Cardiff）是历史上的格拉摩根郡（Glamorgan）的首府，后来又成为南格拉摩根郡（South Glamorgan）的县城。至1905年卡迪夫才在行政上独立为一个城市，并于1955年宣布为威尔士（Wales）的省会。现如今，该市已成为威尔士最大的城市，据2011年年中的估算，人口为346,100人，在全英国排名第十大城市。并且，作为威尔士的省会城市，卡迪夫也是威尔士经济的主要拉动力，据统计，卡迪夫与其周边临近地区贡献了威尔士国民生产总值的近20%。卡迪夫城堡就位于今天该城市

① 这里的城市废弃原因主要指来自战争、饥荒、疾病等。芒福德的西方城市案例很大程度上都受到专著当时时代下世界范围内的经济大萧条，以及法西斯主义专制统治的影响。

中心区域中，主要作为博物馆，兼有一些其他社会文化功能使用。下面以时间发展历程简述二者历史，也是卡迪夫城堡作为城市锚固点与作为层积化空间的卡迪夫城市相互作用的历史。总体上便于了解卡迪夫城市的现状卫星图与卡迪夫城堡的现状卫星图，以及遗存构成的年代分析图如图5.1至图5.4所示[246]。

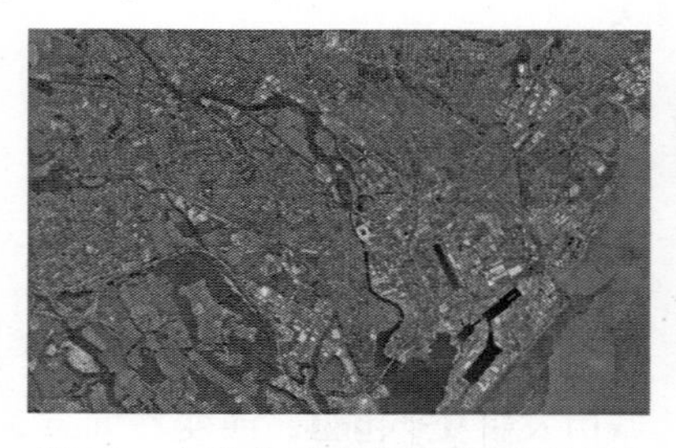

图5.1　卡迪夫城市的现状卫星地图与卡迪夫城堡所在位置标示（资料来源：谷歌地图）

图5.2　卡迪夫城堡的现状卫星地图（资料来源：谷歌地图）

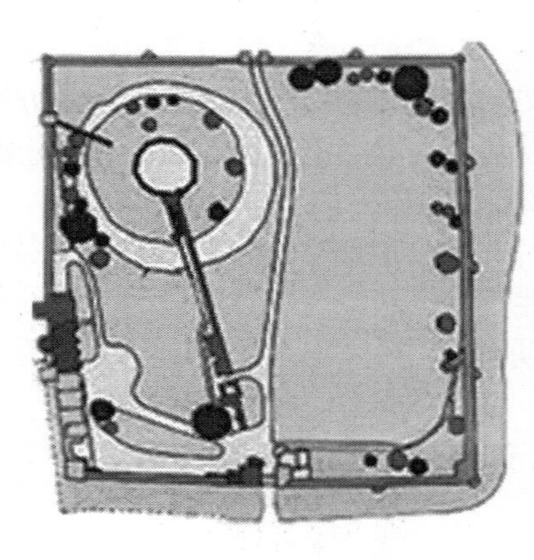

图5.3　卡迪夫城堡遗迹构成的年代分布示意图[216]

图5.4　卡迪夫城堡的现状模型鸟瞰[246]

（一）早期罗马堡垒的设立与聚落的初期形成

卡迪夫的最初设立是作为一个罗马帝国的堡垒的，在公元55年到60年使用泥土和木材建筑，比现今城堡的范围还要向北延伸。但由于该地区在军事上被征服，这个要塞可能在2世纪初期便被古罗马人遗弃了，但这个时候，已经有一个小型的平民聚落形成了，据推测，它很可能主要是由以供应堡垒小商品交易为生的商人、退伍士兵及他们的家人构成。

后来在公元3世纪，罗马军团在卡迪夫重新建设了石头构筑的堡垒，形成了该城堡延续至今的基础，如图5.5所示。但是随着最后一波罗马军团的离开，堡垒在4世纪末被再次抛弃了。

图5.5　卡迪夫城堡的外城墙至今仍保留了古罗马时的遗迹（资料来源：笔者自摄）

从2000年前的这段历史可以看出，从卡迪夫城堡的创立之初，就对早期卡迪夫城市聚落的形成有着决定性的意义，是典型的城市锚固点。而其周边的层积化空间在这一阶段主要是呈现为从乡野变为建成环境的城市聚落初创阶段的覆盖模式，与公元2～3世纪被废弃时短期的衰退模式。

（二）诺曼要塞与中世纪的口岸小镇

罗马军团离开大不列颠后，关于堡垒和周边聚落的情况鲜为人知。历史学家认为，聚落的规模很可能缩减，甚至同样被遗弃了。

直到公元1081年，英格兰国王威廉一世，开始在老的罗马堡垒围墙旧址之内建设了新的城堡，如图5.6所示，防御功能仍然十分重要。自此以后，卡迪夫城堡便一直处在城市的中心了。一个小镇也逐渐依托着城堡的庇护形成了，最初大约有1500到2000名定居者，主要来自英格兰。中世纪时的卡迪夫城已经成为一个繁忙的港口城市，塔夫河（River Taff）的口岸距离卡迪夫海湾（Cardiff Bay）仅一两公里远，如图5.7和图5.8所示。到13世纪末时，卡迪夫成长为威尔士境内唯一一个人口超过2000的小镇，不过与同时期的英格兰王国中的重要城镇相比仍然是规模较小的。

在这一阶段近1000年的历史中，作为层积化空间的卡迪夫城市先是经历了大约600年的衰退模式，随后是与第一阶段相仿的城市初期扩张中的覆盖模式。而卡迪夫城堡则继续扮演了城市锚固点的角色。

图5.6　11世纪建设的卡迪夫城堡遗存的现状（资料来源：笔者自摄）

图5.7　塔夫河今貌（资料来源：笔者自摄）

图5.8　卡迪夫海湾今貌（资料来源：笔者自摄）

（三）赫伯特家族郡府城堡与格拉摩根郡首府

公元1536年，英格兰和威尔士之间签署了结为联盟的法案（Act of Union），这导致了格拉摩根郡（Shire of Glamorgan）的设立，以及卡迪夫被选作为该郡的首府城市，如图5.9所示[247]，从这张最早的地图可以看出，此时的城市已经具备了一定的规模与相对完整的布局：坐落于塔夫河湾之东，除了占地面积最大的卡迪夫城堡及西边逐渐发展起来的城堡花园，还拥有连通卡迪夫城堡与城市南大门的南北走向的主街（High Street），连通东大门与西侧港口的另一条东西向主街，其他一些城市街道，两座大教堂也十分突出地标示了信仰的中心。

早期的城市发展往往受到自然环境的很大影响，在卡迪夫城这一阶段显著的扩张中，塔夫河在其中继续发挥了重要的作用。一个作家曾这样描述都铎时期的卡迪夫："塔夫河在城镇西侧的城墙边奔流着，冲刷着，有些冲刷猛烈的地方被河水推翻和破坏了，于是海水蔓延到城墙脚下，在西边的城隅，形成了一个良好的码头，大小船只皆可来泊。"作为交通枢纽，大量商

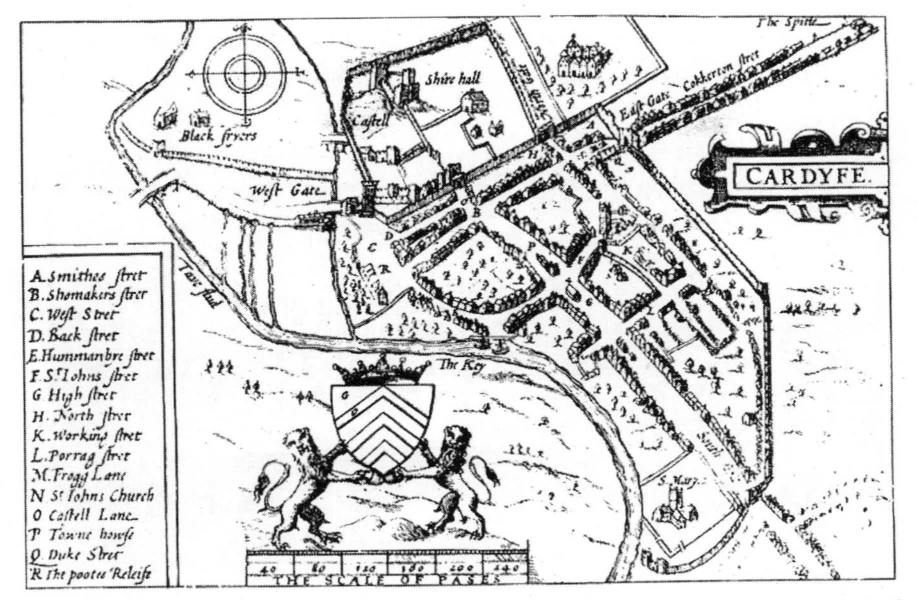

图5.9　约翰·斯皮德（John Speed）于1610年绘制的格拉摩根郡府卡迪夫城平面图[247]117

品经由卡迪夫被运往布里奇沃特（Bridgewater）、迈恩黑德（Minehead）、布里斯托尔（Bristol）、格洛塞斯特（Gloucester）以及伦敦（London），主要是如奶酪、盐渍黄油、羊毛、谷物和兽皮等农产品。一些煤矿、铁矿也经由卡迪夫入海运送到英国其他港口，运回来的则是鞣制的皮革以及酿酒用的麦芽。然而在1607年，为城市带来丰富物产交换的塔夫河也曾使卡迪夫遭受严重水灾，这场水灾毁了城市南端的圣玛丽教区教堂（St. Mary's Parish Church），也使塔夫河随后被治理为如今所见的位置，即向西迁移，并取直了水道，之后城市形态因之也有了相应的变迁。18世纪末期，卡迪夫开始有了连通到伦敦的马车服务驿站，城市中陆续增加了跑马场、印刷厂、银行、咖啡厅等公共设施。不过，根据1801年的人口普查结果，卡迪夫人口仅为1870人，在威尔士地区的排名已经跌为第25名。

卡迪夫城堡在15世纪初时就曾由沃维克伯爵（Earl of Warwick）理查德·布昌曼（Richard Beauchamp）进行过改造，后历经各代主人。至1550年，城堡被授予了威廉·赫伯特先生（William Herbert）——彭布罗克伯爵（Earl of Pembroke），卡迪夫城堡自此成为该郡统治者赫伯特家族的郡府所在地，即图5.9中的位于城市最北端、正对主街的标示为郡府（Shire Hall）的所在。公元1766年，约翰·斯图尔特（John Stuart），也就是第一位布特侯爵（Marquess of Bute）与赫伯特家族结亲，后来又被封为卡迪夫男爵（Baron Cardiff）。自1778年起，约翰便开始了针对卡迪夫城堡的大修，最初的诺曼城堡被扩建，并重新装修为早期哥特复兴的风格。早年的一些版画作品有描摹这一时期的城堡形象，如图5.10所示。作为郡府的城堡仍然是卡迪夫城市中最为重要的场所。

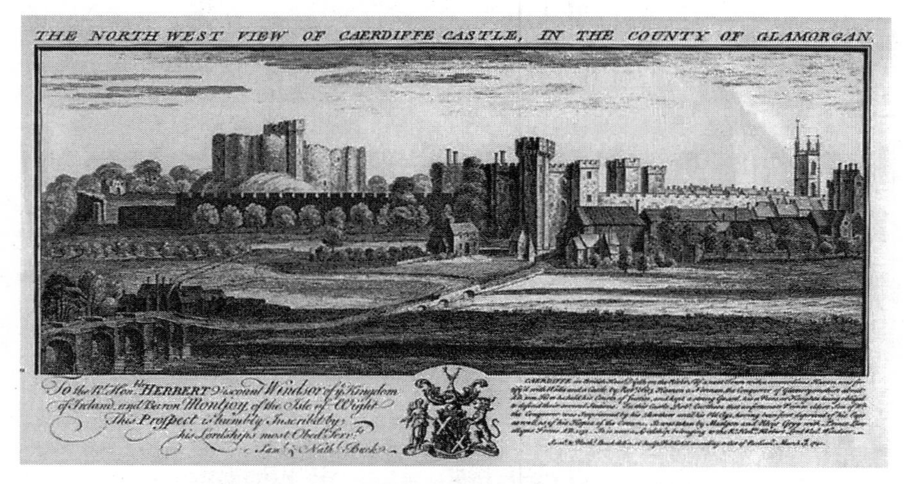

图5.10　18世纪描绘卡迪夫城堡的版画作品（资料来源：维基百科）

另外，除了前述毁于水灾的圣玛丽教区教堂，在卡迪夫城堡南侧偏东的圣约翰教堂（St. John`s Church）也显示出对城市空间形态发展的影响。换言之，这一时期中，圣约翰教堂逐渐获得了仅次于卡迪夫城堡的另一个城市锚固点的地位。该教堂至今仍处在卡迪夫的市中心，如图5.11与图5.12所示。

综上，除了卡迪夫城堡这个封闭性的权力机构类城市锚固点外，卡迪夫城市的自中世纪便开始发挥作用的第二个城市锚固点——圣约翰教堂也愈发浮出水面，并且与卡迪夫城堡不同，属于开放性的公共场所类型。而城市的层积化空间与上一阶段相承接，因为城市规模并未显著增长，所以主要体现为维持模式，也有小范围的覆盖模式，以及水淹造成的衰退模式。

（四）布特家族维多利亚式宅邸与煤炭之都

从18世纪后期起，工业革命的影响席卷到了威尔士地区。1825年，居住在卡迪夫城堡中的布特侯爵二世对卡迪夫码头进行了一系列昂贵的投资和建设，19世纪30年代开始，以该码头与塔夫谷铁路的连通为契机，卡迪夫城市得以成为许多山谷中煤炭出口的主要港口，进入了更加迅速发展的新时期。如图5.13所示，从1840年到1870年，一直保持在每十年增长80%的比率，根据1881年的人口普查结果，卡迪夫已经超过莫塞（Merthyr）与斯旺西（Swansea）成为威尔士最大的城市[247]。1893年南威尔士和马茅斯学院大

图5.11　圣约翰教堂今貌（资料来源：笔者自摄）

图5.12　城市环境中的圣约翰教堂（资料来源：笔者自摄）

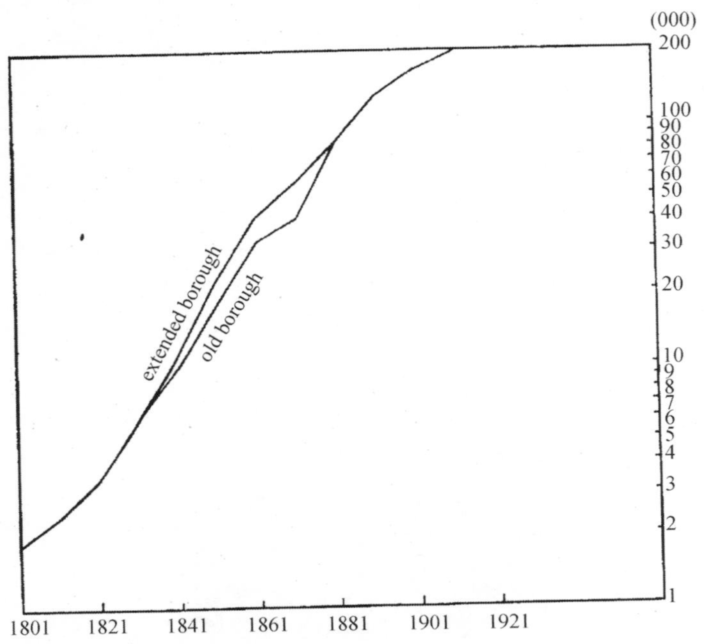

图5.13　1801年至1911年卡迪夫城市人口变化图[247]12

学（University College South Wales and Monmouthshire）的落户于此再次确认了卡迪夫在威尔士地区重新获得的首要地位。借助工业革命的大发展浪潮，及至19世纪末时，卡迪夫已不仅是威尔士的大都市，而是更加以“世界煤炭之都（coal metropolis of the world）”而知名。如图5.14和图5.15两张不同时期的卡迪夫城市地图对比所示[247]，这一时期城市迅速的向东和向南扩张，并呈现出向另一个新核心的聚集，这就是资本主义新时代的新产物：火车站，如图5.16所示，也开始获得新城市锚固点的特性。

至于卡迪夫城堡，布特侯爵二世多数时间都居住在苏格兰的布特岛（Isle of Bute），因此很少对卡迪夫城堡的居住环境做出改善，城市作为布特家族的封地，当时的城堡仍然更多的是延续了上一个时期的功能作为卡迪夫城市的政治权利中心。不过这是一个各方面都处在变革之中的时期，

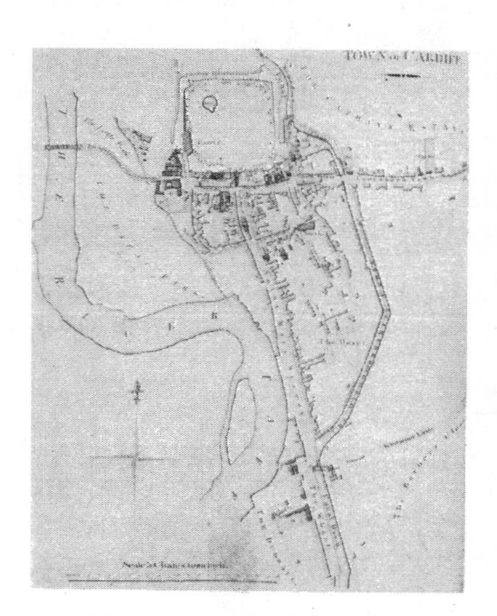

图5.14　1824年的卡迪夫城市地图[247]117

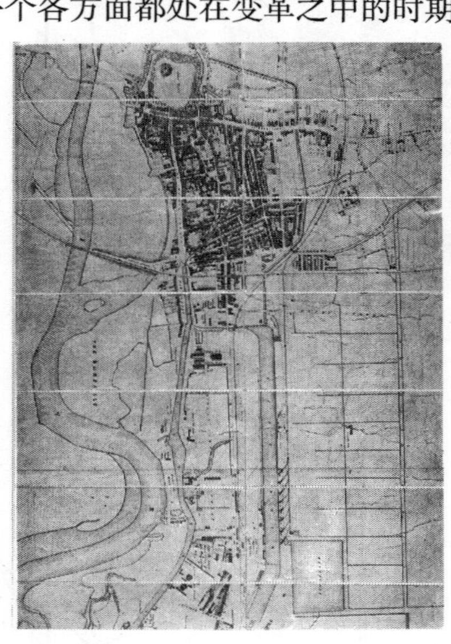

图5.15　1849年的卡迪夫城市地图[247]118

图5.16　卡迪夫的火车站今貌（资料来源：笔者自摄）

1835年，卡迪夫城市的治理权由国会法案宣告了改革，引入了城镇议会和市长体系，切断了原本与城堡警员关联。所以到1848年刚刚出生的布特侯爵三世约翰·克莱顿·斯图尔特（John CrichtonStuart）继承侯爵名分与城堡的时候，时代已经与以往很不相同了，虽然政治上有削弱，但由于几代人的积累，尤其布特侯爵二世对卡迪夫码头的投资不止带动了城市发展，更为自己家族积累了大量财富，据说至布特侯爵三世时，他已经成为是全英国最富有的人，也有人认为，考虑到英国当时的地位，他很可能也是全世界最富有的人。这位富有的侯爵与他志同道合且极富天才的建筑师威廉姆·伯吉斯（William Burges）都十分迷恋将中世纪的哥特风格复兴，加上不需考虑开销的限制，伯吉斯在对城堡的改建上获得了最大的自由度，而以1868年46米高的钟塔（Clock Tower）建设为开端，如图5.17所示，布特侯爵三世开始对城堡做出了大量改造与扩建，加上后来绵延整个18世纪的持续建设，包括客人塔（Guest Tower）、阿拉伯屋（Arab Room）、乔叟屋（Chaucer Room）、儿童室、图书室以及宴会大厅和卧室等的修建，使其成了一个更具私密性的个人居所，伯吉斯也终于不孚重望的将卡迪夫城堡改造成了“19世纪所有奇幻城堡中最成功的一座”[①]。如图5.18所示，宅邸室内设计非常精细，强调住宅的完善功能和居住的舒适性，又十分重视空间塑造，并且装饰奢华，很有维多利亚时代的风格，莫顿特·克鲁克（J. Mordaunt Crook）称赞其为“通往童话王国和黄金领域的三维护照”[②]。与此同时，地面上种植了大量的树木和灌木。在18世纪晚期到19世纪50年代间，城堡中的场地曾经是对公众开放的，但1858年开始强加了一些限制，同时被限制圈定的还有位于城堡西北部的434亩土地，建设为布特公园（Bute Park），如图5.19所示，这一时期还建造了动物之墙等留存至今的构筑物，如图5.20所示。不过，卡迪夫城堡和布特公园在1868年布特侯爵三世开始将之改造为私人宅邸后，都被完全封闭于公众了。在这些工程量巨大的建设过程中，尤其是在城堡范围以内的动作，使得很多古罗马的以及中世纪的考古遗迹遭到破坏，在19世纪90年代初曾有过一些考古工作，但大部分遗迹仍然在建设中淹没了[③]。

及至20世纪初，借助煤炭与工业革命的发展动力，卡迪夫的发展获得了更多的肯定，1905年10月28日，爱德华七世国王（King Edward VII）宣布卡迪夫正式获得了城市的身份，并且在1916年指定了圣大卫天主大教堂（Cardiff Metropolitan Cathedral of St David）为城市的罗马天主大教堂，如图

---

① 这是约翰·纽曼（John Newman）的评价，原文为：“most successful of all the fantasy castles of the nineteenth century”。

② 原文为：“three dimensional passports to fairy kingdoms and realms of gold”。

③ 虽然19世纪下半叶的建设中也有很多是采用了古罗马风格，比如城堡的北门及城墙等，但由于是在原址上建设，还是破坏了遗存。

图5.17　1868年修建的钟楼今貌（资料来源：笔者自摄）

图5.18　伯吉斯的卡迪夫城堡夏日吸烟室设计图（资料来源：维基百科）

图5.19　布特公园今貌（资料来源：笔者自摄）

图5.20　动物之墙今貌（资料来源：笔者自摄）

图5.21　卡迪夫城市的圣大卫天主大教堂今貌（资料来源：谷歌图片）

5.21所示，但由于所指定的教堂是在一片建成区域内，所以锚固-层积效应不是很明显[①]。此后，大量的国家机构设施开始落户在卡迪夫城市中，包括威尔士国家博物馆（National Museum of Wales）、威尔士国家战争纪念亭（Welsh National War Memorial）、威尔士大学注册中心大楼（University of Wales Registry Building）等。由于布特侯爵三世曾在19世纪末于城堡的

① 英国作为一个天主教国家，只有城市才能拥有罗马天主大教堂，因此指定教堂对于城市身份的肯定具有重要意义。

东北侧建设了凯特斯公园（Cathays Park），并于1898年卖给了市政府，这些机构与设施便环绕凯特斯公园而建，亦即坐落在卡迪夫城堡的东北方向了，如图5.22至图5.26所示，它们随后构成了城市的市民中心（civic centre），成为又一个最新的城市锚固点，在新的锚固-层积效应的作用下，也使得卡迪夫城堡在后来的城市扩张中重新回归了城市中心位置，如图5.27所示。

从卡迪夫城市与卡迪夫城堡18世纪末到20世纪初的这段辉煌的历史中，我们可以看到很多的变化，学者约翰·埃德沃兹（John Edwards）认为整个19世纪是卡迪夫城市历史上最重要的一个时期，一百年间人口从2000急遽上升到了164000，并特别指出，"这一切的根基都是卡迪夫城堡"[248]80。城市锚固点方面：卡迪夫城堡从具有一定开放性的郡府，逐渐转化为最富有的人的封闭的私人宅邸，城市锚固点的力量在这样的转化后，主要体现在布特侯爵三世依靠自身财力规划建设的以布特公园为典型代表的一系列新城市空间，以及与其有直接关联的前述两个新城市锚固点的间接影响，另外卡迪夫城堡内部也有了许多变化，但如第三章第二部分"（一）"中所阐述的，这些变化呈现为城市锚固点内部相对于层积化空间变迁的静止态；中世纪以来的城市锚固点圣约翰教堂在这一时期发挥的作用力不再那么明显，主要是因为其周围的层积化空间大多数早已完成并处于维持模式；层积化空间开始向第三个新的城市锚固点——工业时代的枢纽——火车站的新一轮聚集和增长，这是又一个开放性的公共场所类型的城市锚固点；第四个城市锚固点则是20世纪初出现的市民中心——凯特斯公园，同样是开放性的公共场所类型，将城市发展方向重又拉回以卡迪夫城堡为中心。层积化空间方面：在这一时期面积有显著增加，因此也自然更有多样性和复杂性，主要有覆盖模式与维持模式。

（五）馈赠于市民的礼物与重建并转型的城市

卡迪夫并未能幸免于两次世界大战造成的伤害，且在战后经历了一段短暂的繁荣之后，又很快进入了下一个更漫长的经济衰退期。由于威尔士地区煤炭需求的低迷，卡迪夫全市1936年的贸易总额甚至还不到1913年的一半。1955年12月20日，在卡迪夫城市史上与1905年获得城市地位同样重要，卡迪夫被宣告为威尔士的首府。斯旺西（Swansea）与布里斯托（Bristol）等其他在战争中遭到过严重轰炸的城市都在20世纪50～60年代间便进行了大规模的重建，卡迪夫因为所受轰炸并不多，政府拨款相对少且晚，并依赖了大量私人投资的筹集，所以直到70年代中期才开始重建。考虑到还在持续的衰退，城市议会做了许多次城市规划，尤其是针对市中心的城市再生规划，既涉及产业结构的调整，也涉及城市空间的重建，其中曾不乏十分有野心的大拆大建规划，如图5.28所示的布昌曼规划（Buchanan Plan），用大面积的高层建

图5.22　坐落于卡迪夫城堡东北角的市民中心——凯特斯公园以及20世纪初设立于此的几个重要国家机构和设施（资料来源：谷歌地球）

图5.23　威尔士国家博物馆今貌（资料来源：笔者自摄）

图5.24　威尔士国家战争纪念亭今貌（资料来源：笔者自摄）

图5.25　威尔士大学注册中心大楼今貌（资料来源：笔者自摄）

图5.26　从卡迪夫城堡向东北方向眺望市民中心（资料来源：笔者自摄）

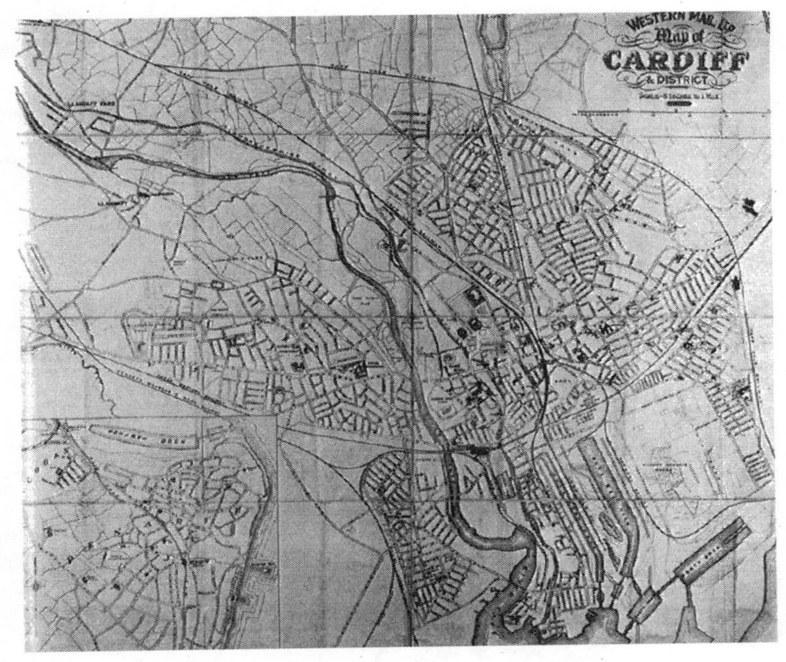

图5.27　1907年的卡迪夫城市地图[247]121

筑与高速公路覆盖市中心[249]。不过最终由于经济限制的原因，卡迪夫后来只执行了该规划一小部分，即市中心城堡东南角的一小块市中心商业区的开发，还是保留了传统的街道和林荫大道作为城市中的主要交通使用[249]。最终执行的规划如图5.29所示[249]，基本上是在卡迪夫城堡与中世纪延续至今的圣玛丽大街（St Mary Street）之东开展的，虽然当时的建筑师和城市规划师都曾口头上表示了同意保护城市的历史特性，但绝大部分还是覆盖式的重建了，所幸在新设计中延续了一些城市的尺度和肌理，如图5.30所示，该区域中很多新的建筑设计都至少保留了传统街巷的走向和尺度感，多以加玻璃

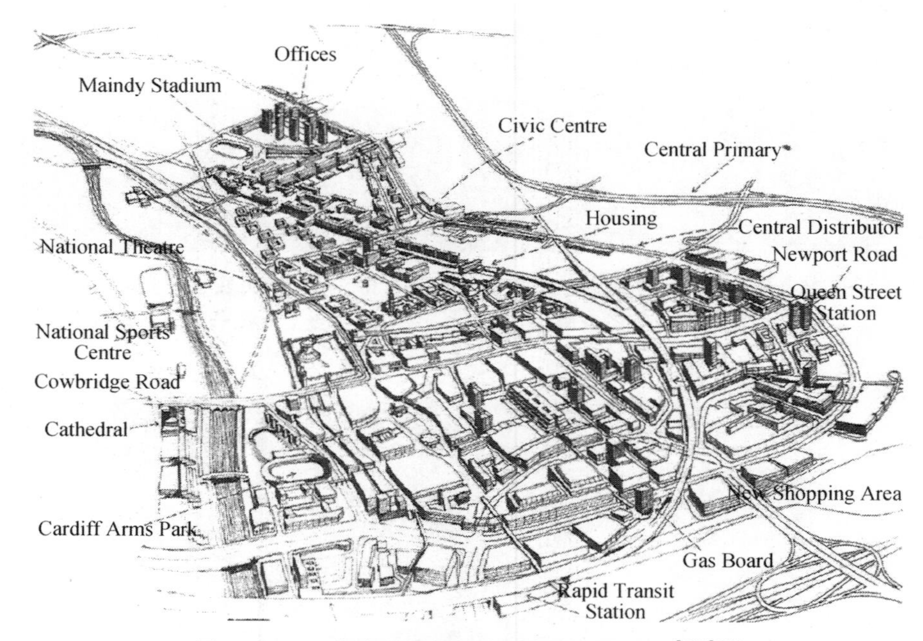

图5.28　1964年布昌曼规划中对市中心的设想[249]124

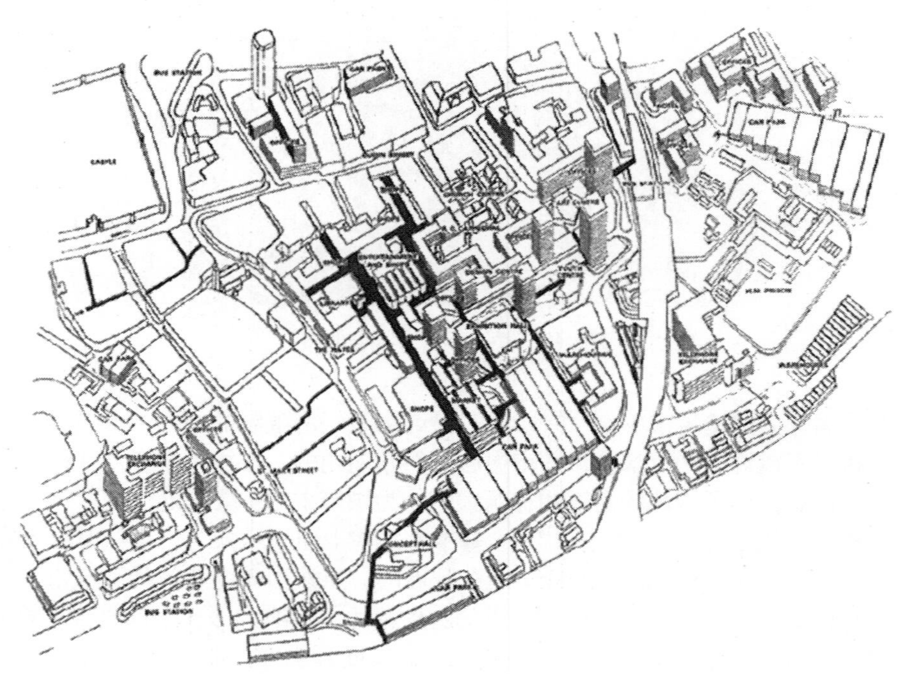

图5.29　卡迪夫市中心1970年的概念规划[249]125

顶棚的方式实现。在今天回头来看，这相对滞后并且相对局部的重建其实是一种幸运，使得卡迪夫有更多的机会保有了文化遗产建筑、街巷格局等历史特性，而非大片侵蚀和毁坏原有的建成城市区域，使得卡迪夫比起其他很多重建后的英国城市保持了更好的一致性和可游览性。与城市重建同时进行的还有经济的转型：放弃重工业，转型成功后的卡迪夫如今成了威尔士的主要金融和商业服务中心，拥有许多国家级的文化和体育机构、威尔士国民媒体机构，以及威尔士的国民会议机构，如图5.31和图5.32所示。因此有金融和商业服务在当地经济中具有很强的代表性，加上公共管理、教育和卫生部门，自1991年至2004年，第三产业已经占到了卡迪夫经济增长的75%左右[250]。

图5.30　保留了传统街巷走向与尺度的新设计（资料来源：笔者自摄）

图5.31　奥运期间承办足球比赛的卡迪夫千禧球场（资料来源：笔者自摄）

图5.32　卡迪夫的威尔士国民议会大厦（资料来源：笔者自摄）

另外，伴随战争一同结束的，还有布特家族自18世纪起便于卡迪夫城市结下的不解之缘。1947年，布特侯爵四世去世，布特家族南威尔士的房地产也都变卖了，不过布特侯爵五世将卡迪夫城堡及其周围的公园一同赠予了卡迪夫的市政府与市民，从此这片区域又重新恢复了公共性与可进入性。在后来的城市再生与重建实践中，卡迪夫城堡不仅作为一个博物馆展出宏伟的建筑艺术与城堡历史，还承载了许多城市公共活动，比如摇滚音乐会、大型演出、婚礼及高档宴会等，可容纳超过10000人。卡迪夫城市如今作为一个著名的旅游集散地，是威尔士最受欢迎的旅游目的地，2010年的统计结果显示，该年份卡迪夫共计接收游客18.3万人次，为全市经济贡献8.52亿英镑[251]。其中卡迪夫城堡贡献不菲，在城市的旅游宣传手册上更是绝对地位居榜首，因此，可以说卡迪夫城堡也极大地帮助了城市旅游业发展和经济恢复的进程，如图5.33和图5.34所示，古老的建筑融入了当下的时代，并与城市形成了良好的互动关系。

图5.33　奥运会期间的卡迪夫城堡夜景（资料来源：笔者自摄）

图5.34　卡迪夫城堡承办苏格兰式婚礼的场景（资料来源：笔者自摄）

综上，从典型的重工业城市转型第三产业为绝对主导的新型城市，城市锚固点发挥作用的方式也在与时俱进，不同于以往的任何时期，以博物馆等开放性公共场所的方式为市中心聚集人气，主要通过非物质的文化辐射发挥锚固效应。但其城市锚固点的地位不但没有衰弱，相对于其他几个因城市空间固化而逐渐减弱的城市锚固点反而有所增强，如今的卡迪夫城堡常常被用作卡迪夫城市形象的代表，如图5.35所示的明信片，便是明证。市中心附近的层积化空间在这一阶段，由于较大规模的重建与保护并存，则呈现出了

图5.35　笔者收集的系列英国城市明信片中的卡迪夫，选择了用卡迪夫城堡来代表城市

典型的覆盖模式为主，并置模式和维持模式为辅的当代城市中常见的模式组合，本章中后文会有更细致的分析。

（六）小结卡迪夫与卡迪夫城堡历史解读引发的全历程思考

雨果曾赞美建筑是石头的史书，而城市中可能阅读到的历史则仅有过之而无不及。从卡迪夫与卡迪夫城堡锚固-层积效应至今的一组全历程中，从这些城市锚固点与层积化空间的变化中，我们可以轻易发现城市历史遗留下来的诸多痕迹。比如归纳本书所述及的各时期城市锚固点，一共有过四个，分别是：卡迪夫城堡、圣约翰教堂、火车站、凯特斯公园，其大致的作用时间如图5.36所示。

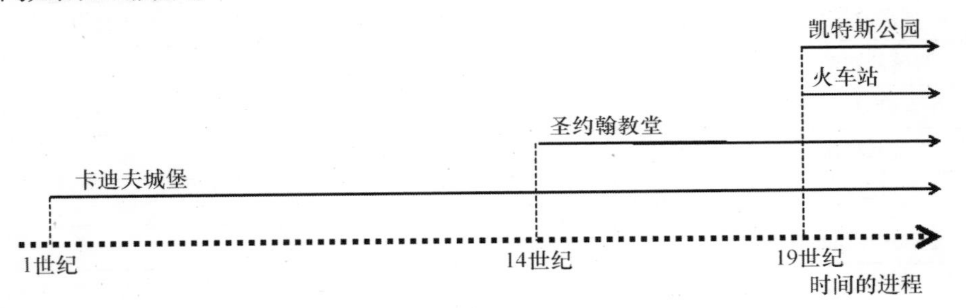

图5.36　卡迪夫中四个城市锚固点的作用时间（资料来源：笔者自绘）

若在时间维度上分析对比四者，则如表5.1所示，分别形成于初期聚落时期、中世纪时期和工业革命时期，它们的功能与开放程度，如表5.2所示，也都充满了时代特色，从早期主要城市锚固点以封闭性的权力机构为主，到后来开放性的公共场所类型更自然地成为城市锚固点的主导类型。例如，从初期聚落到中世纪的口岸小镇过程中，卡迪夫城堡之外出现的圣约翰教堂，成为更有市民性的新城市锚固点，折射了城市从早期防御功能向信仰、精神聚集地的转变；而从格拉摩根郡首府再到煤炭之都的过程中，火车站与凯特斯公园两个开放性的新功能城市锚固点的出现，则折射了封建社会向资本主义社会的转型过程；而随后在城市的重建与转型中，坐落于已基本建成环境中的，同时不再唯一的交通集散地火车站的锚固-层积效应有所下降，又折射出新时代城市发展中重新回归的文化取向。总之，正是这些开放的市民中心或封闭的权利中心作为不同时期的城市锚固点，在城市空间塑造过程中不断的辐射出作用力。并且，随着历史发展中社会结构的变迁，城市锚固点的作用力也会随之变换作用方式、范围，以及力的大小，尤其像卡迪夫城堡这种延续时间很久远、空间可变程度高的城市锚固点，如表5.2所示，还在不同时期变换着不同的角色和开放程度。

表5.1 四个城市锚固点在各时期中发挥作用的比较（资料来源：笔者自制）

城市的各时期	卡迪夫城堡	圣约翰教堂	火车站	凯特斯公园
聚落的初期形成	●	\	\	\
中世纪的口岸小镇	●	●	\	\
格拉摩根郡首府	●	●	\	◎
煤炭之都	◎	◎	●	●
重建并转型的城市	●	◎	◎	●

注：●代表锚固-层积效应强烈；◎代表锚固-层积效应较弱；○代表无锚固-层积效应；\代表在该时期尚无此城市锚固点。

表5.2 四个城市锚固点在各时期中开放程度的比较（资料来源：笔者自制）

城市的各时期	卡迪夫城堡	圣约翰教堂	火车站	凯特斯公园
聚落的初期形成	●	\	\	\
中世纪的口岸小镇	●	○	\	\
格拉摩根郡首府	◎	○	\	●
煤炭之都	●	○	○	○
重建并转型的城市	○	○	○	○

注：●代表为封闭性；◎代表为半封闭半开放性；○代表为开放性；\代表在该时期尚无此城市锚固点。

回到卡迪夫城堡与卡迪夫，前文所阐述的2000年简史中，清晰地展示了二者十分密切的联系：随着城堡自古罗马驻军的堡垒、中世纪诺曼屯兵的要塞、威尔士王国时的郡府城堡、维多利亚时的英国首富的家族私宅，直至如今回馈于卡迪夫的市民成为公共性的文化遗产展陈博物馆；城市也与之相互影响着历经了围绕古罗马堡垒形成的聚落、维持诺曼要塞生活需求的港口商业小镇，指定为格拉摩根郡的首府、获得英国城市地位，历经重建与转型为今日之集文化、政治、经济于一身的威尔士省会城市。尽管在每个时期中卡迪夫城堡扮演的角色不同、发挥的力量大小不一，但总体来讲是卡迪夫城市中作用至今的最重要的唯一城市锚固点，十分明显强于其他几个城市锚固点。而层积化空间就如同城市历史特意画在地面上留给今人的记号一般，辅助我们通过解读和分析，来找到今日城市之所以为今日之城市的线索。

二、空间研究范围

如第五章第一部分中所归纳的，卡迪夫城堡与卡迪夫的关系是具有相当长时段锚固-层积效应的典型案例，且具有较强的单中心性。本节则试图根据上述过程，归纳锚固-层积效应全历程的发展阶段及各阶段的特性。若划定以卡迪夫城堡为圆心，周边800米半径——亦即大致今天的市中心区域的范围内，既有内部多次变化但外部相对静止的城市锚固点，又有经历过多种模式交替和共存的层积化空间，另外800米符合基本的步行尺度，综上，选取如图5.37所示的范围为全历程锚固-层积效应的研究实例。

图5.37　以卡迪夫城堡为圆心，半径约800米的空间考察范围示意图（资料来源：笔者自绘）

为便于描述，这一区域可以细分出四个城市锚固点与五片层积化空间，其空间关系如图5.38所示。四个城市锚固点前文已有比较详细的阐述，下面简单介绍研究范围中的五片层积化空间。

（一）市中心区

市中心区的范围主要由西侧的塔夫河、北侧的城市快速路以及东侧的铁路所限定。如图5.39所示，其中最重要的结构是女王步行街（Queen Street）与圣玛丽大街（St Mary Street）两条最重要的商业街，均是连通到卡迪夫城堡正门的历史性路径，如图5.40与图5.41所示。纵横有一些相对次要的其他道路。若干历史及现代的商业建筑及拱廊是这一区域的最主要构成，空间上则形成许多延续下来的步行网络，如图5.42与图5.43所示，大多是保留了原始的路径走向，但添加了许多现代要素，比如玻璃的屋顶、新吊饰及商店门面。

市中心区经历了自中世纪口岸小镇以来的全部历史阶段，如今是卡迪

图5.38　研究范围中的各个城市锚固点与层积化空间（资料来源：笔者自绘）

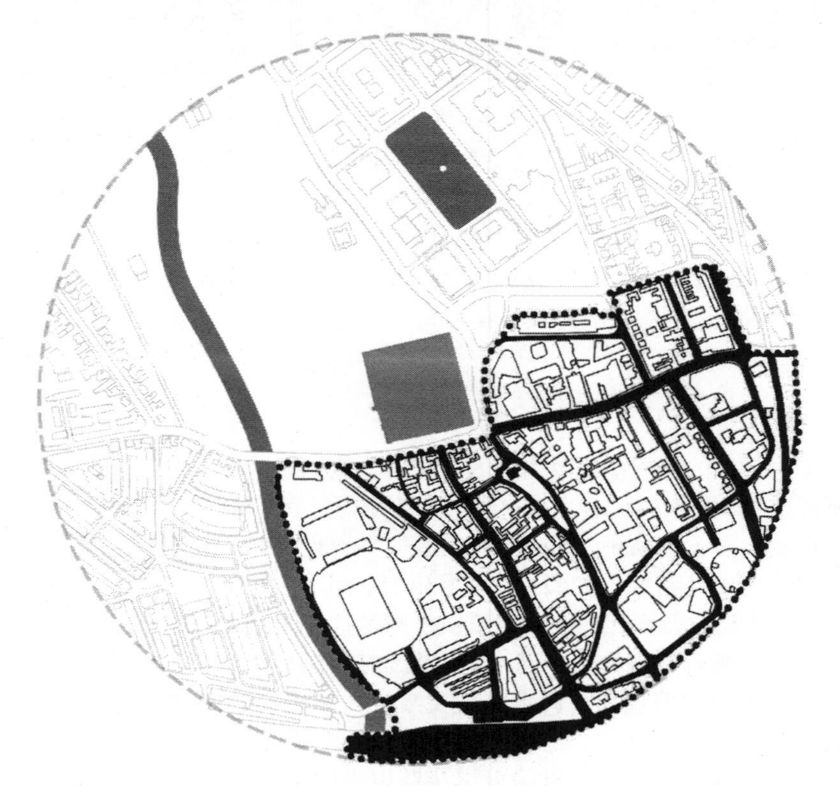

图5.39　市中心区的交通结构与其他要素构成图（资料来源：笔者自绘）

图5.40　女王步行街实景（资料来源：笔者自摄）

图5.41　圣玛丽大街实景（资料来源：笔者自摄）

夫全市最重要的商业和娱乐中心。除大量的商业办公建筑外，还拥有中央火车站、中央汽车站等全城性的重要交通基础设施，如图5.16所示；城市博物馆、中心图书馆、邮局等城市公共服务基础设施，如图5.44所示；以及千年球场等体育娱乐设施，如图5.45所示。

图5.42　圣玛丽大街上一条基本保留了历史原貌的商业拱廊（资料来源：笔者自摄）

图5.43　女王步行街上一条延续了历史格局的现代商业拱廊（资料来源：笔者自摄）

图5.44　卡迪夫市立图书馆（资料来源：笔者自摄）

图5.45　奥运会时千年球场的内景盛况（资料来源：笔者自摄）

市中心区的风貌总体上如图5.46所示，密度较高，尺度多样，建筑年代与风格混杂，但现场体验充满了人气和活力。从层积化空间模式的判断来讲，应属于比较典型的并置模式。

图5.46　从城堡最高点所见市中心区（资料来源：笔者自摄）

（二）布特公园区

布特公园区的范围主要由东侧的城市快速路和布特公园（Bute Park）本身边界为限定。如图5.47所示，总体结构上是沿塔夫河展开，拥有大量的树木与绿地，其间布置有自行车道、足球场、棒球场、网球场、跑马场、散步道等运动设施，如图5.48至图5.51所示。

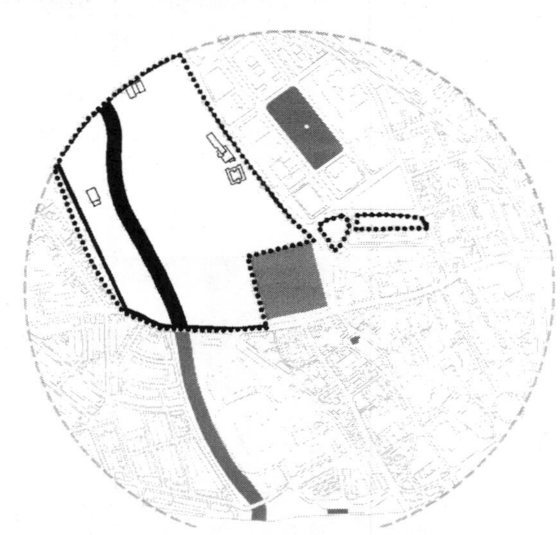

图5.47　布特公园区的交通结构与其他要素构成图（资料来源：笔者自绘）

图5.48　布特公园中的自行车道（资料来源：笔者自摄）

图5.49　布特公园中的足球场（资料来源：笔者自摄）

图5.50　布特公园中的跑马场（资料来源：笔者自摄）

图5.51　布特公园中的散步道（资料来源：笔者自摄）

布特公园的历史至少可以追溯到19世纪下半叶，也就是布特侯爵三世时期，是由当时一位重要的园林设计师安德鲁·佩提格鲁（Andrew Pettigrew）设计和栽种而成，至今仍保有许多维多利亚时期种下的植被，尤其是装饰性的树木，如图5.52所示。其中也有一些散落的建筑类文化遗产，比如由当时负责卡迪夫城堡设计事务的威廉姆·伯吉斯（William Burges）设计的马厩，如图5.53所示。

总体上这一区域的风貌如图5.54所示，从更大尺度上看，是插入城市中心的一块怡人的楔形绿地，现场体验闲散随意，是假日休闲和亲近自然的理想场所。是层积化空间维持模式的类型。

图5.52　布特公园中的植被今貌（资料来源：笔者自摄）

图5.53　作为卡迪夫城堡附属建筑的马厩今貌（资料来源：谷歌图片）

图5.54　从城堡最高点所见布特公园区（资料来源：笔者自摄）

（三）市民中心区

市民中心区的范围主要由西侧和南侧的城市快速路，东侧和北侧的城市道路与铁路为限定。总体结构上非常完整，如图5.55所示，是围绕凯特斯公园（Cathays Park）长方形的开放空间布置的规整建筑群，呈双向中轴对称，如图5.56所示，并以花园中央的威尔士国家战争纪念亭（Welsh National War Memorial）为最中心，如图5.24所示，主要的四条较为宽阔的车行道路则呈井字分布在花园周边，如图5.57示。

市民中心区主要形成于20世纪初，尤其是1905年卡迪夫真正获得城市身份之后，除区域正中央的构筑物战争纪念亭以外，环绕花园周边的建筑物主

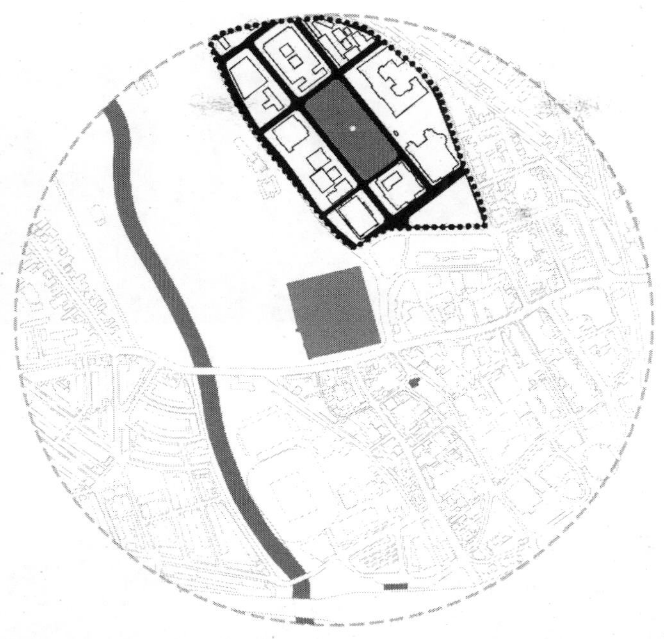

图5.55　市民中心区的交通结构与其他要素构成图（资料来源：笔者自绘）

图5.56　花园中南北中轴景观（资料来源：笔者自摄）

图5.57　花园四周的道路景观（资料来源：笔者自摄）

要包括市政厅、国家博物馆、最高法院、卡迪夫大学、威尔士大学、威尔士政府及一些其他卡迪夫的或威尔士的公共机构，其中大多是独具历史风貌的20世纪初期建筑，如图5.23至图5.25，以及稍晚修建的如图5.58至图5.60所示，还有一些是后来现代主义的设计，如图5.61所示。

总体上看，市民中心区的整体风貌如图5.26与图5.62所示，区域格局非常完整，且建筑尺度与风格都相对统一，现场体验古朴端庄，颇具维多利亚时期的典雅气息。这些也是该层积化空间经历较长时间的维持模式至今的表现。

图5.58　市政厅与其钟楼（资料来源：笔者自摄）

图5.59　卡迪夫最高法院（资料来源：笔者自摄）

图5.60　卡迪夫大学的主楼（资料来源：谷歌图片）

图5.61　现代主义风格的威尔士政府大楼（资料来源：谷歌图片）

图5.62　市民中心区鸟瞰（资料来源：谷歌图片）

（四）东侧居住区与西侧居住区

东侧居住区的范围主要由西侧和南侧的城市快速路与东侧和北侧的铁路为划分界限。该区域继续向北向东也都是大片的居住区，但这一区域相对古老而独立，从街区的构成和房屋的风格上都比较独特，如图5.63所示，有一些房子也是重要的保护建筑，主体上是维持模式。

西侧居住区的范围主要由东边南段的塔夫河和北端的布特公园边界为划定界限。该区域向西蔓延也都是较新的大片的联排别墅，如图5.64所示，其间杂有街心花园、教堂等，是比较晚近的覆盖模式。

图5.63 东侧居住区沿街景观（资料来源：笔者自摄）

图5.64 西侧居住区沿塔夫河畔景观（资料来源：笔者自摄）

如图5.65所示，相对于前面三块区域，这两块区域与卡迪夫城堡的关系没有那么密切，另外因为主要是承担居住的功能，不像前三者具有很强的公共性和开放性，所以暂不作为研究的重点。

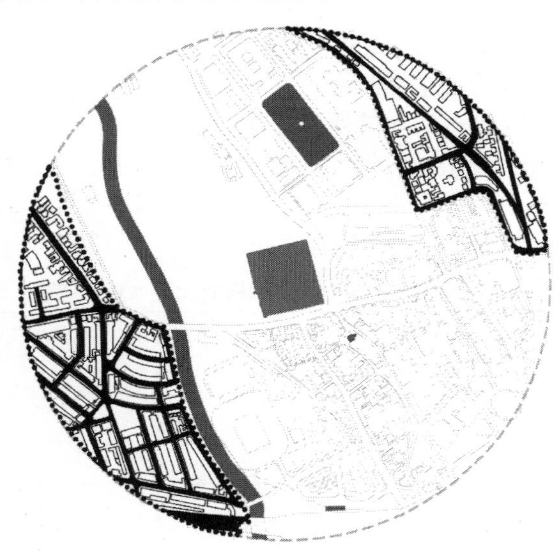

图5.65 东侧居住区与西侧居住区的交通结构与其他要素构成图（资料来源：笔者自绘）

（五）小结案例中层积化空间与城市锚固点的对应关系及层积模式思考

在图5.38所示的以卡迪夫城堡为圆心，选定800米半径的空间研究范围内，本章节如上将其划分为了五块层积化空间，分别是：市中心区、布特公园区、市民中心区、东侧居住区、西侧居住区。若对应于图5.36所示的四个城市锚固点的作用时间，则如图5.66所示。

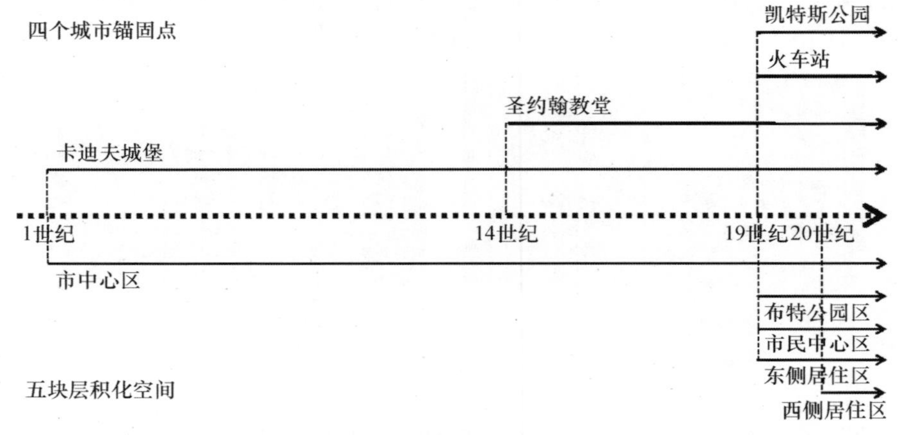

图5.66　四个城市锚固点与五块层积化空间的作用时间对照
（资料来源：笔者自绘）

若在时间维度上分析对比五者，则如表5.3所示，分别有一块是形成于初期聚落时期，三块形成于工业革命时期，一块则形成于二战以后的当代，而在近一百年中，除了西侧居住区外，都有一定历史信息的维持，但市中心区改动较大，情况相对复杂，各年代建筑共存，所以属于并置模式的层积化空间，而布特公园区、市民中心区以及东侧居住区则基本维持了维多利亚时期以来的风貌，属于维持模式的层积化空间。

表5.3　五块层积化空间在各时期中的层积模式比较（资料来源：笔者自制）

城市的各时期	市中心区	布特公园区	市民中心区	东侧居住区	西侧居住区
聚落的初期形成	●				
中世纪的口岸小镇	\●				
格拉摩根郡首府	●				
煤炭之都	◎	●	●	●	
重建并转型的城市	◎	○	○	○	●

注：●代表覆盖模式；◎代表并置模式；○代表维持模式；\代表衰退模式。

这五块层积化空间与前述的四个城市锚固点构成了锚固-层积效应的两个主体，其相互之间形成的锚固-层积效应强度如图5.67所示。其中最强的是卡迪夫城堡与市中心区之间的，二者相互作用时间已绵延两千年，在不同时段的作用结果也都有遗留，今日仍可供观瞻；同样很强的是凯特斯公园与市民中心区之间的，最初环绕的位置关系便定义了十分完形的空间，虽然时间不算特别久远，但这一格局至今真实而完整地维持着，像城市标本一样很好地展示着二者之间的锚固-层积效应。次强的有卡迪夫城堡与布特公园区和市民中心区之间的，作为曾经的城堡后花园，与城堡的拥有和使用者、设计建造者都有直接的联系，空间上也仍留有一些线索；还有圣约翰教堂与市中心区，在中世纪卡迪夫初为小镇之时，该教堂作为当时仅次于城堡的重要城市公共建筑和具有最高精神性的城市公共空间，协助塑造了最早的城市格局与街道走向等，并在后世得到延续；凯特斯公园与东侧居住区之间也能看出明显的时代承接关系和城市生长进程。锚固-层积效应一般的是火车站与市中心区，因为城市锚固点——火车站的出现大大晚于该片层积化空间的形成，锚固之下的动态发展并没有获得特别强大的力量，所以空间上的表现也不如前面所述的几个充分。最后，较弱的是火车站与西侧居住区之间的、凯特斯公园与市中心区和布特公园区之间的，都是空间上紧邻，但作用时间相对晚近，作用力效果不特别明显的。

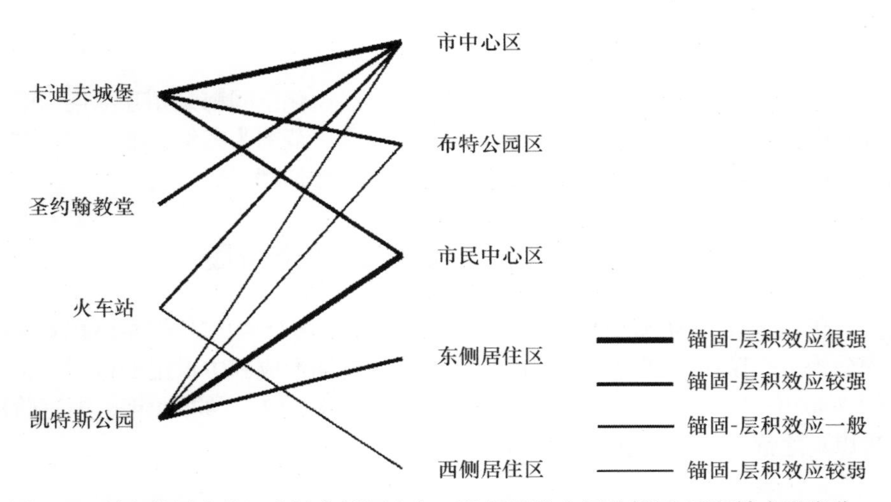

图5.67　研究范围内的四个城市锚固点与五块层积化空间的锚固-层积效应强度分析图（资料来源：笔者自绘）

由上述分析已可以看出时间因素在锚固-层积效应中的重要性，所以若将城市锚固点与层积化空间这两类作用力主体的相互关系对应到时间轴上，则如图5.68所示，在城市锚固点发挥最大作用的时期形成的层积化空间[①]往往最容易累积其影响，比如卡迪夫城堡塑造卡迪夫城市的历史，又比如凯特斯公园聚集市民中心区的历史，在这之后，层积历程中的维持模式存在的越久、越彻底，显现出来的锚固-层积效应就越强，比如市中心区、布特公园区、市民中心区以及东侧居住区，而经历过多重模式累积，甚至多重新城市锚固点锚固的层积化空间则会呈现为并置模式，比如今天的市中心区。

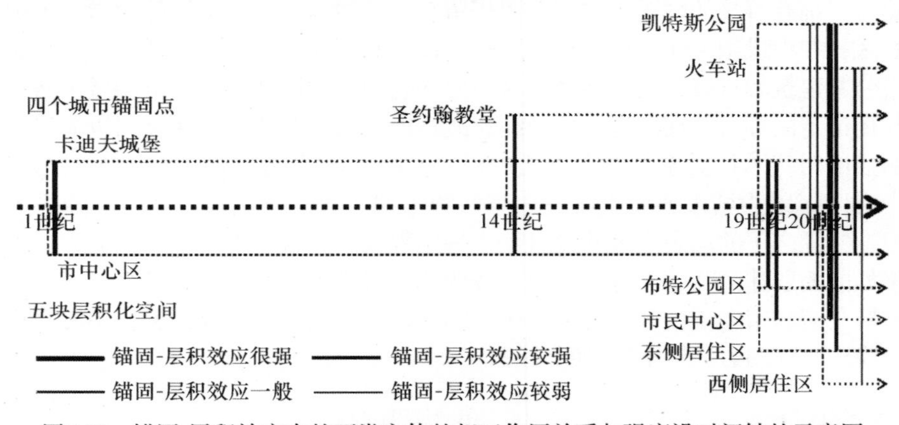

图5.68　锚固-层积效应中的两类主体的相互作用关系与强度沿时间轴的示意图
（资料来源：笔者自绘）

综上，研究范围内的这些城市锚固点与层积化空间都是相互牵连影响着直到今天的，所以这里可以继续以卡迪夫的这一范围为案例，抽象和归纳出下文即将阐述的锚固-层积效应发展时序上的三个阶段。

三、锚固-层积效应的三个阶段

仍以卡迪夫为例的话，则如图5.69所示，将迄今为止的锚固-层积效应历程分为三个阶段：划定第一阶段为从聚落的初期形成到中世纪的口岸小镇，约1400年；第二阶段为中世纪的口岸小镇到煤炭之都，约500年；第三阶段为煤炭之都的转型与重建，约不到100年。

---

① 一般来讲，也就是层积化空间的最初形成——这种特殊的覆盖模式。

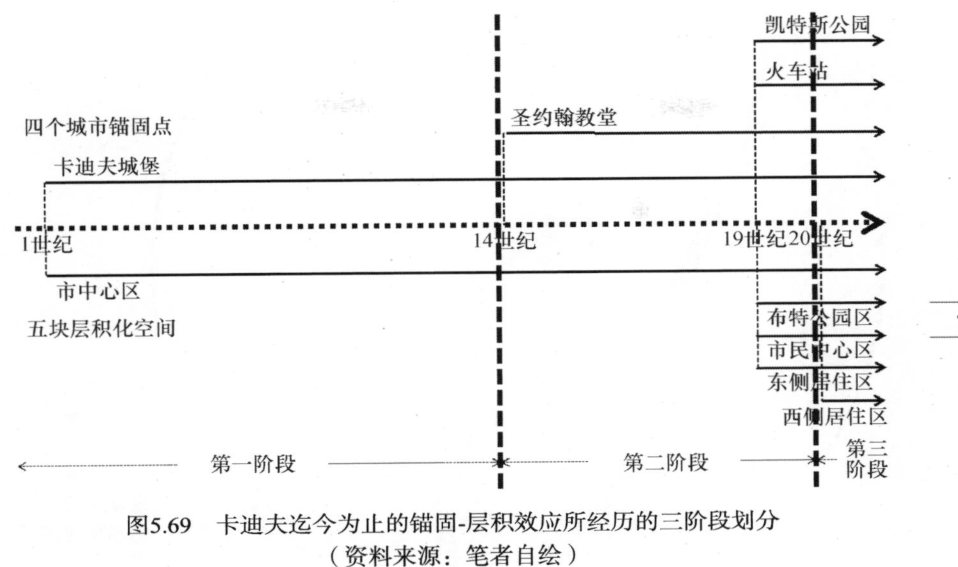

图5.69　卡迪夫迄今为止的锚固-层积效应所经历的三阶段划分
（资料来源：笔者自绘）

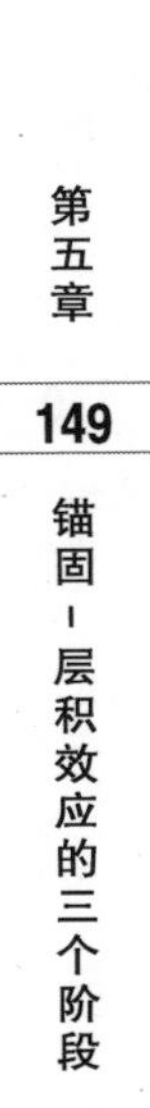

（一）第一阶段：以城市锚固点为核心的层积化空间的初步形成

从卡迪夫聚落的初期形成到成长为中世纪的口岸小镇，以城市锚固点与层积化空间的视角来看，最典型的特点是：卡迪夫城堡是卡迪夫城市最初之所以能够形成的具有决定性意义的城市锚固点，并且在长达1400年的第一阶段中都是唯一的一个①，虽然早期并不稳定，但在这个相对静态的城市锚固点周围还是逐渐聚集了相对动态的周边环境（setting），而这一动态的累积结果便是最初的层积化空间。

笔者将以聚落初期形成时期为代表的第一阶段简化绘制，如图5.70所示②，发展至如图5.71所示的阶段，亦即第二个城市锚固点出现之前为截止。从一个边境上的小军事聚落，成长为有城墙的中世纪小城，体现出层积化空间北侧依托于城堡，西侧受限于塔夫河，向东和向南缓慢生长的过程。另外值得一提的是，经历史图纸对比发现，图5.71中的南北走向城墙的位置，正是今天市中心规模最大的购物中心圣戴维斯（St Davis）一期与二期中都延续

① 虽然卡迪夫城堡在古罗马时期曾两度遭到废弃，以至于聚落也随之衰微甚至消亡，但总体来讲仍然是符合唯一且对早期层积化空间具有决定性意义的城市锚固点的论断的。

② 在绘制本图时，笔者参考科萨（Cosa）、庞贝（Pompeii）等古罗马城市惯用的十字路居于城市中心的规划手法，结合后来主要历史道路的走向，将道路绘制于城堡南侧，分别呈南北和东西走向，所以是基于一定的推测后绘制，仅做示意。

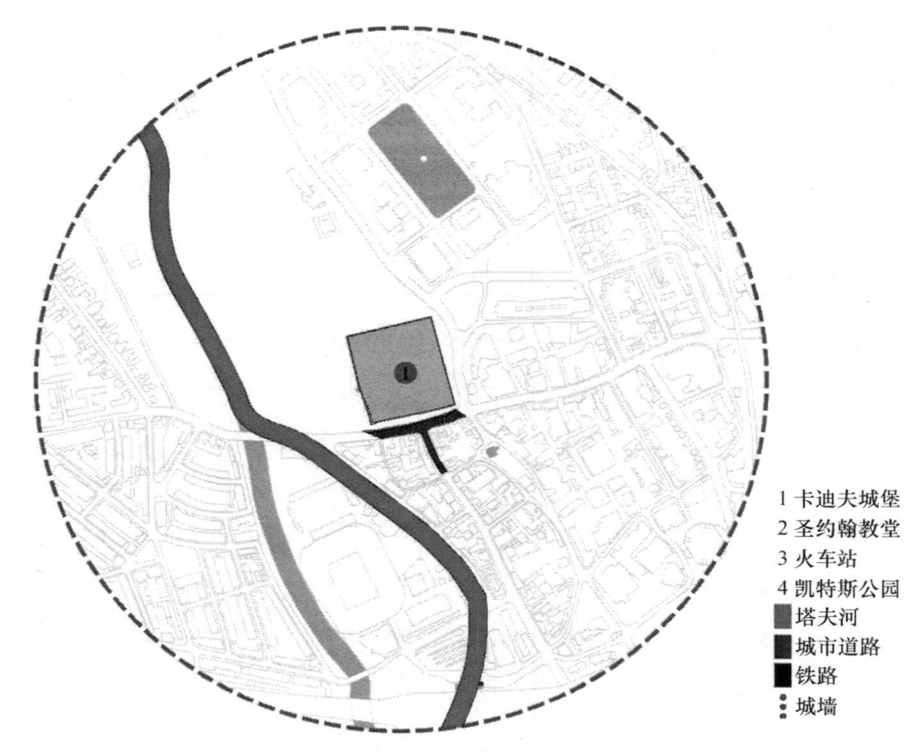

图5.70　推测早期罗马堡垒的设立与聚落的初期形成时期图示
（资料来源：笔者自绘）

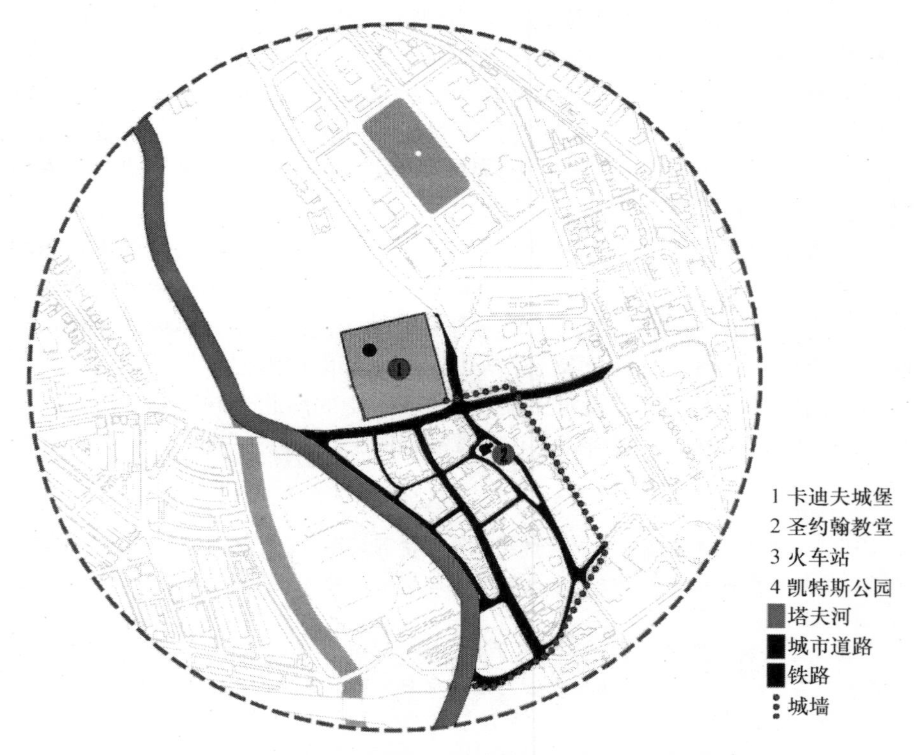

图5.71　根据17世纪初地图绘制的中世纪小镇初具规模时期图示
（资料来源：笔者自绘）

的拱廊所覆盖的位置。可以看出，形成于第一阶段的层积化空间虽然很多不能如卡迪夫城堡一样幸运的留存下来维持至今，但城市自有其延续景观的方式，能否认知得到，则是今人想要保护城市历史景观重要的第一步了。

简而言之，第一阶段是一个城市中最具决定性的城市锚固点将城市的未来切实锚固在自身周边的过程。在这一阶段中，虽然层积化空间的规模尚不大，但单一的城市锚固点在其中的作用力是极强的。

（二）第二阶段：层积化空间的扩张与新城市锚固点的转化

从中世纪的口岸小镇成长为煤炭之都的500年历程构成了卡迪夫锚固-层积效应中的第二阶段，其最典型的特点是：卡迪夫城堡继续扮演着城市生长关键性的角色，其层积化空间的范围随着生产力不断提升也发展得越来越大；并且在扩张过程中城市逐渐摆脱了卡迪夫城堡作为单一锚固来源的依赖性状况，而是在一些相对早期的层积化空间中生成到了新的城市锚固点，对后来的层积化空间造成影响，比如中世纪的圣约翰教堂；这一进程到了近代更是十分明显地凸显了多样性，凯特斯公园、火车站这样一些新类型的城市锚固点在更加晚近的层积化空间中落成，并成为新的城市锚固点发挥作用，引致又一轮层积化空间的聚集和累积。

针对这一阶段，笔者主要绘制了如图5.72与图5.73所示的两张图示来辅助说明。其中，从图5.71所示的中世纪城市开始有向着教堂而聚集的倾向开始，到如图5.72所示的成为格拉摩根郡首府之后的卡迪夫受到工业革命影响，开始发展煤炭及钢铁等重工业，火车站也开始建成运营的时期。这一过程可以明显看出，城市似乎以圣约翰教堂为新的中心，沿着最初的东西向大街向东侧和南侧发展，城墙东移到了今天的丘吉尔路（Churchill Way）的位置，而在城市边缘的最南端，出现了下一时段最为重要的城市锚固点——火车站。凯特斯公园区域原本是布特家族的私人领地，至图5.73所示的20世纪初时，随着资本主义和公民社会权利的发展，几栋崭新功能的维多利亚式建筑在环境优美的凯特斯公园区域落成，为城市北向的发展打开了门路。同时，17世纪塔夫河改道后，河流原本的走向便成了新的延续至今的城市道路，提供了河东岸更多的城市生长空间，而火车站持续强大的锚固效应也使城市最终实现了向西侧的跨河发展。

简而言之，第二阶段是由最初的城市锚固点的周边环境随着时代推移不停扩张，形成层积化空间，其中一些空间便良性地转化为其他新的城市锚固点，进而影响再后来层积化空间形成的历史过程。在这一阶段中，层积化空间持续扩张，越是新近形成的城市锚固点，因为往往处于扩张边缘，越容易发挥较强的作用力；而早期城市锚固点的作用力则较为间接，甚至是通过最初因其锚固而形成的新城市锚固点发挥作用，因此相对地弱化了。

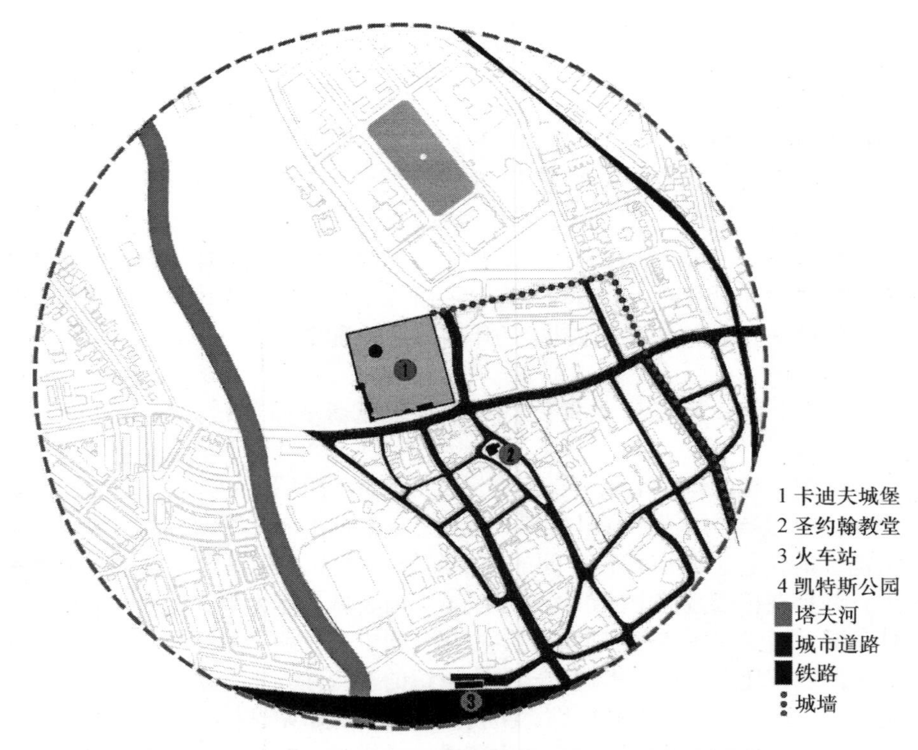

图5.72　根据19世纪中期地图绘制煤炭之都最初兴起时期图示
（资料来源：笔者自绘）

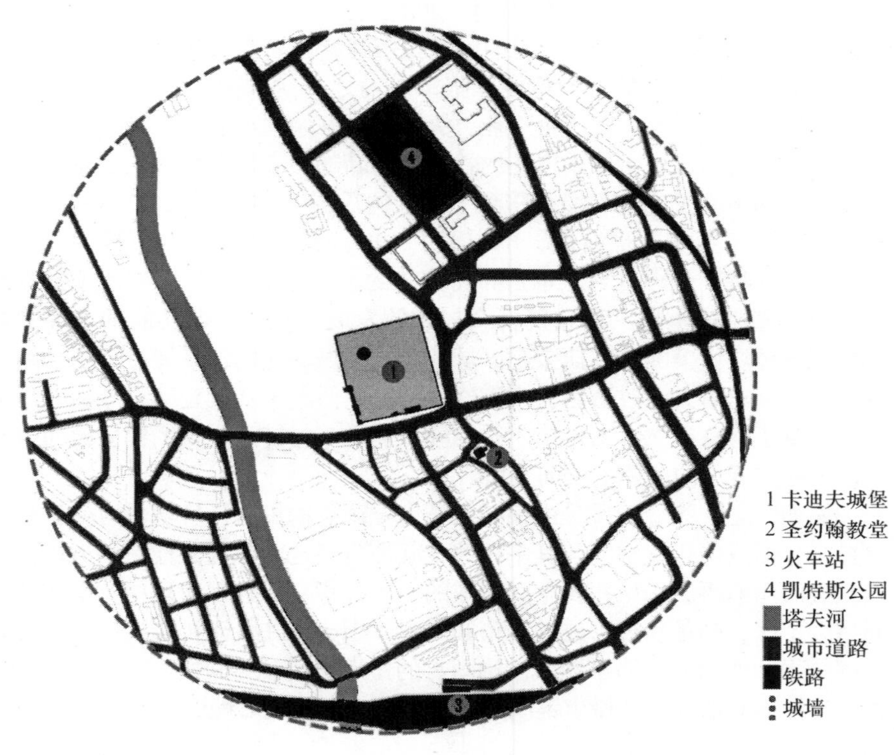

图5.73　根据20世纪初地图绘制煤炭之都鼎盛时期图示
（资料来源：笔者自绘）

（三）第三阶段：城市更新背景下的反向覆盖

自煤炭之都因战争和战后经济衰退逐渐没落，以及城市地位和省会地位的相继确立，卡迪夫在20世纪中叶开始步入城市转型与重建期，这便是延续至今的第三阶段，这一阶段最典型的特点是：在整体城市层面上层积化空间仍然在继续扩张，但在最初的城市锚固点——亦即卡迪夫城堡的周边，在上一个阶段层积化空间就已经满铺，在第三阶段开始呈现为不同程度的反向覆盖，也就是像海水返潮一样由远离城市锚固点的远端趋向于城市锚固点方向的新一轮层积。这样的现象之所以产生，主要有三方面原因：一方面是地理因素，由于距离造成的成本，当城市扩张到当时交通所能承载的一定空间范围后，拆除重建的效益将大于继续在空地上扩张；一方面是功能因素，因为具有更强经济效益的新产业及相配套的新建筑功能出现，是某些处于城市中心的历史性街区所更适合安置的，而原本的建筑空间形式又难以承载；还有一方面是物质因素，建筑的物质性决定了其必然是有生命周期的，当旧建筑变得越来越破败，甚至出现结构等安全性问题时，必然需要新时代中的人们加以干预，干预的措施可以是保护，但在历史上保护思想尚未成熟，不能为大众所认知和认同，生产力水平也不够高到支持所有历史建筑采用昂贵的保护措施时，大部分建筑和街区在经历物质衰败后便往往面临着拆除和重建了。综上，在时间进展到近代，尤其是20世纪以来，上述三方面原因几乎同时被满足，反向覆盖在这样的情况下可以说是不可避免的，尤其是在20世纪六七十年代开始的较大规模的城市更新（regeneration）背景下。这种反向覆盖的程度差异则使不同层积化空间在这段时期内的层积模式有所差异：反向覆盖程度较高的即覆盖模式，比如西侧居住区；程度较低的即维持模式，比如市民中心区、布特公园区、东侧居住区；程度不一或不完全反向覆盖的即并置模式，比如市中心区。另外，在城市变得越来越复杂的近当代，即使最原始的城市锚固点也开始拥有一些新的功能，扮演新的角色，比如表5.2所示，卡迪夫城堡一改以往的封闭性与权威性，变成了开放于公众的博物馆和游览、休憩、娱乐场所，而由于其历史上发挥过的锚固效应和相对静态的物质空间，使其成了现今卡迪夫的最重要的文化遗产，并且处于城市的中心位置，所以在一定程度上，又以新的方式再次影响了周围的层积化空间开始反向覆盖。

如笔者根据现状整理绘制的图5.74所示的城市现状，若与图5.73所示20世纪初的状况相比较，则路网变化并不十分明显，城市的持续生长态势在这一范围内已不再可见，然而建筑则有多于一半被重新覆盖过，尤其出现了像千禧球场这类历史上没有出现过的大尺度或高层建筑类型，体现出这一阶段城市中心区反向覆盖的总体趋势。

简而言之，随着生产力达到相当的水平，生活质量要求得到相应提高，

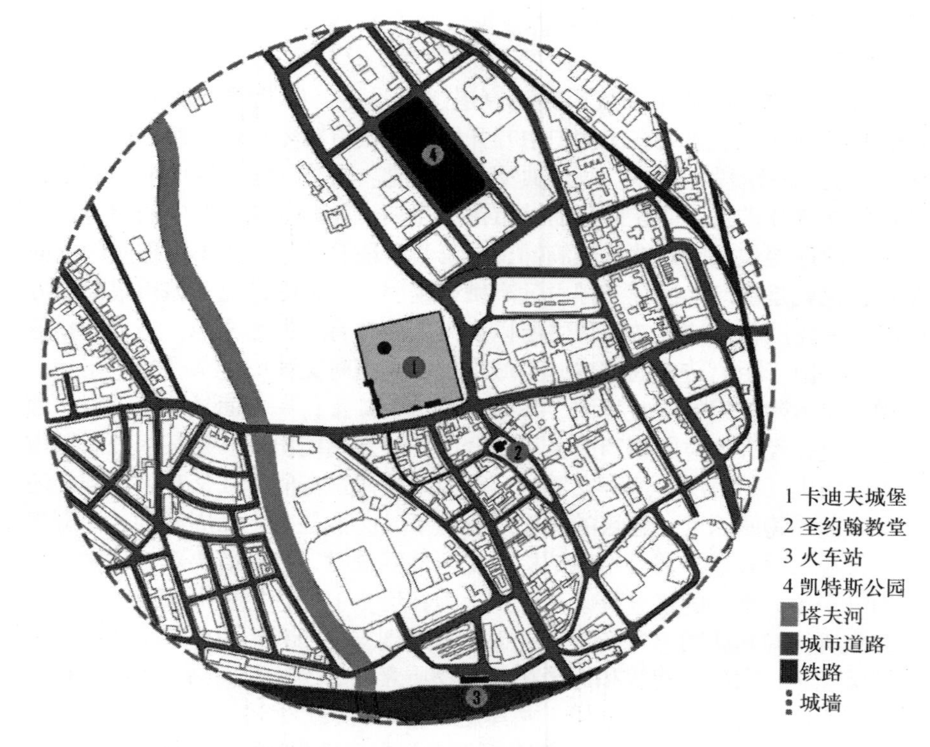

图5.74　根据现状卫星地图绘制的如今卡迪夫市中心的图示
（资料来源：笔者自绘）

城市建设开始大规模侧重于更新而非继续扩张，第二阶段便终止或变异，进入以反向覆盖为重要特征的锚固-层积效应第三阶段，且通常是发生在城市更新的大背景下。在这一阶段中，反向覆盖就意味着层积化空间的模式会再次出现覆盖模式，并且会出现较为复杂的新模式——并置模式；在这个过程中，早期的城市锚固点通常会被认定为文化遗产，并以不同于以往的功能和方式，重新在新时期发挥较强的锚固作用力。

四、本章小结

世界各地的历史城市在不同时期中曾历经各种情形的变迁，形成今日之城市历史景观。本章仅选用始于古罗马时期军事聚落，如今是英国威尔士首府的历史城市卡迪夫为例，基于前面两章分别阐述的“城市锚固点”与“层积化空间”的概念，对卡迪夫城堡与卡迪夫城市的相互作用关系展开陈述、分析、解读、归纳，形成了锚固-层积效应至今共有三个阶段，而三个阶段的城市锚固点与层积化空间相互作用方式和作用力都各有特点的理论。

为了更清晰地展现单点锚固特性强烈的发展脉络，笔者在本章中将卡迪夫市中心以卡迪夫城堡为圆心，半径800米的空间范围内，自古罗马时期至今的整体变迁过程用图示的方式分别简化地表达了出来，这里将这一动态过程集合在同一张图内，则如图5.75所示，灰色的路网中，五种不同灰度显示了道路形成年代的差异，灰度越深的形成时期越早，越浅的则相对晚近，沿道路布置的建筑与城市自然也大致是这样的生长态势，城市在不同时期的覆盖范围则大致如图5.76所示[①]。从这两张图中，不但可以清晰地看出卡迪夫城堡对于市中心的强烈锚固-层积效应，更可以看出这一效应在不同时期的强弱关系，或发挥最重要作用的城市锚固点的时代特性，比如中世纪时期城市明显向圣约翰教堂为中心层积，而工业革命后又分别以火车站和凯特斯公园为中心层积，在当代重又回归卡迪夫城堡的核心；也可以看出城市锚固点往

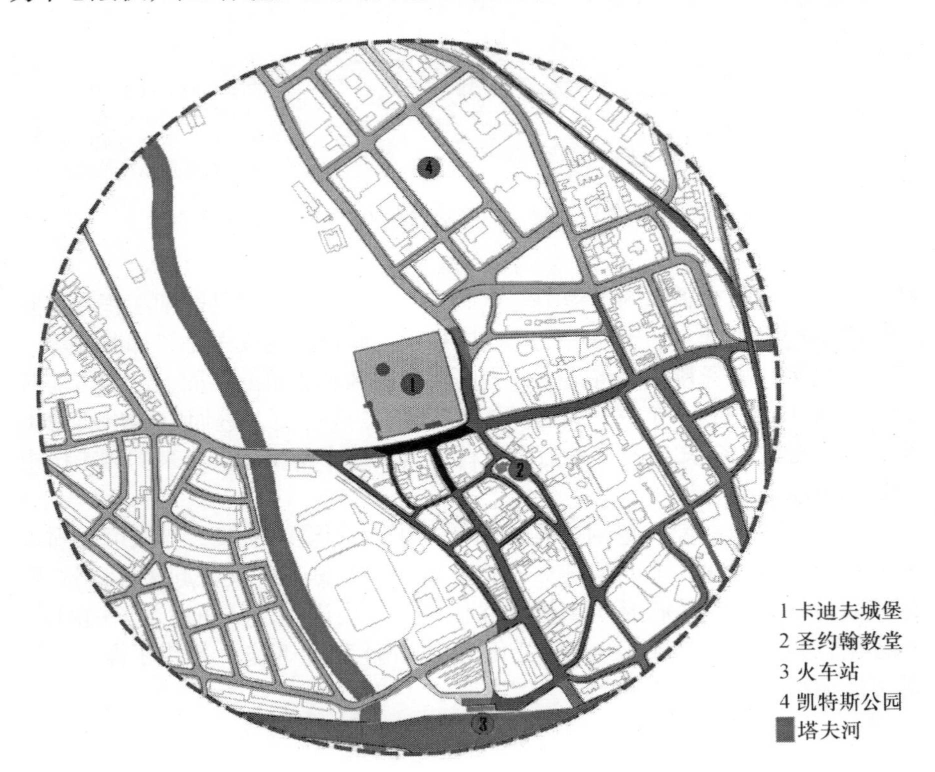

图5.75 将今天的城市道路按五个时期先后形成的次序标色示意图
（资料来源：笔者自绘）

① 此处仅选择以路网绘制是因为历史地图很少有绘制到建筑布局的深度，只能以路网形成情况推测城市发展范围。

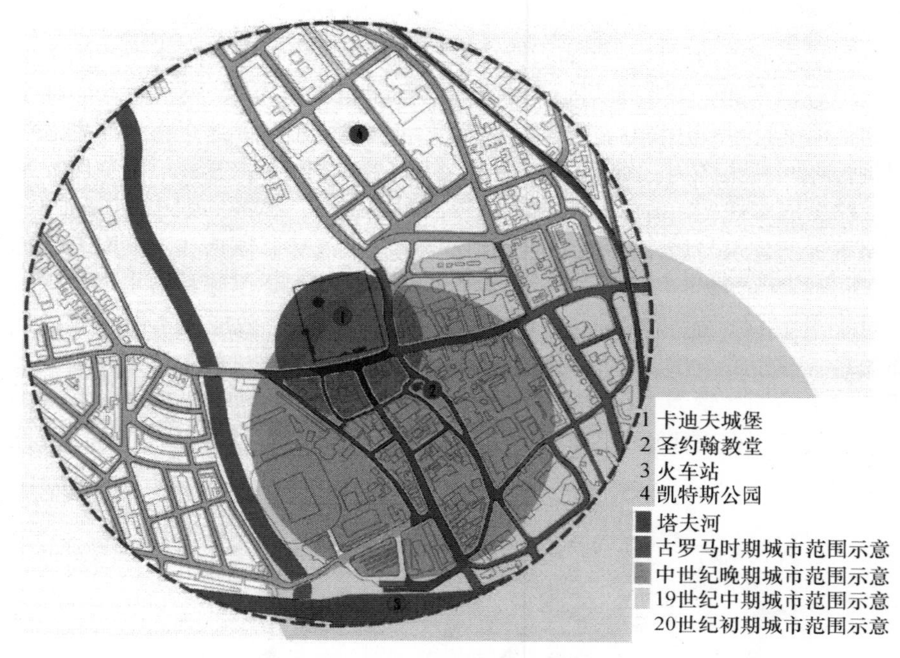

图5.76　不同时期的城市覆盖范围示意图（资料来源：笔者自绘）

往由层积化空间在扩张的过程中转化而成，比如处于古罗马时期层积化空间边缘的圣约翰教堂、处于中世纪晚期层积化空间边缘的火车站，如此等等；若能有更多历史资料可以将这一过程落实到街区和建筑的层面上，则可能解读出现在卡迪夫市中心每一块层积化空间的变迁历史，进而归纳出所属类别，更加细致地认知这漫长的历史过程，及其与今日所呈现出来的城市历史景观的关联。

综上，本章在前几章阐述完锚固-层积理论的整体框架，与城市锚固点和层积化空间两个核心对象之后，将二者在时空框架下关联起来，以锚固-层积效应的三个阶段概括了二者相互作用的历史进程，从而完善了锚固-层积理论，为城市历史景观——将变化视为城市传统的理念，提供了深入认知的可能途径。

第六章
锚固–层积效应第三阶段的矛盾焦点：周边环境

一、锚固-层积效应三个阶段中的城市历史景观问题

如第五章所归纳的，锚固-层积效应可以划分为三个阶段，从第一阶段以城市锚固点为核心的层积化空间的初步形成，到第二阶段层积化空间扩张和新城市锚固点转化，再到第三阶段城市更新背景下的反向覆盖，倘若从城市历史过程的角度来理解，其实这三个阶段展示了从聚落到城市的空间生长全过程。并且，处在生长的不同阶段，历史城市所面临的城市历史景观问题也是不同的。城市历史景观问题并非从来都存在，只是到了近几十年才愈发得到重视的命题，本节将按阶段分别阐述，主要案例依托北京旧城。

（一）第一阶段中没有建筑师的传统建筑与没有冲突的历史城市

历史上，在世界各地的传统聚落中，在锚固-层积效应的第一阶段里，以及绝大部分聚落或城市中第二阶段前半期里，到处都是由没有建筑师的传统建筑所构成。这些建筑在不同文化中差异很大，然而在相同文化中则十分相似。

仅以我国中原文化熏陶下的传统建筑为例，梁思成先生谈我国传统建筑之“结构取法及发展方面之特征”，亦即建筑实体本身的特征，归纳为四个方面：“以木料为主要构材”；“利用构架制之结构原则”；“以斗拱为结构之关键，并为度量单位”；“外部轮廓之特异”[252]13-18。这便揭示出我国传统建筑具有极大的共性，亦即传统材料、技艺、尺度、形式的一致性。具体来讲，我国古建筑主要采用木头为主要建材，辅以砖石，这就在很大程度上决定了建筑大致的结构承载极限、施工特点、房屋尺度甚至细部形式。再加上建筑具有相当强的文化属性，更使这些特点趋于统一，宋代著名的《营造法式》和清代相应的《清式营造则例》都是研究这一问题的重要参

考。综上，我国古建筑虽然单独看来各不相同，千变万化，但总体上判断则非常一致。

而当建筑具有这些一致性时，由其所组成的城市便十分自然地获得了一种自组织的整体和谐。比如历史上的北京旧城，各类功能和样式的建筑单体相互混合，但塑造出的却是区域性的整体感。如图6.1所示，究其整体感的原因就在于，商业建筑门脸沿着街道展开，街道整体景观又由正中的牌楼为对景和统领元素，而这些建构筑物虽然形态各异，但尺度非常统一，并且手法是自相似的，比如各屋顶的坡度和比例，又比如照片最前端这家店铺的立面采用的牌楼形式，与远端的牌楼形成遥相呼应的关系。

图6.1　19世纪末北京旧城的老照片（资料来源：百度图片）

北京旧城这种和谐的景象至少延续到建国前后。虽然也经历了抗日战争、解放战争等战争的洗礼，梁思成先生曾在1945年受国民党教育部邀请，为协助抗战反攻的美军航空队编制过华北及沿海各省文物建筑表，即《战区文物保存委员会文物目录》，还有1948年受共产党邀请，为包围北平城的中国人民解放军绘制过《北平古建筑地图》①等，都曾在战争中有效地防止过北京旧城文化遗产的损毁。1951年，梁思成和林徽因二位先生曾撰文表示，虽然当时已经有东交民巷使馆区、西郊民巷商务区的建立，以及东西单牌楼间的打通等城市变迁发生，但总体来讲“体形环境方面尚未受到不可挽回的损害”[253]109，而且指出北京城当时的整个建筑体系仍然是，“全世界保存得最完好，而且继续有传统的活力的、最特殊、最珍贵的艺术杰作。”[253]110可以看出城市在当时的和谐和完整程度都还是相当高的。

① 绘制此图是为防备迫不得已需要攻城时使用，以求最大限度地保护文物，不过后来经过多方努力，北平得到了和平解放。

（二）第二阶段晚期历史城市风貌问题的产生和讨论

随着生产力的进步，近代以来，在建筑方面，传统的材料、技艺、尺度、形式等都一一被打破，这也是大多数城市锚固-层积效应第二阶段晚期前后。因此可以说，由建筑单体所组成的历史城市从此才开始出现真正的风貌危机。

19世纪时，这一问题在西方刚一萌芽，就有学者开始关注到了。1836年，英国建筑师奥古斯都·皮金（Augustus Welby Northmore Pugin）自行出版了一本专著《对比：或中世纪的高贵殿宇与相应的今日建筑之类比，显示出当下审美的衰退》，特别谈到了现代建筑与历史环境的冲突问题，提出工业革命在极大提高人们物质生活水平与建造技术水平的同时，开始影响到人们所生活城市的景观[254]。如图6.2与图6.3的对比所示[254]，19世纪沿护城河所建的工厂等新建筑与传统建筑的尺度、形式等都十分不同，将彻底破坏中世纪时天主教城市由高耸的教堂和钟塔所统领的传统风貌。这一话题也受到同时期建筑师们的关注，到19世纪末，德国的建筑学专业杂志上已经出现关于历史城镇景观（historic townscapes）的保护问题的讨论。

在我国，该问题发生的时间相对西方要晚很多。若仍以北京旧城为例，新中国成立后才比较明显。比如第二章第三部分“（二）”中详细阐述过的天安门广场及其周边的建筑物和构筑物，就是较早的北京旧城中尺度与以往大不相同的建设开端，如图6.4所示。另外，虽然我国没有经历原发的工业革命，但从新中国成立初开始，北京就与其他一些大城市被规划为了未来的工业城市，所以工业建筑对城市风貌产生的威胁也一度很大。比如梁思成先生在1968年写的一份“文化大革命”交代材料中就曾谈道：“有一次在天安门上毛主席曾指着广场以南一带说，以后要在这里望过去到处都是烟囱。……而我则心中很不同

图6.2　一个天主教城镇在1440年的景观[254] 107

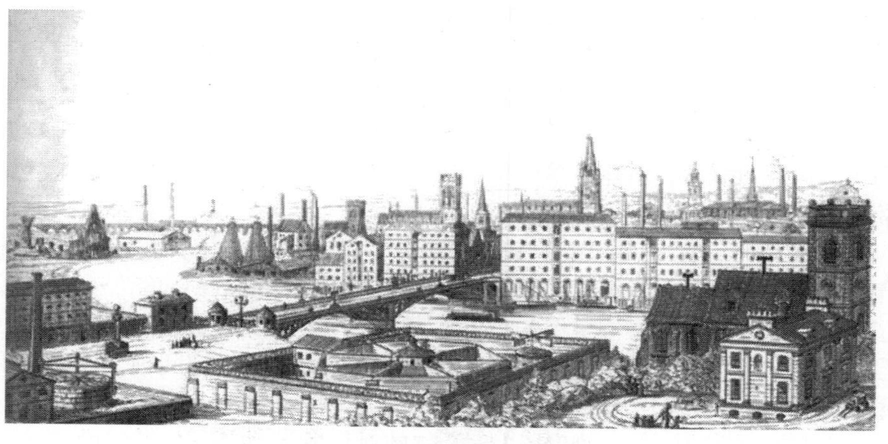

图6.3　同一个天主教城镇在1840年的景观[254]107

图6.4　从卫星地图对比天安门广场周边与老城区的尺度肌理
（资料来源：谷歌地球）

意。”[232]68后来，工厂还是大多选址在了离城区有一定距离的地方，但旧城内的政治、经济、文化、居住等城市基本需求还是导致了很多拆除和重建。

理论讨论方面，由于北京旧城一开始遭遇风貌问题之时，已较晚于西方各国，当时有其他国不少经验教训及理论总结在前，以梁思成先生、陈占祥先生、林徽因先生等为代表的一批曾经留学国外的有识之士很快便意识到，并且在第一时间采取了行动。1950年，梁陈二人提交的《关于中央人民政府行政中心区位置的建议》中慷慨陈词“八个为着”[253]75——希图可以在完善首都格局的同时将旧城完整的保护下来，并专门做了规划图纸辅助说明，亦即如图6.5所示的著名的“梁陈方案”[256]。同年，梁思成先生还为城墙的保护提出了可行性方案，如图6.6所示，希望保留其作为可以俯瞰旧城与新

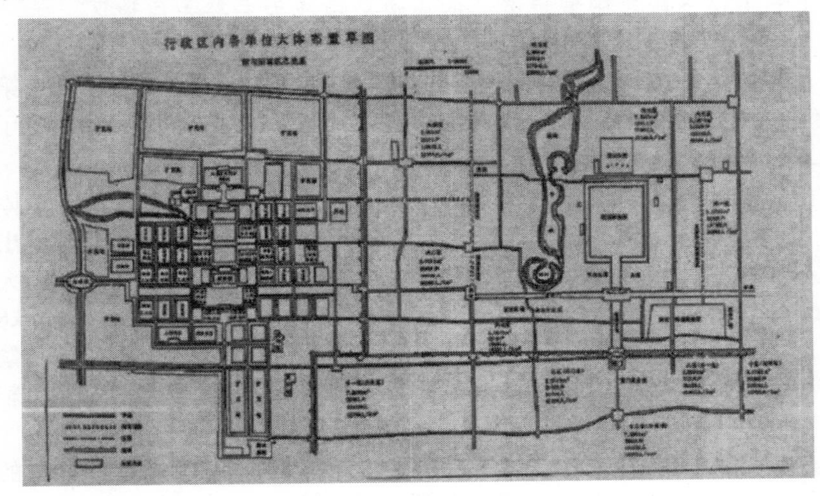

图6.5　梁陈方案图纸[256]58-59

图6.6　梁思成先生对北京城墙利用方式的设想图[253]112

城的，全长达39.75公里的立体环城公园[253]。可惜，这些努力都未能阻挡旧城和城墙广泛遭到拆除的命运，大尺度新建筑的建设，与传统城市肌理的破坏，不但带来了历史城市的风貌问题，也使完整的保护北京旧城的梦想成为泡影。

（三）第三阶段中城市遗产的周边环境成为主要矛盾地区

所以，当城市开始展开大规模的更新，也就是进入锚固-层积效应第三阶段后，历史城市所面临的问题便从几栋房子带来的风貌问题，过渡到了整体肌理都已破碎的尴尬局面。

巴黎是少数仍维持着尚未破碎的整体肌理的当代城市之一。总体来讲，巴黎老城区呈现为19世纪新古典主义风格的城市肌理，虽然也曾出现过这样破坏肌理的少数新建筑，诸如建于1973年的210米高的蒙帕那斯大楼（montparnasse）很严重地破坏了巴黎传统的历史风貌，如图6.7和图6.8所示，所幸巴黎市民及时意识到了这一问题，随后的1974年便立即通过了禁止在市中心建设摩天大楼的法令，使得巴黎的城市历史景观至今仍非常完整和谐，如图6.9所示。

然而考察当今的历史城市，巴黎这种非常完整的情况其实是很少见的，像卡迪夫，以及罗马、北京、苏州等绝大部分城市，都已经达到第三阶段，亦即面对着破碎的尴尬城市肌理。仍以北京为具体实例，如图6.10的卫星地图现状与图6.11的保护区划所暗示的保存现状所示，北京旧城中新旧肌理已经非常混杂[257]。一张非常能展示这一景观现状的图片便是图6.12所示的高层林立的金融街中一个孤零零的市级文物保护单位——元代的都城隍庙仅存

图6.7　蒙帕那斯大楼与周围建筑风格形成强烈冲突（资料来源：维基百科）

图6.8　在埃菲尔铁塔上俯瞰巴黎老城区时所见蒙帕那斯大楼对城市天际线的破坏（资料来源：笔者自摄）

图6.9　从蒙帕那斯大楼覆盖巴黎老城区所见和谐景象（资料来源：维基百科）

图6.10　北京旧城的现状卫星地图（资料来源：谷歌地球）

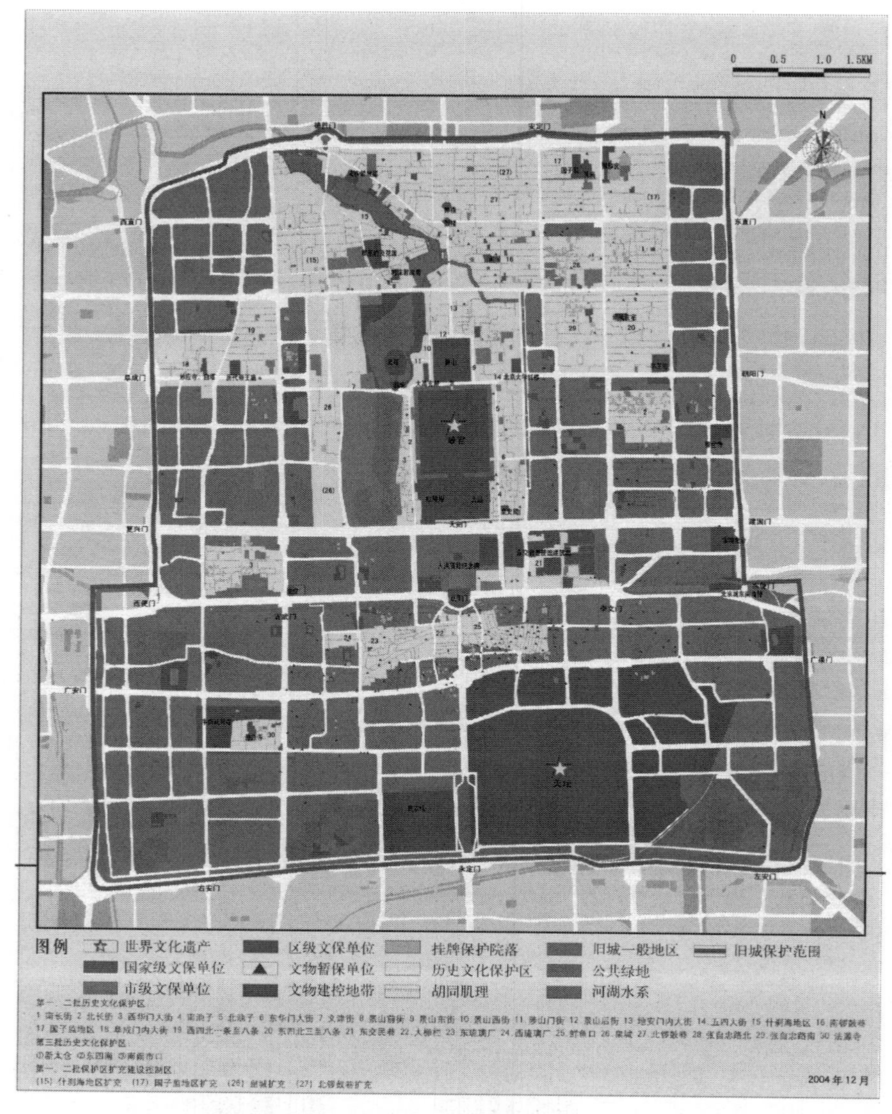

图6.11　《北京城市总体规划》中的旧城文物保护单位及历史文化保护区规划图[257]13

图6.12　金融街街区里的北京市文物保护单位“都城隍庙后殿（寝祠）”（资料来源：百度图片）

的一座后殿。不同于巴黎城区中蒙帕那斯大楼的突兀，在这一场景中两种力量势均力敌，甚至反而是这座文化遗产显得突兀了。其实在梁思成先生等人试图整体保护北京旧城未果之后，梁先生曾通过大屋顶的建筑形式，以及尽力控制建筑单体高度，寄希望于通过保住城市天际线来保全旧城风貌，都只是“退而求其次”的妥协做法了。当城市历史景观已经破碎到第三阶段时，新的与旧的两种势力势均力敌且相互交杂时，便凸显出了新时期中矛盾最明显的空间——城市遗产的周边环境（setting）。

综上，对于大部分当代城市来说，都已经进入到锚固-层积效应的第三阶段，历史城市的风貌与城市遗产的保护都面临着前所未有的挑战。而城市遗产的周边环境，则是时下最主要的矛盾空间，所以，如何有效地管理好城市遗产的周边环境，将是这一时代下保护城市历史景观最重要的入手点。

二、世界遗产语境下的“周边环境”概念

（一）概念演进历程

其实追根溯源，早在1931年，《关于历史古迹修复的雅典宪章》这国际上第一份保护性文件颁发的时候，其7条核心结论中的最后一条就是“应当关注历史地区的周边地区的保护①”[188]。非常有前瞻性的提出，古老纪念物周围高耸的建筑应在品质和外观上表达出对于城市的尊重，同时，一些重要的群组和独特视角也应得到保护，此外还强调了保护纪念物古老特质而选用的装饰性植物（ornamental vegetation）的重要性，反对广告、电线杆等高耸的杆状物。除了这些视觉层面的衬托以外，这里也提到了反对将嘈杂的工厂设立在临近遗产的地区，体现了对听觉隔离的关注，但总体来说都是基于遗产本体欣赏的美学考虑。

而周边环境成为一个单独被表述的概念，则是20世纪60年代初在国际保护社会的共识性文件中开始有所萌芽。1962年，联合国教科文组织（UNESCO）就在巴黎召开的第十二次大会上发表了《关于保护景观和遗址的风貌与特性的建议》，结合当时的现实问题发出了保护文化遗产“风貌与特性（beauty and character）”的倡议，以对抗因现代文明而加速的“原始土地的开发，城市中心盲目的发展以及工商业与装备的巨大工程和庞大规划的实施”[258]，成为国际上涉及文化遗产地周边环境（setting）的最早的共识。之后，这一理念又散见于一些公约、宪章、建议以及宣言中：国际古迹遗址理事会（ICOMOS）先后于1964年颁布的《威尼斯宪章》以及1987年颁

① 原文为：“Attention should be given to the protection of areas surrounding historic sites.”

布的《华盛顿宪章》对文化遗产地的环境都有所关注。联合国教科文组织的公约和建议中自1962年之后也对环境及其相关概念频频使用，诸如1968年颁布的《关于保护受到公共或私人工程危害的文化财产的建议》、1972年颁布的《保护世界文化和自然遗产公约》、1976年颁布的《关于历史地区的保护及其当代作用的建议》以及2003年颁布的《保护非物质文化遗产公约》。此外，继1994年的《奈良真实性文件》之后，近年来，2003年的《会安宣言——保护亚洲历史街区》、2004年的《恢复巴姆文化遗产宣言》以及2005年的《汉城宣言——亚洲历史城镇和地区的旅游业》等一系列国际会议所通过的结论和建议也表达了对这一领域的持续关注。半个多世纪以来，人们对文化遗产的概念认知不断扩展，上述国际共识的发展也反映出“周边环境”逐渐超出美学需求，越来越被认为是体现文化遗产地真实性、完整性的重要组成部分，需要加以保护的观念逐渐深入人心，并以《西安宣言》为集大成者提出了相关原则和建议。

如表6.1所示，笔者对体现“周边环境”理念变迁的相关原始国际文件做出初步梳理后得出，除了最初《雅典宪章》中尚不成专有词句的短语表述“历史地段的周边地区（areas surrounding historic sites）”之外，相关的概念表述涉及至少14个之多，其中直接相关的有9个：风貌与特性（beauty and character）、周边环境与特性（setting and character）、环境景色（place in the landscape）、周围环境（surroundings）、周围的环境（surrounding setting）、区位与场合（location and setting）、环境（environment）、自然场所和纪念地点（natural spaces and places of memory）、文化与地理环境（cultural and geographical settings）；间接相关或相类似的有5个：历史城镇与地区（historic towns and areas）、历史城区（historic urban areas）、历史地区（historic areas）、历史街区（historic districts）、历史地段（historic sites）。遂将其出处及解释条文列表如下：

表6.1　体现“周边环境”理念变迁的原始国际文件统计与分析表（资料来源：笔者自制）

发表年份	文件名称	发表机构	相关概念	解释条文
1962	关于保护景观和遗址的风貌与特性的建议	UNESCO	风貌与特性（beauty and character）	保护景观和遗址的风貌与特征系指保存并在可能的情况下修复无论是自然的或人工的，具有文化或艺术价值，或构成典型自然环境的自然、乡村及城市景观和遗址的任何部分。[228]

续表

发表年份	文件名称	发表机构	相关概念	解释条文
1964	威尼斯宪章	ICOMOS	周边环境（setting）；历史地段（historic sites）	保护一座文物建筑，意味着要适地保护其（周边）环境。任何地方，凡传统的（周边）环境还存在，就必须保护。凡是会改变体形关系和颜色关系的新建、拆除或变动都是决不允许的。一座文物建筑不可以从它所见证的历史和从它所产生的（周边）环境中分离出来。不得整个地或局部地搬迁文物建筑，除非为保护它而非迁不可，或者因为国家的或国际的十分重大的利益有此要求。[159] 必须把文物建筑所在的地段当作专门注意的对象，要保护它们的整体性，要保证用恰当的方式清理和展示它们。这种地段上的保护和修复工作要按前面所说各项原则进行。[159]
1968	关于保护受到公共或私人工程危害的文化财产的建议	UNESCO	周边环境（setting）；周边环境与特性（setting and character）	文化财产一词也包括此类财产周围的环境。[229] 应划定城乡中心的历史居住区和传统建筑群，并制定适当的规章以保护其环境与特性，比如：对重要历史或艺术建筑能够翻修的程度以及新建筑可以采用的式样和设计实行控制。保护古迹应是对任何设计良好的城市再发展规划的绝对要求，特别是在历史城镇或地区。类似规章应包括列入目录的古迹或遗址的周围地区及其环境，以保持其联系性和特征。对适用于新建项目的一般规定应允许进行适当修改。当新建筑被引入一历史区域时，这些规定应予以中止。用招贴画和灯光告示做一般性商业广告应予以禁止，但是可允许商业性机构通过适当的显示标志表明其存在。[229]
1972	保护世界文化和自然遗产公约	UNESCO	环境景色（place in the landscape）	在本公约中，以下各项为“文化遗产”：……从历史、艺术或科学角度看在建筑式样、分布均匀或与环境景色结合方面具有突出的普遍价值的单立或连接的建筑群；……[160]

续表

发表年份	文件名称	发表机构	相关概念	解释条文
1976	内罗毕建议	UNESCO	历史地区（historic areas）；环境（environment）；周围环境（surroundings）	“历史和建筑（包括本地的）地区”系指包含考古和古生物遗址的任何建筑群、结构和空旷地，它们构成城乡环境中的人类居住地。“环境”系指影响观察这些地区的动态、静态方法的、自然或人工的环境。[161] 历史地区及其周围环境应被视为不可替代的世界遗产的组成部分。每一历史地区及其环境应从整体上视为一个相互联系的统一体。[161]
1987	华盛顿宪章	ICOMOS	历史城区（historic urban areas）；周围的环境（surrounding setting）	本宪章关注历史城区，不论大小，其中包括城市、城镇以及历史中心或居住区，也包括其自然的和人造的环境。除了它们作为历史记录的作用之外，这些地区体现着传统的城市文化的价值。今天，由于社会到处实行工业化而导致城镇发展的结果，许多这类地区正面临着威胁，遭到物理退化、破坏甚至毁灭。[162] 所要保存的特性包括历史城镇和城区的特征以及表明这种特征的一切物质的和精神的组成部分，特别是：……该城镇和城区与周围的环境的关系，包括自然的和人工的；……[162]
1994	奈良真实性文件	奈良会议	区位与场合（location and setting）	真实性的来源之面向可能包括形式与设计、材料与物质、用途与机能、传统与技术、区位与场合、精神与感情，以及其他内在或外在之因素。[178]
2003	保护非物质文化遗产公约	UNESCO	环境（environment）；自然场所和纪念地点（natural spaces and places of memory）	各个群体和团体随着其所处环境、与自然界的相互关系和历史条件的变化不断使这种代代相传的非物质文化遗产得到创新，同时使他们自己具有一种认同感和历史感，从而促进了文化多样性和人类的创造力。[163] 促进保护表现非物质文化遗产所需的自然场所和纪念地点的教育。[163]
2003	会安宣言	会安会议	历史街区（historic districts）	保护亚洲历史街区。[230]
2004	恢复巴姆文化遗产宣言	巴姆会议	周边环境（setting）	在地震后整体性保护巴姆和其独特的周边环境。[231]

续表

发表年份	文件名称	发表机构	相关概念	解释条文
2005	汉城宣言	首尔会议	历史城镇与地区（historic towns and areas）；历史街区（historic districts）；文化与地理环境（cultural and geographical settings）	在亚洲，旅游业作为快速增长的经济活动，尤其可以为历史街区的保护提供强烈的动机。[232] 历史城镇与地区是亚洲国家活态文化遗产的主要组成部分。它们往往是亚洲国家及其不同民族间长时间的丰富文化交流历史的表达。它们的结构与非物质价值是不可再生亦不可复制的资源，必须予以认定和尊重，以确保文化的可持续发展，这反过来也会保证旅游业的可持续性。[232] 文化与地理环境是一个遗产地重要性不可分割的组成部分，因此也应纳入管理的考虑范围。[232]
2005	西安宣言	ICOMOS	周边环境（setting）	历史建筑、古遗址或历史地区的环境，界定为直接的和扩展的（周边）环境，即作为或构成其重要性和独特性的组成部分。[24] 除实体和视觉方面含义外，（周边）环境还包括与自然环境之间的相互作用；过去的或现在的社会和精神活动、习俗、传统知识等非物质文化遗产方面的利用或活动，以及其他非物质文化遗产形式，它们创造并形成了环境空间以及当前的、动态的文化、社会和经济背景。[24]

如《西安宣言》所总结到的，在这些文件中，“周边环境”普遍被认为是“体现真实性的一部分”，因此是保护世界遗产的突出普遍价值的一部分，强调应当与遗产本体一样控制外来因素的侵扰和破坏。《西安宣言》中对“周边环境”的态度则更多强调了完整性的理念，且不只拘泥于视觉或物质层面的完整性，而是强调“不要把动态的、复合的遗产整体仅仅当作一种静态的躯壳：不要割裂遗产，特别是延续着人类生活与文明传统的遗产中，物质与非物质文化的关系，局部与整体、与大环境背景的关系”[24]。当然，这个理念同样也适用于城市遗产的概念，甚至可以看作是第三章第一部分“（一）”中所阐释的文化遗产空间认知的又一次重要扩展。

（二）概念背景：完整性理念

“完整性”一词的拉丁原词根意为完整的性质①和未受损害的状态②。而作为遗产保护的基本原则之一，最初仅用于世界自然遗产的评估。1997年版的《操作指南》第44条指出，一项自然遗产在被提名列入《世界遗产名录》时，委员会将认定其是否至少符合自然遗产的4条标准之一并检验其完整性，而检验时所应包括的要素有：时间上的连续性：地域上的关联性；生态系统的完整和类型的多样性；具有持续且完备的立法、监管和保护措施等[263]。

从1990年文化景观被提出列入世界遗产名录，随后1993年拉佩蒂特皮耶尔（La Petite Pierre）、1996年在拉瓦诺兹（La Vanoise）、1998年在阿姆斯特丹（Amsterdam）召开的诸次专家会议都不断强化了文化与自然遗产之间的关联。暨真实性评估之外，完整性评估对于文化遗产的重要性也随之不断加强。直到2005年版《操作指南》，正式提出在进行文化遗产申报时，也需对其完整性做出评估，其中真实性用以证明（convey）突出普遍价值，而完整性则用以维护（sustain）突出普遍价值[264]。完整性从而成为更侧重于保护实际操作的世界文化遗产判断标准。从诸多文化遗产相关的宪章、宣言等国际保护文件中可以追述完整性理念逐渐深入人心的过程，我国学者镇雪锋（2007）就曾专门针对完整性概念，对其内涵的发展过程进行了较为细致的梳理[265]。

总之，从强调真实性到同样强调完整性的转变过程，在世界文化遗产保护的理念发展中贯穿在方方面面。其中“周边环境”概念的变迁、深化，与最终正式提出和强调就是在顺应这一大转变背景下产生的。

（三）与周边环境相关的操作制度：缓冲区

在实践操作方面，我国学者吕舟在1999年就指出，自1972年以来，在制定行动准则类的文件时都不断涉及“控制区”的相关问题，并且在世界遗产项目从申报直到批准的复杂决策过程中，这些控制区的问题与价值判定等其他问题同样具有决定性的作用[266]208。然而，诚如《西安宣言》的起草者之一，国际古迹遗址理事会副主席郭旃（2005）所言：“距离细化到实施，《宣言》还只是原则性的文件。显然，在理念和原则上达成共识之后下一步迫切的任务是广泛地宣传和推广，特别是要根据各国的不同情况，制定既与《宣言》精神相一致又更完善的理论与技术，指导遗产保护的实践全面跳入

① 对应英文为：the condition of being whole or undivided，completeness

② 对应英文为：the state of being unimpaired，soundness

新时代。”[91]7

国际方面，2008年在瑞士达沃斯（Davos，Switzerland）举行了世界遗产和缓冲区的国际专家会议，对周边环境理念的核心保护手段与实践——缓冲区，做出了深入的探讨，会后出版了重要文献《世界遗产第25号文件：世界遗产与缓冲区（World Heritage Papers 25: World Heritage and Buffer Zones）》，其中定义世界遗产缓冲区（World Heritagebuffer zone）为，“一个世界遗产委员会所使用的称谓，用以指代对世界遗产本体提供额外保护或促进其可持续利用的各种类型的缓冲区的总体”[267]。2012年的《实施世界遗产公约的操作指南》中，第104条则定义缓冲区为，“为了使提名遗产获得有效保护，在其周围划定的具有补充性法律的和/或习惯上限制其使用和发展的地区。一般应包括遗产的直接周边环境、重要视野及其他在遗产保护中发挥重要功能的区域或属性。①”[211]26

其实早在1977年世界遗产的第一版《操作指南》中，就已经有了“缓冲区”的概念，并一直是世界遗产申报与评估的依据之一。30多年来随着世界遗产保护观念的变迁和实践反馈，从诸版操作指南关于缓冲区的不同论述中可以看出，其概念和相关规定也不断拓展演变。这一部分的相关历史梳理和评价在《世界遗产第25号文件》中的《ICOMOS意见书（ICOMOS Position Paper）》部分已有较为详尽地析和论述可以参考，将来也可以基于这些文件做更深入的研究。更多具体关于缓冲区的制度在下文第三章第三部分“（三）”中展开，这里暂不赘述。

三、英国遗产保护语境下的“周边环境”概念

（一）选取英国为重点研究对象的原因

英国历史悠久，近代又第一个进行了工业革命，在随之到来的鼎盛时期中，影响过几乎全球的历史进程，留下了大量丰富的文化遗产。并且英国也是较早开始重视遗产保护的国家之一，从20世纪七八十年代开始，保护与利用文化遗产的力度更明显地得到了加强。

在传统的保护之外，英国尤其以擅长历史环境的管理、利用、更新等

① 第104条关于缓冲区的表述在2005版和2008版中也是相同的。原文为“For the purposes of effective protection of the nominated property, a buffer zone is an area surrounding the nominated property which has complementary legal and/or customary restrictions placed on its use and development to give an added layer of protection to the property. This should include the immediate setting of the nominated property, important views and other areas or attributes that are functionally important as a support to the property and its protection.”

面向未来的设计知名。比如实践方面，泰特现代美术馆（Tate Modern art museum），就是1995年由赫尔佐格与德梅隆（Herzog & de Meuron）设计中标的，对原本的河畔发电站（Bankside Power Station）工业遗产进行改造和适应性再利用的项目，如图6.13与图6.14所示，赫尔佐格与德梅隆用现代的方式回应历史建筑，既保护了历史建筑的风貌与空间特性，又通过改造使之适应了当代功能需求，还增加了新旧对比造成视觉冲突而带来的趣味性。又比如理论方面，近年来发展很快的创意城市（creative city）的理念，强调文化作为软实力对城市发展的重大影响，也是由英国学者查尔斯·兰德利（Charles Landry）在80年代末首先提出的，并在英国受到推崇[268]。

图6.13　泰特现代美术馆外景（资料来源：笔者自摄）

图6.14　泰特现代美术馆内景（资料来源：笔者自摄）

倘若更直观地阅读和理解英国文化遗产相关法律法规和政策，便会发现，他们习惯使用“历史环境”（historic environment）一词概括文化遗产相关事宜，更习惯于整体性的操作思路和方法，而非严格区分保护与发展。另外在使用“保护”（conserve）一词时，往往紧随其后，几乎形影不离的，便是“提升”（enhance）一词，可以看出其对待历史环境的态度是具有较强的实用主义色彩和与时俱进的态度的。

总体来讲，认同变化，并且善于管理变化，是英国遗产保护的重要特点，加上以提升人居环境质量为最终目的，都与本书的价值观和思路非常契合，所以选择英国为重要研究对象。固然英国与我国国情大有不同，和我国常年追随的联合国教科文组织的若干理念和做法也有不同，在对于保护的态度上要相对开放和激进得多，但从另一个角度来看，他们的探索也成为对于世界遗产体系以及我国保护体系的积极推进和有益补充，同济大学的朱晓明（2007）就曾高度评价英国在遗产保护的理念和实践中“既是经验丰富的长者，又是刻意进取的新锐”[269]11。所谓兼听则明，广泛的了解各种不同语境下对相同问题的解决思路与具体做法，不需全盘照搬，而是结合自身情况汲取彼之所长，以补己之所短，总结其经验，规避其错误，若如此做到批判的吸纳，将是十分有益的。

（二）英国语境下的概念定义

英格兰历史环境的管理问题上最重要的法令《规划政策声明5：规划历史环境》（Planning Policy Statement 5: Planning for the Historic Environment，下文简称PPS5），以及自2012年6月以来，新近取代该法令的《国家规划政策框架》（National Planning Policy Framework，下文简称NPPF）中，都一直将“周边环境（setting）”作为一个核心概念。而对于遗产本体的周边环境（setting of a heritage asset）的术语解释，两次法令的阐述都是相同的，即：“可以体验到遗产本体的周边地区。它的外延是不确定的，并且可以随着遗产及其周边的演进而变化。周边环境的组成元素可能对遗产本体的重要性做出积极或者消极的影响，可能影响对其重要性的欣赏，或维持中立。①”［270, 271］这段阐述简单明了，却又涵盖了很多最重要的关键点，笔者个人认为比世界遗产语境下“周边环境”的概念更具有现实的操作意义。

具体解析这个定义包含三方面内容：判定方法；空间范围；可能影响。

首先，将周边环境界定为“可以体验到遗产本体的周边地区”，既确立了遗产本体具有对周边环境的绝对中心性和统治性地位，同时也明确了作为周边环境的地区，其承载的最重要功能是体验遗产，即选择了人，而且是今人而非古人、体验者而非拥有者作为判定主体，这也构成了一片区域是否可以称为一处遗产本体的周边环境的判定方法，这样的判定方法彰显了英国遗产保护语境中对于人与人居环境的特别关注。

其次，是关于具体的空间范围，定义认为“它的外延是不确定的，并且可以随着遗产及其周边的演进而变化”，换言之，不能被确定的永久的认定为一个空间上有界限的地区，或距离遗产本体某个距离内的范围，而是随时间变化的。这很像笔者在第二章第三部分“（三）单个城市锚固点与层积化空间的相互作用范围”中所阐述的不确定性，尤其是该章节的第二小节——“2. 空间维度下的相互作用”中，引用图2.38“贾柯莫·巴拉于1912年创作的未来主义绘画：链条上的狗”所揭示的时空互动关系，这样的表述方式再次体现出英国遗产保护语境中对于“变化”的认同与尊重，非常具有“城市历史景观”所试图传达的理念精髓。

最后，是周边环境可能对遗产本体造成的影响，“周边环境的组成元素

---

① 原文为：“The surroundings in which a heritage asset is experienced. Its extent is not fixed and may change as the asset and its surroundings evolve. Elements of a setting may make a positive or negative contribution to the significance of an asset, may affect the ability to appreciate that significance or may be neutral.”

可能对遗产本体的重要性做出积极或者消极的影响，可能影响对其重要性的欣赏，或维持中立”。由于判定周边环境时选取了以人为主体，并非从遗产本体出发，所以英国语境中的周边环境并不必须是对遗产本体有益的。那么究竟如何管理使其获得品质的提升，自然成为英国语境中谈到周边环境时最为重视的问题。

以下是笔者自译的PPS5的113～117段，体现出在英国遗产保护语境下，要理解周边环境的几条关键性原则：

> 周边环境是可以体验到一处文化遗产的周边地区。所有遗产地都有周边环境，不论它们以何种形式存在，不论它们是否被指为保护对象。一处周边环境的元素可以对遗产本体的重要性起到积极或消极的作用，会影响对遗产本体重要性的欣赏，或保持中立。（113）
>
> 周边环境的范围和重要性常常经由视觉方面的考虑来表达。尽管从一处遗产本体向外望或望向它的视野都扮演着重要角色，我们在其周边环境中体验遗产的方式也被其他环境因素所影响着，诸如噪声、灰尘、震动；空间联系；或我们对地方之间历史关系的理解。举例来说，相邻但互相不可见的建筑可能有历史上或美学上的联系，这种联系会放大对它们各自的重要性的体验，它们则可以被认为是互为周边环境的。（114）
>
> 因此，周边环境会比宅地更为广泛，并且其被感知的范围可以随着遗产本体及其周边的发展而变化，或随着它们被理解的程度而变化。（115）
>
> 遗产本体的周边环境可以提升其重要性，不论该周边环境是否为这个目的所设计。一处乡村庄园的周围专门的开阔空地，一个中世纪教堂周围经过多个时期的开发而偶然形成的城镇景观，都可能提升了遗产本体的重要性。（116）
>
> 当评估周边环境对于重要性的贡献时，并不取决于公众权益和公众对于环境的体验，因为这会随时代和情境变化而改变。虽然如此，对于周边环境中变化的影响的适当评估也往往需要考虑到公众对于重要性的认知。（117）

（三）周边环境与英国规划的制定

在PPS5中，政策HE3.4指出，地方发展规划应该综合考虑如何最好地保护单独的、群体的、各类型的遗产本体，它们常常在忽视、衰落或其他威胁中承受着被迫消失的风险[270]。政策HE10.2则指出，地方规划当局（Local Planning Authority）应当明确出来在遗产本体的周边环境中做出改变的机会，使其能提升或更好的展示遗产本体的重要性[270]。专业性非政府组织英格兰遗产（English Heritage）曾总结过具体的相关政策和指导[272]，笔者将之翻译整理，如图6.15所示，这些都体现出英国在制定规划时对周边环境的特别关注。

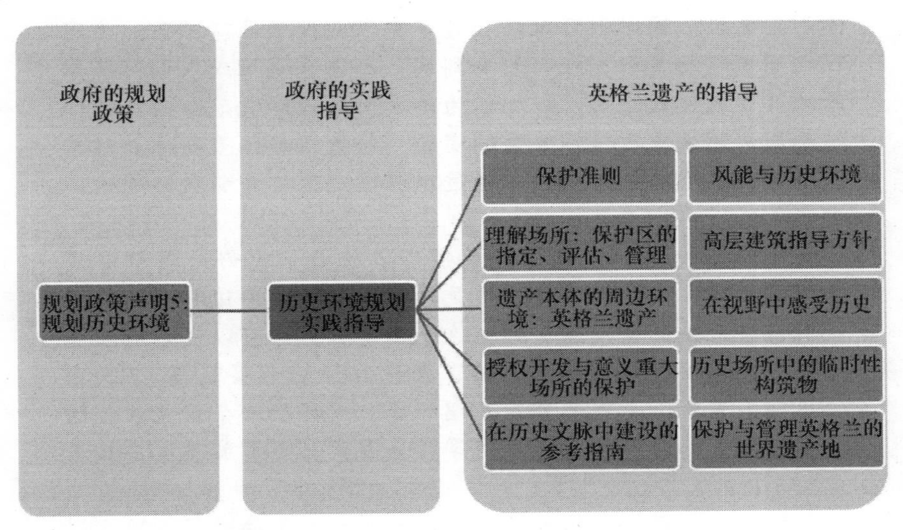

图6.15　英国政府与英格兰遗产颁布的与遗产本体的周边环境相关的政策与指导文件汇总（资料来源：笔者翻译与整理）

为达到保护与提升周边环境的目标，英格兰遗产指出，地方的发展规划应，通过颁布基于准则且因地制宜的政策，或有时通过颁布增补的规划文件，来确立对周边环境的保护和提升[272]。因为，这种类型的政策不但可以为影响到周边环境的个体规划申请提供高效的思考框架，还可以有效的记录周边环境变迁的层积过程，此外，由于与周边环境的紧密联系，关于周边环境的政策制定对于城市设计政策以及景观保护政策的交互参考也都很有帮助。

从这些官方与非官方的政策和指导中都不难归纳出，在英国遗产保护语境下，想要保护遗产本体的周边环境是不需要阻止变迁的。大部分的场所或区域都处在某些遗产本体的周边环境之中，而随着时间的推移总会经历一定程度的变迁，所以英国更强调对这一变化的“管理（management）”，落实到更实际的层面上，即每个规划项目具体的“开发管理（development management）”。PPS5的政策（尤其HE 6, HE 7, HE 8, HE 9, HE 10），加上PPS的实践操作指南中对其执行的建议，为考虑变迁对开发管理进程中涉及的周边环境可能产生的影响提供了框架，这些周边环境可能属于被指定的保护对象或尚未被指定的遗产本体，比如其中HE8陈述了尚未被指定的遗产本体的周边环境政策，HE9和HE10则针对已被指定的[270]。

以下是笔者自译的PPS5的118～122段，体现出英国在评估开发对于周边环境的影响时所遵循的几条关键性原则：

变迁，包括开发，可以保持、提升，或更好的展示遗产本体的重要性，同时也可以贬损其重要性，或者保持不变。为实现空间规划的目标，任何影响到遗产本体重要性或人们对其体验的开发或变迁，都可以被认为是属于周边环境范畴的。假如过去周边环境中有过不适合的变迁，导致了本体重要性和对其欣赏体验的下降，可以考虑通过逆转这些变迁重新提升周边环境。（118）

理解一处遗产本体的重要性可以使我们更好地理解其周边环境对该重要性的贡献。这是对于任何影响周边环境的开发做出恰当评估的出发点。经由这个出发点，才可以考虑对本体重要性的影响效果，并权衡接下来的由PPS5政策7、8、9列出的原则。当这一考虑最可能处理加建，或移除一个视觉入侵的问题，但诸如噪声或交通活动等其他因素与历史关系也应该考虑。（119）

评估任何遗产本体周边环境内的开发申请的时候，地方规划当局可能需要考虑这一事实：累积变迁的影响和开发可能从实体层面上贬损遗产本体重要性，从而也会破坏了它现在或将来的经济生存能力，并因此威胁到正在实行的保护。（120）

对影响遗产本体周边环境的开发的设计是决定其影响的重要角色。如果能够小心的设计新建筑，并通过尺度、比例、高度、体块、对齐及材料的选用实现对其周边环境的尊重，周边环境对遗产本体历史重要性的贡献就可以得到保持或提升。这并不意味着新建筑一定要原样照抄周围更古老的毗邻建筑，而是应该与之共同建构一个和谐的群组。（121）

遗产本体的重要性，计划的变迁会对该重要性及欣赏它的可能性造成多大程度的提升或贬损，一个对周边环境影响的适当的评估都应对此有所考虑，并与之相符合。（122）

四、周边环境与其他几个相近概念的关系

（一）视野

“视野”（view），顾名思义，是强调纯粹的视觉印象。在文化遗产和历史城市保护的语境下，因为鸟瞰的角度具有特殊重要性，有时也使用“眺望景观”作为尤其关注的视野类型。日本学者西村幸夫就曾整理了各国的历史城市景观的视觉控制做法，是针对该问题十分有效的参考[101]。也正因为视野强调的是视觉，与周边环境的差异就显而易见了，如《西安宣言》对遗产地周边环境的定义中所阐述的，该定义之所以提出就是为了扩展“实体和视觉方面含义外”[24]的更多含义，诸如体验性的、非物质的，详见上文第六章第二部分关于世界遗产语境下的周边环境概念解读。

尽管如此，不可否认的是，周边环境对于遗产本体重要性的贡献仍然是常常由视野代为表达的。作为一个遗产地或场所的视野，是由某个特殊的视点所获得，或在穿行移动的过程中获得。任何遗产本体的周边环境都有可能包含各种各样的视野：穿过或包括这个本体的视野，以及从遗产本体或穿过遗产本体看向周边的视野。一个长距离的视野可能与众多其他遗产本体的周边环境交叉或混合。从比较广泛的遗产本体出发的视野也可以对重要性有重大贡献：比如，从历史城镇的中心出发的视野，穿过城镇景观直到其周边的乡村，或者从一个历史住宅出发，穿过它周边设计过的景观直到更远处的乡村。

一般来讲，一些特殊的视野对理解遗产本体重要性的贡献会大于其他视野。这可能是因为该遗产本体与其他遗产、或地方、或自然环境特征尤为相关；抑或因为某一特殊视野或视点的历史关联；又或者因为组成该视野的是遗产本体的原初设计中的重要方面。遗产之间的，或遗产与自然环境之间的刻意的视线交叉可以对重要性起到独特的重要作用。一些遗产，不论是否属于同一时期，为了美学的、功能的、仪式的、或宗教的原因，原本建设意图上就是互相可见的。这类遗产可能包括军事的和防御的场地；电报或灯塔；史前的葬礼或仪式性场所等等。类似的，很多历史公园和花园都有刻意的连接，比如连接到其他设计过的景观，遥远的“抓住眼球”的特征，或“借景”远超出公园边界的地标。与自然或地形要素、太阳月亮的自然现象的视线交叉也会对某些遗产本体产生重要贡献。当然，其他的视野或周边环境中的其他元素和属性也应得到重视，英格兰遗产（2011）的另一份报告《在视野中感受历史：视野中的遗产重要性评估方法》也是非常有价值的参考[273]。

综上，“视野”的概念是狭隘于“周边环境”概念的，同时也是周边环境不可割裂的，甚至最重要的构成部分，在遗产本体与周边环境的保护和管

理中，应当得到充分的关注。

（二）文脉

“文脉”（context）一词，最早是取自语言学的概念，在狭义上可以解释为“一种文化的脉络”[274]121。而到20世纪60年代初，随着后现代主义思想开始兴起，文脉也被借鉴到建筑与城市学中，最初兴起于美国，代表人物有查尔斯·詹克斯（Charles Jencks）[275]、罗伯特·斯特恩（Robert Stern）、科林·罗（Colin Rowe）[276]、罗伯特·文丘里（Robert Venturi）[277]等。后现代主义建筑与城市学注意到，现代主义的建筑和城市规划由于过分强调对象本身，而忽视了对象彼此之间的相关性，缺乏对于场所历史和文化的基本关怀。比如，在建筑层面上就表现为丝毫无关于地方特质的国际式风格，并进而导致其所组成的城市环境冷漠单调。而基于“文脉”理念的提出，后现代建筑与城市学试图还原和重建场所原本的地方特性，开拓了小到建筑构造手法，大到城市设计与规划的多领域探索，主张回归到传统的、地方的、民间的形式与内容中寻找设计的立足点，以实现传统文化与现代生活相互融合为最高目标。

回到与周边环境概念辨析的问题上来，文脉是一个非法律用语，自产生之时就与传统的保护有不可分割的关联，常常用于描述遗产本体和其他影响其重要性的遗产的关系。英格兰遗产（2008）认为这些关系可以是文化的、智力的、空间的或功能的[278]。同时，文脉所指代的这些关系是超越距离的，可能远远超出周边环境被认为的范围，还可以包括遗产本体和与之同一时代，或同样功能，或被同一个设计师、建筑师所设计的其他文化遗产的关系[272]。

综上，可以说“文脉”是一个比“周边环境”所涵盖的范围更广泛的概念，甚至更接近于“城市历史景观”的所指，思想上也极为相似，都是更强调关联性，但是也更为抽象。

（三）景观、城镇景观、城市历史景观

从最广义且偏重自然郊野环境的“景观”（landscape），到城镇背景下的“城镇景观”（townscape），以及由其发展而来的更针对城市的新理念“城市历史景观”（historic urban landscape），这些概念的所指都是比较广泛的，其自身内部会包含很多遗产本体，及这些遗产本体所嵌套的、相互重叠的周边环境。

与此同时，它们也有自己的周边环境，比如，一个保护区会包括很多登录建筑的周边环境，但同时也会有自己的周边环境，保护区的品质与外观对于周边环境也很重要，并且经常与城镇景观的属性相关，如照明、树、边

缘，或对边界及街道界面的处理等[279]。又比如，整个的历史城镇会有周边环境，在一些案例中，可能表现为绿带的划定，或我国特有的风水堪舆之说。

排除上述的那些本身就具有区域性和景观性的遗产类型，回到诸如单体建筑或遗址类的遗产本体的周边环境，可能很直接地反映出其所处的城市历史景观、城镇景观或景观的品质特性，比如乡野小镇中一处古老民居周边色彩明快的田地；或者也可能迥异于它们，比如坐落于繁忙的城市街道场景中的一个历史悠久的公共建筑周围安静的花园。但无论一处遗产本体的周边环境和它更广泛的周边地区之间究竟是相类似还是相对比，也不论是偶然形成还是经过专门设计的，都会对遗产的重要性产生重要贡献，并影响景观、城镇景观或城市历史景观的特质。

综上，“周边环境”是“景观”“城镇景观”或“城市历史景观”的重要组成部分，同时彼此发生反应和产生影响。而针对城市遗产的具体问题，从城区中遗产本体的数目和邻近程度可知，周边环境是与城市设计问题密切相关的，所以这也是下文第八章中将着重阐述的。

五、周边环境与城市设计

（一）周边环境的意义

对于不同的遗产留存形式，周边环境对其重要性的影响力度也不同。但即使在遗产本体被遮蔽或无法观看的情况下，周边环境的贡献也并不一定是无效的。这里比较典型的例子是古代战场的遗址，历史上的战争常常并未留下可见的痕迹，如图6.16所示的布罗尔·西斯古战场（Blore Heath battlefield）就是如此，但战场仍然保存有其位置和周边环境，这可能包含着重要的战略视野、战争双方互相逼近的路线、对战争结局起到重要作用的地形等，辅助我们理解遗产的本体[272]。相似的，仅由填埋着的遗址所构成的遗产本体也许尚不能被普通游客所欣赏，尽管如此，它们却保持着景观上的存在，与其他遗产本体一样拥有自己的周边环境，所以同样的，填埋着的遗址也可以在很多方面被理解与欣赏，比如通过维持的比较完善的历史街道、边界样式、与周围山形水势及其他遗产本体的关系、或其周边地块在很长时间内一直延续的使用方式等，如图6.17与图6.18，是我国新近列入世界文化遗产名录的元上都遗

图6.16　1459年开启了英国玫瑰战争的布罗尔·西斯古战场遗址今貌[272]9

址①，在划定这一遗存的缓冲区时，选定了如图6.19所示的面积约1507平方公里的浅绿色范围，其中涵盖了敖包群和保留至今的蒙古族“敖包祭祀”等传统人文景观，以及湿地、典型草原、森林草原和沙地等蒙古高原草原特色景观在内的遗址周边环境。[280]

图6.17　元上都遗址实景[280]

图6.18　元上都遗址的卫星地图[280]

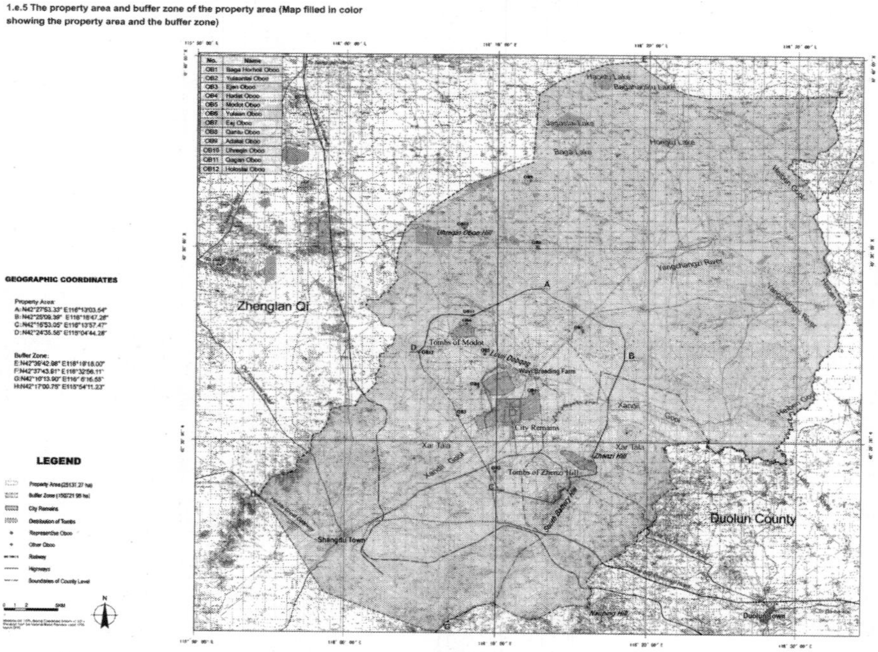

1.e.5 The property area and buffer zone of the property area (Map filled in color showing the property area and the buffer zone)

GEOGRAPHIC COORDINATES

LEGEND

Zhenglan Qi

Duolun County

图6.19　世界文化遗产元上都遗址划定的城市遗存（红色）、保护范围（黄色）、缓冲区范围（绿色）示意图[280]

虽然如上述的两个例子，一部分遗产本体的周边环境可能在很长一段时

① Site of Xanadu, China符合标准（ii、iii、iv、vi），于2012年被列入名录。

间内仍保持了相对较少的变迁，仍然与遗产本体初次建设或初次使用时的周边环境相仿，不过总体来讲，遗产本体的周边环境有两种可能的存在形式：一类是比较真实地维持下来的，另一类则是经历变迁和再设计的。

很多遗产本体都拥有再设计过的周边环境，这些设计是为了提升它们的存在和视觉趣味，或创造戏剧性的体验、惊奇。视野和远景，或刻意的遮挡，都是这些设计过的周边环境的关键特征，同时也可能提供设计轴线，确立尺度、结构、布局、品性。这些设计过的周边环境也可能在后来的历史中凭借其自身因素而被看作遗产本体，正如前文第五章所述的从卡迪夫城堡扩展到布特公园或凯特斯公园的城市锚固点与层积化空间生长过程一样，从而拥有更大范围的周边环境：一个公园可能是一个大住宅或公共建筑的直接周边环境，而与此同时，它可能又有自己的周边环境，包括望向远处其他遗产本体的视线，或公园外围的自然特色。

针对历史城市来讲，如锚固-层积模型所阐释的，今日之城市历史景观的品质特性，常常是由历史上周期性的维持和覆盖塑造而成的。所以无论是以上哪种存在形式的周边环境，在评估发展对遗产的周边环境所产生的影响时，也需要给这些情况以同等程度的考虑；遗产本体的周边环境是城市历史景观品质特性的组成部分，对此有所认知，有所回应，是新开发的设计过程中很重要的方面，并至少很大程度上决定了最终结果的质量。

（二）周边环境在锚固-层积效应第三阶段中的独特贡献

在城市中，对于比较真实的维持下来的类型，随着时间增加，真实地保持最初的周边环境的可能性也会逐渐下降，而真实的周边环境往往对遗产本体的重要性是有重大贡献的，主要体现为历史城市里各片保护区的范围。典型的例子比如北京旧城里钟鼓楼的周边环境，如图6.20所示，虽然有电线杆等现代构筑物的置入，老房子也经历了不少改造，但维持了相对于真实的胡同四合院肌理，以及对景钟楼这类重要的视野，显然，坐落于这样传统而真实的周边环境中，也为作为城市锚固点的文化遗产本体增色不少。而另一种类型，即我们今天可以体验到遗产本体的周边环境的绝大部分，都是随着时间发展经历了很多变迁的，并与前一种类型共同构

图6.20　在较为真实的胡同中所见的钟楼（资料来源：笔者自摄）

成当下的城市历史景观。仍以北京旧城为例，位于阜成门内西四地区的，始建于元代的白塔寺，通过历史与现状照片的对比，如图6.21和图6.22所示，明显可以看出现代的道路、建筑物、构筑物、甚至车辆、广告等对该周边环境所造成的改变，并且无论好坏，这是经历过再设计的，发展至今天这个时间点的周边环境。本书提出的锚固-层积模型正是为了辅助理解这一变迁历程，借助该模型，我们可以判断现在在周边环境内的开发建设日后会如何影响遗产本体的重要性。

图6.21　北京白塔寺正门的历史照片
（资料来源：百度图片）

图6.22　北京白塔寺正门的现状照片
（资料来源：笔者自摄）

在当今的城市中，最为常见的情况是，对历史风貌有着严重影响的锚固-层积效应的第三阶段——城市更新背景下产生的反向覆盖，逐渐取代第一和第二阶段成为主流，新的建筑尺度、材料、形式无不与传统风貌形成巨大的反差。而处在文化遗产与现代城市的最强冲撞地带的，便是周边环境。周边环境本身也处在最为剧烈的变化之中，这些变化本身影响着遗产本体的重要性，以及城市历史景观。因此，在第三阶段混杂的城市环境中，周边环境将尤其具有独特的贡献，是我们可能尝试保护城市历史景观的最佳入手点。

所以，对于那些在过去的无情开发中被牺牲了的周边环境及其遗产的重要性，正如英国的《规划政策声明5》中所指出的，首先需要予以关注的，就是它们将来的变化是否会对遗产重要性引起更多的贬损抑或提升[270]。可能预期的消极的变化包括，隔断遗产本体与其真实的周边环境间最后的联系等，积极的变化则包括，重建一个建筑原初设计的景观，或移除一些损害到建筑视野的构筑物等，都需要在城市设计的尺度下来实现改善。

（三）英国在涉及周边环境时的一些城市设计经验借鉴

随着在遗产本体周边环境内部建成地区的新开发与日俱增，城市设计的考虑常常与保护和提升周边环境紧密相关。英国政府与英格兰遗产及其他组织在涉及周边环境时的城市设计问题上有过大量探讨，很有借鉴价值。其各个政策与操作指南可以帮助确保遗产本体与其周边环境能通过城市设计，在物质的、经济的、社会的层面上整合进现代的城市历史景观结构中。

1. 物质层面

城市历史景观的周边环境中，特意设计的或偶然形成的美丽程度，及其可提供的视觉和谐一致程度，虽然是变化多样的，但总是一个重要的考虑因素。

城市历史景观的遗产重要性为遗产本体们提供着周边环境，如图6.23所示的巴斯古城，很多英国历史城镇的经验都告诉我们，大范围内的视觉和谐来源于少量建材的反复使用，诸如巴斯鲕状石灰岩，或布莱顿灰泥，即便每个单体建筑都是建造于不同的时代，风格也各不相同，却不会影响整体的和谐体验。在这种文脉下，新建设的设计若采用相同的色调则更容易有积极的贡献，而选用不和谐的材料则会有消极的影响。同样地，其他城镇景观周边环境可能包含很多材料与样式，但其和谐可能来源于共同的对齐、尺度或其他属性的统一，这些都是新的开发设计应当遵循的。

在很多实例中，历史地区中创新的建筑和结构因其本身的高品质而很有价值，比如图6.24所示伦敦（London）的泰晤士河（River Thames）上著名的千禧桥（Millennium Bridge），或者更官方的称呼叫作伦敦千禧人行桥（London Millennium Footbridge），在2000年才落成的这一崭新构筑物是由英国建筑大师诺曼·福斯特（Norman Foster）所设计，采用光之刀（Blade of light）的设计理念，使用充满现代气息的钢和玻璃为主要材料，是一座风格简洁明快的吊索桥。它一端连接圣保罗大教堂（St Paul's Cathedral），另一端连接由过去的发电站改造而成的泰特现代美术馆（Tate Modern art museum），因其独特设计，使自身获得了较高的美学和技术价值，既活跃了地段的历史氛围，又丰富了游览体验。

图6.23 在大教堂顶鸟瞰巴斯古城（资料来源：笔者自摄）

图6.24 泰晤士河上的伦敦千禧人行桥与圣保罗大教堂（资料来源：笔者自摄）

不过一般来讲，在遗产周边环境的开发中，如果设计为与众不同或支配性的，往往容易对本体的重要性造成损害，所以英国规定，根据《规划政策声明5》中的相关政策，在这种情况下首先需要对损害做出正当性的辩护。在对一个设计方案最终的公共利益做出判断时，当辩护的理由部分或全部都在于宣称新建筑的美学价值所可能带来的公共利益时，判断会被认为是具有主观性和推测性的。这可以与周边环境在当下对遗产本体重要性的贡献的确定性程度相类比。而当辩护的理由是来自于建筑的用途，并非美学价值时，根据《规划政策声明5》的政策HE7.2和HE7.5，应尤其在其他设计中尽量避免新建建筑相互之间的冲突，或对历史环境的损害[270]。这方面相关的更细节的经验可参考一系列有英格兰遗产参与的研究报告，比如2000年出版的《通过设计：规划体系中的城市设计——向着更好的实践》[281]、2001年出版的《在文脉中建设：历史区域中的新发展》[282]，以及同年的《在文脉中建设的参考指南：历史区域中的新发展》[283]等。

2. 经济与社会层面

周边环境概念尤其强调了对于非物质层面的理解。如果周边环境与遗产本体的联系因不好的设计，或选址不当的开发建设项目而遭到削弱，遗产本体的经济与社会生存能力会减退，这也是在涉及周边环境问题的城市设计中另一个重要的关注点。

很常见的情况之一便是，一条影响到历史建筑周边环境的新道路的规划，会影响公众前往游览或使用的可能和意向，从而降低了遗产的社会、经济生存能力，或限制建筑的市场运营及再利用的选择。比如，图6.25所示的位于英国威尔士省的纽波特市（Newport），与前文提到的威尔士首府城市卡迪夫一样，该市也拥有一个历史悠久的、居于市中心的城堡，即图6.25卫星地图正中的，河水西侧的，南北由两座大桥引桥限定，西侧由高架公路限定位置的古代遗迹——纽波特城堡（Newport Castle）。图6.26与图6.27则分别从不同视角，更清晰地展现了近代以来修建的这几条巨型路桥与该城堡的关系，以及它们对其周边环境的破坏。在英国，类似的例子还有如图6.28所示的，位于唐卡斯特（Doncaster）的圣乔治大教堂（St George's Minster），由于历史上前往它的路径被20世纪70年代修建的环路穿过而打断，直接导致了如今大教堂集会规模的缩减；又比如图6.29如所示，位于汉普郡（Hampshire）的哈特利惠特尼谷仓（redundant barn at Hartley Witney）由于紧邻着新修建的M3高速公路，严重限制了其改造和适应性再利用的可能，如今只是作为了与历史文脉毫无关联的汽车展览室[272]。显然，这些过于宽阔而繁忙的交通要道不但从物质层面上切断了文化遗产本体与历史文脉的关联，使之显得突兀，以及带来大量噪声污染影响欣赏，更为重要的是，其上高速通行的车辆切断了人们前往观瞻的路径，也就切断了这些历史遗迹

图6.25 纽波特的城市卫星地图（资料来源：谷歌地球）

图6.26 纽波特城堡及其周边环境的鸟瞰图（资料来源：谷歌图片）

图6.27 从宽阔的高架公路上所见的纽波特城堡（资料来源：谷歌图片）

图6.28 唐卡斯特的圣乔治大教堂与环路[265] 11

图6.29 汉普郡的哈特利惠特尼谷仓与M3高速公路[265] 11

在今天的城市中赖以生存的生命力，更容易使之沦落为呆板的、标本一般死气沉沉的展览品。

相比之下，越晚经历大规模城市重建，或者称为锚固-层积效应第三阶段的英国城市，越能注意到和避免这类缺失城市设计事件的发生。如前文第五章第一部分“（五）”中所述的卡迪夫城市（Cardiff）与卡迪夫城堡（Cardiff Castle）的现状就要明显的优于上述这些案例，显然，在卡迪夫城堡周边的城市设计中，不止关注了周边环境的物质层面，也重视了经济与社会的非物质层面，其具体的操作制度与规划设计在下文第八章中会做更为详细的展开。

六、本章小结

综上，在英国遗产保护的语境下，周边环境是“可以体验到遗产本体的周边地区”[270, 271]，是明显外在于遗产本体的空间，这与世界遗产语境下的定义是非常不同的；世界遗产中将周边环境看作是与遗产共同“作为或构成其重要性和独特性的组成部分”[24]，更倾向于将周边环境也用遗产的真实性与完整性理念来框定，即意图将其作为扩大的遗产本体。本章着重关注了上述两个语境下周边环境的含义，并将其与视野、文脉、景观等概念对比分析以厘清其概念。笔者认为，不同于其他概念，周边环境有其独特的所指和意义，而英国语境下周边环境的定义与世界遗产语境下定义出发点和关注点的不同，二者互为意义重大的扩充，应当综合借鉴，为我所用。由于我国目前关于周边环境的理解与操作模式更接近，且更倾向于世界遗产的语境，然而与此同时，处于锚固-层积效应第三阶段的大量城市广泛的呈现出风貌混杂的现状，借鉴相对更为直观、灵活、更具可操作性的英国经验显得尤为必要。

涉及周边环境的具体范围划定问题，从世界遗产语境下的定义中应当认知到，对于周边环境问题的理解应不仅限于物质层面的实体和视觉方面之外，还应要扩展到与大自然的联系、与传统的联系等非物质的层面；而从英国遗产保护语境下的定义中则可以理解到，周边环境包含遗产本体所有的周边地区，可能是土地、海洋、建筑物和构筑物、景观特征、天际线等等，只要是从那里可以体验到遗产本体，或者从遗产本体可以体验到的，或被和遗产本体共同体验的。有时文献中会以“直接（immediate）”和“外延（extended）”来参考划分遗产本体的周边环境，但这些分类并不具有某种正规的含义或所指[272]。日常的案例会大量涉及本体的直接周边环境（immediate setting），但外延周边环境（extended setting）的开发也可能影响其重要性，尤其是大规模、显著的或侵入性的建设行为。总之，在两个定义中，周边环境都难以划定出一个固定的边界，不能被确定的永久的认定为一个空间上有界限的地区，或距离遗产本体某个距离内的范围。但可以确定的是，关于遗产本体周边环境的组成的认知，可能会随着其本体与周边地区的发展而变化，或随着对遗产更深入的认知而变化，远处的高层建筑的建设；更广范围内的开发导致的噪音、气味、晃动或尘土；或对相邻遗产本体之间关系的新认知都可能延展之前认知的周边环境的组成。

简而言之，与城市历史景观相仿，周边环境同样是会随时间而变迁的。因此，周边环境也将同样遵循锚固-层积效应三个阶段的过程与特征，并且往往是锚固-层积效应的各阶段中反应最激烈的层积化空间区域，第三阶段中所展现的对抗性尤为明显。在今天的我国正在经历锚固-层积效应第三阶段的大多数城市环境中，这也使得周边环境的管理成为保护城市历史景观的最需着力之所在。优秀的城市设计实践将有能力、更有责任协助周边环境的管理，以及城市历史景观的保护。

第七章
我国涉及城市遗产与其周边环境的保护制度评述

一、我国涉及城市遗产与其周边环境的保护机构与体系概述

（一）将我国相关制度划分为三套体系的概述和依据

在前文中，从第二章到第五章，本书针对城市历史景观的认知提出了锚固-层积理论的模型，总体来讲，运用锚固-层积理论来保护历史城市的城市历史景观，主要应涉及两部分工作，即城市锚固点的保护和再利用，与层积化空间的良性转化。在这一章中，笔者将考察我国相关制度的发展与完善情况，并研究与借鉴英国的相关制度。鉴于这些都将是基于已有制度历史和现状的考察，故将上述两部分简化为更贴近我国实际情况的——近似于针对城市锚固点的文物保护单位制度；近似于针对层积化空间的历史文化名城制度——以方便开展陈述、分析、评价。

此外，鉴于本书第六章依据锚固-层积理论模型着重指出，大部分我国城市目前面临着处于锚固-层积效应的第三阶段该如何保护城市历史景观的现状，认为周边环境是解决这一问题关键性的层积化空间区域。所以，虽然在操作层面上，我国的城市文化遗产保护现今已经基本形成了由文化部主管的文物保护单位，以及由住房和城乡建设部主管的历史文化名城两个大层次较为完善的保护体系①，但两者的尺度差异实在可以说是巨大的，对于其中间尺度，亦即最贴近周边环境的尺度，二者都有所延展，不过尚不足以形成一套完善的体系，且存在两个主管部门条块分割的复杂现实问题。

综上，本章节的研究拟将我国的现状体系划分为文物保护单位体系、历

① 主管部门的不同实际上也正是将我国涉及城市历史景观保护的措施划分为两套基本体系的根本原因。

史文化名城体系，以及尚未完善的周边环境保护体系，共计三套体系来分别展开。

（二）文化部、国家文物局与文物保护单位体系

中华人民共和国文化部是国务院的组成部委之一，是中国文化行政的最高机构。作为国务院的职能部门，在国务院领导下管理全国文化艺术事业。文化部的主要职责是：拟订文化艺术方针政策，起草文化艺术法律法规草案；拟订文化艺术事业发展规划并组织实施，推进文化艺术领域的体制机制改革等等，同时，管理国家文物局[280]。文化部部机关的组成包括：办公厅、政策法规司、人事司、财务司、艺术司、文化科技司、文化市场司、文化产业司、社会文化司、非物质文化遗产司、对外文化联络局（港澳台办公室）、机关党委、驻部纪检组监察局、离退休干部局[284]。

我国的文物保护单位体系由全国重点文物保护单位（即中国国家级文物保护单位）、省级文物保护单位、市级和县级文物保护单位，以及尚未核定公布为文物保护单位的不可移动文物几个级别组成。根据2007年《中华人民共和国文物保护法》第十三条的规定，全国重点文物保护单位应由国务院文物行政部门遴选和报批[212]。而这里所说的"国务院文物行政部门"即国家文物局，如前所述是归文化部管理的，也是我国文物保护单位体系中的实际主责部门。

以级别最高的全国重点文物保护单位为例，我国自1961年公布第一批名录以来，截至2013年第七批名录的公布，目前已拥有国保单位共计4295处，统计情况如表7.1所示。其中山西省就有452处，居于全国首位，如图7.1所示；河南省357处，是我国位居第二的文物大省；首都北京市则有125处。

表7.1　七批全国重点文物保护单位的总体情况统计（笔者参考维基百科与国家文物局官方网站资料自制）

公布批次	公布日期	增加个数	合并个数
第一批	1961年4月3日	180	0
第二批	1982年2月23日	62	0
第三批	1988年1月13日	258	0
第四批	1996年11月20日	250	12
第五批	2001年6月25日	518（−1）	23
第五批增补a	2002年11月22日	1	0
第五批增补b	2003年3月2日	1	0
第五批增补c	2003年4月3日	1	0

续表

公布批次	公布日期	增加个数	合并个数
第六批	2006年5月25日	1,080	106
第六批增补a	2009年8月20日	1	0
第七批	2013年3月5日	1,943（+1）	47
总计		4,295	

注：合并个数是指，之前未被列入名录的项目合并至已被列入的项目中。多个项目合并至一个项目时，有时记为一个，也有时记为多个，此处统计采用的是官方公布的数字。

图7.1　山西省大同市的悬空寺与其全国重点文物保护单位的标识
（资料来源：笔者自摄）

具体到每个城市中，一般都拥有该体系下各个级别的文物保护单位。若以北京为例，如图7.2所示，是笔者搜集到的并未正式出版的，由北京市文物局协助绘制的《北京文化遗产保护地图》，图例包括世界文化遗产、全国重点文物保护单位、北京市文物保护单位等，虽然图中所标示的并不完整，且未能包括区级文物保护单位，但可以大致了解到北京市市区内各级文物保护单位的总体分布情况[285]。

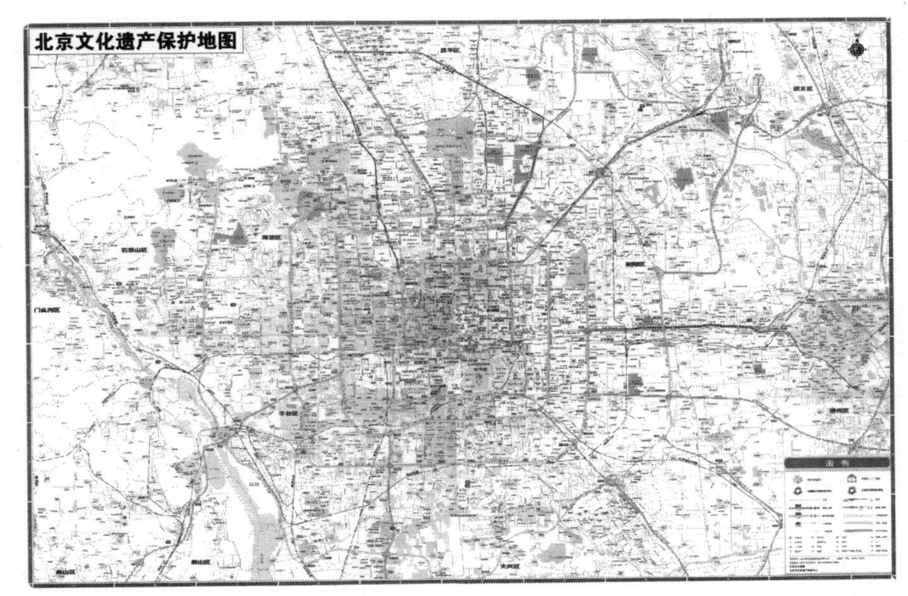

图7.2　北京市各级文物保护单位的总体分布图[285]

（三）住房和城乡建设部、城乡规划司与历史文化名城体系

中华人民共和国住房和城乡建设部，是2008年中央“大部制”改革背景下，新成立的中央部委。是中华人民共和国负责建设行政管理的国务院组成部门。主要职责包括承担保障城镇低收入家庭住房的责任；承担推进住房制度改革的责任；承担规范住房和城乡建设管理秩序的责任等等[286]。其内设机构包括办公厅、法规司、住房改革与发展司（研究室）、住房保障司、城乡规划司、标准定额司、房地产市场监管司、建筑市场监管司、城市建设司、村镇建设司、工程质量安全监管司、建筑节能与科技司、住房公积金监管司、计划财务与外事司、人事司[286]。此外还有派驻机构和住房和城乡建设部稽查办公室。

我国的历史文化名城制度主要包括两个层次，即国家历史文化名城与省级历史文化名城。根据2007年最新版《中华人民共和国文物保护法》第十四条，历史文化名城的遴选标准是“保存文物特别丰富，具有重大历史文化价值和革命意义”[212]，而保护和监督管理历史文化名城（以及历史文化名镇、名村）的有关工作，则是由住房和城乡建设部的内设机构城乡规划司负责承担[286]。

我国的历史文化名城保护制度的初创是在1982年，由中华人民共和国国务院确定名单并公布，首批共24个国家历史文化名城，后来又经多批公布及增补，如今在册已达一百多个，如表7.2所示。这些历史文化名城广泛分布于全国范围内[287]，并可细分为古都型、传统风貌型、风景名胜型、地方及民族特色型、近现代史迹型、特殊职能型，以及一般史迹型共七种类型。

表7.2　多批国家历史文化名城的总体情况统计（笔者参考维基百科等资料自制）

公布批次	公布日期	增加个数
第一批	1982年2月8日	24
第二批	1986年12月8日	38
第三批	1994年1月4日	37
增补	2001年至2013年	25
总计		124

（四）尚待完善的第三套体系：周边环境尺度

如前所述，上述两套体系主管部门明确，制度完善，然而由于二者发挥作用的尺度相差巨大，所以在事实上，介于两者之间，后来也出现了一些笔者暂称之为“周边环境尺度”下的保护制度。王景慧先生等学者认为可以将我国的历史文化遗产保护体系分为三个层次，即：历史文化名城、历史文化保护区、文物[288, 289]。这一划分方式有其合理性，但其实更是带有建设性的意见，因为王景慧先生等在阐述这一观点时也谈到，相对于其他二者而言，历史文化保护区这部分工作起步较晚，尚不成熟[288]。此外，笔者认为，除历史文化名城体系对中尺度的历史文化保护区有所关照之外，在文物保护单位的体系中，文物保护单位的建设控制地带显然也涉及了这一尺度，因此仅归纳为历史文化保护区①尚不全面。

在上一章中，笔者着重强调了周边环境区域是大量处于锚固-层积效应第三阶段的我国城市历史景观的矛盾焦点空间。加之在某种程度上，文物保护单位体系的尺度与历史文化名城体系的尺度可以类同于建筑设计的尺度与城市规划的尺度，而如前文第六章第五部分所示，在周边环境的尺度下城市设计是更为必要的手段。换言之，就像城市设计是建筑设计与城市规划的必要连接，周边环境尺度下的保护体系建设在前面二者发挥作用的城市实践中非常必要。

不过，分析当下操作层面的制度实践，目前周边环境尺度的体系尚不完善，仍然只是源于和基于现有的前两套基本保护体系和相应的主管部门。如图7.3所示，其中构成周边环境的保护制度分别是来自于历史文化名城保护体系下的历史文化街区制度，和文物保护单位保护制度下的建设控制地带制度。

---

① 我国学术界早期时将今天我们所说的“历史文化街区”称为“历史文化保护区”，下文对此有详细解释。

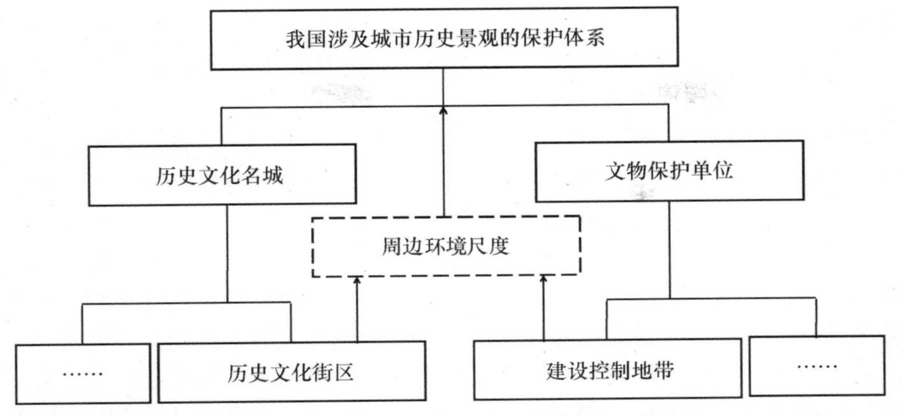

图7.3　我国涉及城市历史景观保护的三套体系现状示意（资料来源：笔者自绘）

周边环境尺度下的保护体系受到文化部与住房和城乡建设部双方的共同关注是好事情，但在我国城市中，也往往出现因为两方的管理范畴而产生的责任模糊地带，双方的法律法规都有涉及，但也都不深入，导致了双方对这类疏漏地段整体的消极态度。而且在另一种常见的现实情况下，在比如丽江古城这种知名度较高的文化遗产地，还需要考虑旅游部门的经营权问题，或者有些遗产单位实施“一套班子，两种制度”等现象，这些都属于偏营利性质的操作，情况就更为复杂了[290]。有专家直言，保护文化遗产的周边环境乃是“我国遗产保护领域中保护措施综合性最强、经费需求最多者，也是受我国社会发展与人口、资源、环境影响最大者”。[5]5

综上，虽然困难重重，但有必要尽快完善周边环境尺度下保护的理论和制度建设，使其真正成为我国保护城市历史景观的第三套正式保护体系。

二、我国现有制度体系的建设历程解析

（一）我国相关法律法规与制度建设概述

伴随近现代以来保护思路的不断扩展和我国法律法规体系的不断完善，涉及城市历史景观保护的相关制度也逐渐得到确立，并以相应的法律法规为制度保障。已确立的法律法规是研究我国城市历史景观保护制度现状的最基本材料，因为法律是由国家或地方制定和认可的统一行为规范，具有规范性、概括性、普遍性和严谨性，因此可以有效地保障执行力，同时调整社会关系。而历史上相关法律法规的变迁过程，也折射出保护文化遗产的意识在国家层面上的逐渐觉醒，及其保护对象不断扩展的历史过程，不但有助于理解作为现状的来龙去脉，同时也有益于对未来的趋势或应该的发展方向做出

判断。

我国涉及文化遗产保护的相关法律法规按其制定机构及效力层次的不同，可以分为法律、行政法规、部门规章、规范性文件几种基本类型[①]；也可以简单地按照实际适用范围的不同划分为全国性的和地方性的两类。本研究意在考虑现实的操作问题，故按照后者分类分别整理并总结其发展历程，其中本章主要涉及全国性的法律法规制度体系。

民国政府于1930年的《古物保存法》及随后1931年的《古物保存法施行细则》可谓滥觞，但当时由于认识的局限性，主要仅针对可移动文物，尚未关照到以古建筑为代表的不可移动文物。新中国成立后则逐渐有了越来越完善的体系和更全面的针对对象，并发展至今。笔者将新中国成立以来的全国性法律法规具体情况统计整理如表7.3～表7.5所示，按照针对对象的不同共分为三大类，即：针对文物保护单位、针对历史文化名城，以及根本法等通用法律，并辅以分析。

（二）文物保护单位保护的制度建设历程与周边环境

与我国国民对文化遗产认知的扩展历程相对应，单点的文化遗产最早受到了重视，因此针对文物保护单位保护法律法规体系是我国最早发展起来的一套保护制度体系，同时也是目前为止最为完善全面的一套，其制度建设中涉及的法律法规目录如表7.3所示。下面分三个阶段具体解析文物保护单位保护制度的建设历程，及各阶段中涉及周边环境的认知或保护进步。其中在文物保护单位制度尚未成型的早期阶段，笔者将暂以“单点文化遗产”代替为主要阐述对象。

表7.3　针对单点文化遗产保护的全国性法律法规等文件（资料来源：笔者自制）

颁布年份	名称及条目	制定机构
1950	《关于古文化遗址及古墓葬之调查发掘暂行办法》	政务院
1950	《中央人民政府政务院关于保护古文物建筑的指示》	政务院
1951	《关于名胜古迹管理的职责、权力分担的规定》	文化部、国务院办公厅
1951	《关于保护地方文物名胜古迹的管理办法》	文化部、国务院办公厅

① 参考《中华人民共和国文化遗产保护法律文件选编》一书可知，比如《中华人民共和国文物保护法》等属于法律；《中华人民共和国文物保护法实施条例》等属于行政法规；《文物保护工程管理办法》等属于部门规章；《文物系统博物馆风险等级和安全防护级别的规定》等则属于规范性文件。

续表

颁布年份	名称及条目	制定机构
1951	《地方文物管理委员会暂行组织通则》	文化部
1951	《关于地方文物管理委员会的方针、任务、性质及发展方向的指示》	文化部
1953	《在基本建设工程中保护文物的通知》	国务院
1956	《关于在农业生产建设中保护文物的通知》	国务院
1961	《文物保护管理暂行条例》	国务院
1963	《文物保护单位保护管理暂行办法》	文化部
1963	《关于革命纪念建筑、历史纪念建筑、古建筑、石窟寺修缮暂行管理办法》	文化部
1964	《古遗址、古墓葬、发掘暂行管理办法》	文化部
1980	《国务院关于加强历史文物保护工作的通知》	国务院
1982	《中华人民共和国文物保护法》	全国人大
1986	《纪念建筑、古建筑、石窟寺等修缮工程管理办法》	文化部
1992	《中华人民共和国文物保护法实施细则》	国家文物局
1993	《关于在当前开发区建设和土地使用权出让过程中加强文物保护的通知》	国家文物局、建设部、国家土地管理局
2003	《文物保护工程管理办法》	文化部
2004	《全国重点文物保护单位保护规划编制审批办法》	国家文物局
2004	《全国重点文物保护单位保护规划编制要求》	国家文物局
2005	《中华人民共和国文物保护法实施细则》	国家文物局

1. 萌芽与发展阶段

新中国成立后我国很快进入了经济建设的时期，自然，经济建设与文物保护的矛盾凸显出来，最初的保护法律文件也便由此产生[291-298]。政务院于1950年颁布了《关于古文化遗址及古墓葬之调查发掘暂行办法》，及随后再次强调并发出《中央人民政府政务院关于保护古文物建筑的指示》。《暂行办法》开篇谈到“查我国所有名胜古迹，及藏于地下，流散各处的有关革命、历史、艺术的一切文物图书，皆为我民族文化遗产。”[291]可见，此时对文化遗产的认知在不可移动文物方面大致包括了名胜古迹及墓葬等地下遗构，至于具体何为“名胜古迹”，尚无细致解释。而随后的《指示》则强调“凡全国各地具有历史价值及有关革命史实的文物建筑，如：革命遗迹及古城廓、宫阙、关塞、堡垒、陵墓、楼台、书院、庙宇、园林、废墟、住宅、碑塔、石刻等以及上述各建筑物内之原有附属物，均应加以保护，严禁毁坏。”[292]进一步明确了文化遗产保护的范围。随后的法律法规文件则沿用了“名胜古迹”一词，确定职责权利及管理办法等[289, 290]。落实到具体的职权划分，中央与地方、文化部门与内务部门的不同管辖范围也初现雏形，即，“具有重大革命历史、艺术价值之革命史迹、宗教遗迹、古建筑、古陵墓、古文化遗址等，由文化部门负责拟定名单并指定或者设机构加以管理。一般的革命史迹、宗教遗迹、古建筑及山林风景，由所在地人民政府（市、县、区）负责管理。革命烈士陵园之修建管理由民政部门负责。”[295]这也是我国文物保护单位体系按文物重要性层层分级保护的制度雏形。至于50年代中期国务院先后颁布的《在基本建设工程中保护文物的通知》和《关于在农业生产建设中保护文物的通知》，则体现了在城市与农村分别的经济建设中对文化遗产的关注。显然，这些法律法规体现了在建国初期我国对文化遗产的认知逐渐从可移动文物或古物，扩大到了不可移动的文化遗产，在早期对单点文化遗产的保护起到了重要的作用。

60年代，有关的制度建设得到进一步加强[299-302]。首先是1961年3月4日，国务院颁布《文物保护管理暂行条例》，认定由国家保护的文物的范围应为具有历史、艺术、科学价值的古遗址、古建筑等，以及其他各种具有价值的实物或与重要事件、人物关联的建筑物、构筑物等[299]。该条例在当时具有重大的指导意义，也为后来文物保护法的建设提出了一个大致思路，我国至今仍沿用了这里所说“历史、艺术、科学”三大价值的文化遗产基本价值评价体系，以及“不改变文物原状”的基本保护原则。随后文化部便根据《文物保护管理暂行条例》规定，又于1963年 4月17日颁布了《文物保护单位保护管理暂行办法》，1963年 8月27日颁布《革命纪念建筑、历史纪念建筑、古建筑、石窟寺修缮暂行管理办法》，1964年 9月17日颁布《古遗址、古墓葬调查、发掘暂行管理办法》。至此，一套以条例为依据的中国文物法规初步形成了。但在保护对象方面，与50年代并未有明显的扩大，只是名词选用上更加精准，类型更加明确了。

2. 破坏与重新确立阶段

“文革”十年，由于历史原因，文化遗产遭到了大量的破坏，后期才逐渐得到恢复。1980年《国务院关于加强历史文物保护工作的通知》中谈到，对于这些“文革”遗存的各类破坏文化遗产现象，“如不采取有力措施，加强管理，制止破坏，将使我国珍贵文化遗产遭到不可弥补的损失。”[303]重又将保护问题拉回到法律与制度的高度上来。

终于，在1982年，我国第一部由全国人民代表大会制定的《中华人民共和国文物保护法》历史性地诞生了，这也是我国第一部涉及保护的正式法律文件，其实这部法律严格意义上应划归为通用性的保护相关法律，但因对于针对单点文化遗产保护的体系具有特别重要的意义，故在这里先做出阐释。由于自身认识的不断提升以及受到国际保护思潮的影响，这部法律中保护观念较以往有了巨大的提升，包括正式提出了在文物修缮、保养、迁移以及展陈或再利用的过程中“不改变文物原状”的保护原则①等。保护对象方面，不但再次确认了包含《文物保护管理暂行条例》中就已谈到的单点的不可移动文化遗产及其他可移动文化遗产[304]，并且“文物保护单位的保护范围内不得进行其他建设工程”[304]。此外，尤其重要的是，第八条首次创立了我国的历史文化名城保护制度。而且，第十二条中还特别强调了要保护“文物保护单位的环境风貌”[304]。虽然保护环境风貌的本质仍然是为保护文物保护单位服务，也并非强制性的条文，但1982年开始关注到周边环境这一尺度的问题本身，已充分体现了此时保护思路的先进性和视野的进一步开阔化。

3. 完善阶段

进入20世纪90年代以来，我国文物保护单位保护的法律体系也自80年代意义重大的《中华人民共和国文物保护法》颁发后，开始逐渐系统化，针对以文物保护单位为实践对象的单点文化遗产保护，大量技术性、专业性的法律法规纷纷出台[305-311]。其中，1992年颁发以及2005年再次颁发的两版《中华人民共和国文物保护法实施细则》在涉及建设控制地带的第十三条，又在周边环境的保护制度问题上向前推进了一步，已经将《文物保护法》中的“不得破坏”[304]具体化为了安全、形式、高度、体量与色调几个方面，不过对于是否设置，则依然是根据实际情况，不做强制性的要求[306]。

（三）历史文化名城保护的制度建设历程与周边环境

我国历史文化名城保护制度的建立相对要晚于文物保护单位保护制度。1982年2月8日，国务院批复，同意国家基本建设委员会、国家文物事业管理局、国家城市建设总局提出的《关于保护我国历史文化名城的请求》，该文件在阐述问题现状与保护的必要性后，鼓励建立名城制度，同时，“选择了二十四个有重大历史价值和革命意义的城市，作为国家第一批历史文化名城”[312]。其后，如前所述，1982年11月19日由全国人民代表大会颁发的《中华人民共和国文物保护法》不但对于单点文化遗产的保护具有划时代意义，也正式确立了我国的历史文化名城保护体系。这之后我国先后公布了共计一百多个历史文化名城[312-314]，相关法律法规也不断得到完善，如表7.4所示[312-320]。下面也分为三个阶段，具体解析历史文化名城保护制度的建设历

① 如前文所述，1961年的《文物保护管理暂行条例》中已有提及这一基本保护原则。

程，及各阶段中涉及周边环境的认知或保护进步。

表7.4　针对历史文化名城保护的全国性法律法规等文件（资料来源：笔者自制）[①]

颁布年份	名称及条目	制定机构
1982	《国务院批转国家建委等部门关于保护我国历史文化名城的请示的通知》	国务院
1983	《关于加强历史文化名城规划工作的通知》	城乡建设环境保护部[①]
1986	《国务院批转建设部、文化部关于请公布第二批国家历史文化名城名单报告的通知》	国务院
1994	《国务院批转建设部、国家文物局关于审批第三批国家历史文化名城和加强保护管理请示的通知》	国务院
1994	《历史文化名城保护规划编制要求》	建设部、国家文物局
1997	《转发“黄山市屯溪老街历史文化保护区保护管理暂行办法”的通知》	建设部
2003	《城市紫线管理办法》	建设部
2005	《历史文化名城保护规范》	建设部
2008	《历史文化名城名镇名村保护条例》	国务院

综上，与文物保护单位保护制度的发展历程不同，如果说文物保护单位保护制度体现了保护对象始于可移动文物和单点文化遗产，并不断扩大化的过程，那么，本章节所阐述的历史文化名城保护制度的发展则体现出保护对象始于城市整体，并逐渐具体化过程。

1. 萌芽与初创阶段

1982年，国务院批转国家建委等部门的通知中，虽然尚未形成具体的涉及保护片区的概念，但已经特别提出要求，要求“特别是对集中反映历史文化的老城区、古城遗址、文物古迹、名人故居、古建筑、风景名胜、古树名木等”[312]，采取有效的保护措施，并且要求“在这些历史遗迹周围划出一定的保护地带”[312]，对该地带中的新建及改、扩建工程都采取必要的限制措施，可见此时已经出现这一区域性保护思路的雏形了。1983年在西安，

① 其中，城乡建设环境保护部是1982年由国家城市建设总局、国家建筑工程总局、国家测绘总局和国家基本建设委员会的部分机构，与国务院环境保护领导小组办公室合并而成立的。直至1988年城乡建设环境保护部撤销，改为建设部。环境保护部门分出成立国家环境保护总局，直属国务院。且在2008年改革后，之前的建设部改称中华人民共和国住房和城乡建设部，简称即住建部。

城乡建设环境保护部与文化部文物局共同召开会议，拟定了《关于加强历史文化名城规划工作的几点意见》，也就是随后由国务院刊发于同年的《关于加强历史文化名城规划工作的通知》，该通知第一次点明了历史文化名城这一概念是要“作为一种总的指导思想和原则”[315]，用以在后来的城市规划中“对整个城市形态、布局、土地利用、环境规划设计等方面产生重要的影响”[315]。从而强调出历史文化名城的整体性、宏观性视角。针对更细致的层次则特别提出应因地制宜的划定保护区和建设控制地带，并制定相关控制与保护要求[315]。在谈及城市现代化建设特别是旧城改造与古城风貌的关系段落，强调“历史文化名城的建设和发展应特别注意整个空间环境的协调”[315]，而具体的做法则重申和沿用了《中华人民共和国文物保护法》中关于建设控制地带的所应控制的高度、体量、形式、风格等要求。从80年代初两个仍在萌芽阶段的名城相关文件都可以看出，历史文化街区的概念在最开始具体化时，就是与文物保护单位的“建设控制地带”密不可分的。

由于第一批国家历史文化名城很快收到了很好的效果，1984年起，建设部与文化部又着手准备了第二批的遴选工作。1985年，经建设部建议，国务院同意设立当时叫作“历史性传统街区”的历史文化街区雏形，并在1986年国务院批转建设部与文化部的《通知》中正式提出，将“一些文物古迹比较集中，或能较完整地体现出某一历史时期的传统风貌和民族地方的特色的街区、建筑群、小镇、村寨等”，经审核后公布为“历史文化保护区”[313]。并且，该文件认为，历史文化名城应不同于文物保护单位，而这一标准就是可以体现历史文化名城历史风貌格局的代表性街区[313]。而将历史文化名城的核定标准之一定为“历史文化保护区”，也被阮仪三等学者认为是我国政府开始将历史文化街区纳入保护政策整体框架的开端[321]。不过这时毕竟只是概念的初创阶段，涉及具体的保护操作事务，《通知》仅表示可以考虑参考文物保护单位的措施和保护制度[313]，尚未能体现出不同于文物保护单位保护方式的独到创新之处。

2. 发展与确立阶段

至1994年，名城的制度建设上又有了长足进步。先是1月4日与第三批历史文化名城同时公布的，要求进一步加强保护管理的国务院《通知》，将针对中尺片区的保护思路进一步扩展到了非历史文化名城中①[314]。随后9月5日由建设部与文物局颁布的《历史文化名城保护规划编制要求》，为名城的保护规划做出了统一的规定，将历史文化名城的保护规划规定为应包含：较为宏观的整体城市层次；偏向于控制性保护区域层次上的各类范围界定、高度与视线控制等；还有偏向于修建性整治区域层次上的重点地区措施和对策等，总共三个层次的主要内容[321]。换言之，历史文化名城保护规划中，虽然要求是以总体规划为主，但事实上是可以具体化为总体规划、控制性详细规划和修建性详细规划的全部内容。

1996年，建设部城市规划司、中国城市规划学会、中国建筑学会在安徽省黄山市召开了“黄山会议”，这是我国第一次历史文化街区相关的正式国际研讨会，该会议传达了对中尺度的片区保护问题的关注，意义深远。1997年，建设部在《转发“黄山市屯溪老街历史文化保护区保护管理暂行办法”的通知》中明确指出：“历史文化保护区是我国文化遗产的重要组成部分，是保护单体文物、历史文化保护区、历史文化名城这一完整体系中不可缺少的一个层次，也是我国历史文化名城保护工作的重点之一”[317]。自此，我国首次对历史街区保护的原则方法进行了行政法规的认可。而由清华大学的朱自煊教授主持的黄山市屯溪老街保护项目作为建设部列为试点保护的历史街区，将老街保护区划分为了核心保护区、建设控制区和环境协调区三个层次②，区内建筑等级分了五个类别③，也为后来其他历史街区制定自己的管理办法提供了范本。综上，在这一阶段中，随着历史文化名城的制度完善过程，“历史文化保护区”的新理念也得到越来越多的重视，逐渐被明确为保护体系中单点文化遗产与名城之间不可或缺的衔接部，并得到了法律上的确认。

---

① 《国务院批转建设部、国家文物局关于审批第三批国家历史文化名城和加强保护管理请示的通知》中特别提出“有些文物古迹集中，并有反映某历史时期传统风貌和体现民族地方特色的街区、建筑群等的地方，虽未定为国家历史文化名城，但这些地方的文物、街区、建筑群等也是重要的历史文化遗产，同样具有珍贵的保护价值，各地要注意重点保护好它们的传统建筑风格和环境风貌。”将中尺度的保护对象范围进一步扩大了。

② 参考黄山市人民政府颁发的《黄山市屯溪老街保护区保护管理办法》，屯溪老街核心保护区东至老街照壁，西至镇海桥西头，老街两侧传统店铺、民居等完整建筑群体或院落所构成的范围；建设控制区东起康乐路、南至滨江中、西路、西到西镇街、北至华山和西杨梅山山脚；环境协调区——东起江心洲和新安北路、西至小龙山、北到华山和西杨梅山、南至稽灵山。三个分区各有不同的管理要求。[1]

③ 参考黄山市人民政府颁发的《黄山市屯溪老街保护区保护管理办法》，对五类建筑分别采取严格保存、保存、修缮、保留、治理的不同保护手段。[1]

3. 完善阶段

进入21世纪，伴随着我国文物保护单位制度和城市规划制度的愈发成熟，2003年，建设部制定了《城市紫线管理办法》，专门用以“加强对城市历史文化街区和历史建筑的保护”[318]。紫线，是我国城市规划中一个与文化遗产地的周边环境十分相关的重要概念，包括历史文化街区的紫线和历史建筑的紫线，即指历史文化街区与历史建筑分别的保护范围。其中，历史文化街区的紫线组成范围包括“历史建筑物、构筑物和其风貌环境所组成的核心地段，以及为确保该地段的风貌、特色完整性而必须进行建设控制的地区”[318]；而历史建筑的紫线组成范围则包括“历史建筑本身和必要的风貌协调区”[318]。不难看出，这个概念实质上是将历史文化街区与历史建筑都看做了单点的文化遗产类型，仅仅尺度不同。而紫线则是要保护它们本身以及它们可能造成影响的周边环境，无论这一周边环境是被称为建设控制地带还是风貌协调区。《管理办法》第十三条明确提出了紫线范围内所禁止的六项活动[318]。通过这些强制性的法令，可以对城市文化遗产地的周边环境起到较好的控制作用。同时从中也不难看出，我国法律法规中涉及周边环境问题时更贴近于世界遗产体系下的理解方式，正如笔者前文第六章小结中谈到的观点。

2005年建设部颁发《历史文化名城保护规划规范》中，“术语”一节明确定义了诸多与周边环境密切相关的概念，诸如“历史城区（historic urban area）”；“历史地段（historic area）”；“历史文化街区（historic conservation area）”；“建设控制地带（development control area）”；“环境协调区（coordination area）”；“历史环境要素（historic environment element）”①。同时该《规范》也再次强调应当在历史文化名城保护规划之中完善三个层次的保护体系，即历史文化名城、文物保护单位，还有历史文化街区[319]。另外一个很有趣的现象是，此次《规范》第一次采用了定量的方法对历史文化街区提出了应具备的条件，要求历史文化街区除了要拥有比较完整的历史风貌及一定的真实性以外，“用地面积不小于1hm^2”[319]，且街区内“文物古迹和历史建筑的用地面积宜达到保护区内建筑总用地的60%以上”[319]。虽然这只是一条非强制性的条文，当时还是引起了社会上的很多反响②。但是，对定量的尝试体现了我国历史文化街区相关理论发展到一定成熟度后新的实践操作需求，也体现了对感官直觉进一步精细化分析的需

---

① 涉及城市文化遗产地周边环境的概念比较主要在下文的第七章第三部分中具体展开。

② 比如南京市的南捕厅、安品街、门东、门西、内秦淮等历史街区，就曾在新一轮《城市总体规划》中被质疑文物古迹和历史建筑的用地面积达不到60%的比例，并试图借此撤销历史文化保护区。

求，因此，是将文化遗产地周边环境相关研究继续深化的一大趋势。

2008年国务院颁发的《历史文化名城名镇名村保护条例》则主要关注实施层面，完善了对历史文化名城、名镇、名村的申报、批准、规划及保护的具体管理规范[320]。

（四）通用性的保护相关制度建设历程与周边环境

通用性的保护相关法律法规主要是由全国人民代表大会或国务院颁发的，不专门针对单点的文化遗产或历史文化名城，而是都涵盖在内，且主要是原则性的阐述，不同于前面两类文件，如表7.5所示，故将只作为背景材料简单研究。[9, 212, 304, 322-330]

表7.5 通用性的涉及保护的全国性法律法规等文件（资料来源：笔者自制）①

颁布年份	名称及条目	制定机构
1982	《中华人民共和国宪法》第二十二条	全国人大
1982	《中华人民共和国文物保护法》	全国人大
1989	《中华人民共和国城市规划法》	全国人大
1989	《中华人民共和国环境保护法》	全国人大
1991	《中华人民共和国文物保护法》	全国人大
2002	《中华人民共和国文物保护法》	全国人大
2003	《文物保护法实施条例》	国务院
2005	《国务院关于加强文化遗产保护的通知》	国务院
2005	《城市规划编制办法》	建设部
2007	《中华人民共和国城乡规划法》	全国人大
2007	《中华人民共和国文物保护法》	全国人大

《宪法》是我国的根本大法，其中第二十二条规定“国家保护名胜古迹、珍贵文物和其他重要历史文化遗产”[322]，拥有最高的法律效力。2005年《国务院关于加强文化遗产保护的通知》是针对21世纪以来我国快速城镇化的浪潮，提出应在继续保护单点文化遗产之外，将“历史名城（街区、村镇）保护规划纳入城乡规划”[9]，可以看出也是将历史文化环境的保护措施划分为了单点文化遗产与历史（文化）名城两个方面。《通知》属于政策

① 中华人民共和国成立以来，曾分别于1954年9月20日、1975年1月17日、1978年3月5日和1982年12月4日通过四个宪法，现行宪法为1982年的宪法，后虽历经1993年、1999年、2004年三次修订，但涉及文化遗产保护的第二十二条并未做变更，故篇幅所限，本书将不再一一列出以区分比较。

性的文件，与《宪法》一同用以指导法律法规的颁布及制度建设。

《中华人民共和国文物保护法》是1982年颁布的，对于保护相关的制度建设具有划时代的意义，在前面两个小节中已有分析，是一部涵盖到保护的多个层次和尺度的法律，尤其关注到了中尺度下文化遗产的环境控制。后虽又屡经修改[212, 304, 326, 327]，但总体思路并无变迁，主要是一些细节表述上更加严谨可循①。《文物保护法实施条例》则是2003年根据《中华人民共和国文物保护法》制定的，对历史文化名城、历史文化街区、文物保护单位均做出实施规定[328]。同等级别的法律还包括《城市规划法》及后来的《城乡规划法》，后者第三十一条要求，对历史文化名城、名镇、名村的保护，以及受保护建筑物的维护和使用，"应当遵守有关法律、行政法规和国务院的规定"[330]，并特别关注了在旧城区内进行改建的问题，从城市规划的角度界定了旧城中保护与改建之间的界线。2005年建设部颁发的《城市规划编制办法》亦有多处涉及紫线及历史文化保护的具体控制指标和规定等等[329]。还有《中华人民共和国环境保护法》的第十七条与第二十三条也涉及一些保护人文遗迹、古树名木、风景名胜区等相关的原则[325]。

综上，这些通用性的法律法规从更高的层面上折射了周边环境尺度下保护制度不断完善的历史进程，并提供了最基本的保障。

三、城市遗产周边环境的保护措施现状

综合上文中保护涉及的现状保护制度体系发展历程，可以大致看出我国城市遗产周边环境的保护主要是在两套体系下进行，即文物保护单位体系与历史文化名城体系。但此外，还有总数并不多的世界遗产地等特殊情况，也自成体系。因此，本节分三部分分别阐释我国城市中这几个体系所分别采取的保护措施，尤其重点区分其中几个重要而容易混淆的概念。各概念往往在多种文献中被定义过，本章节选用的出处则主要参考2005年建设部颁发的《历史文化名城保护规划规范》及《实施世界遗产公约的操作指南》等文

---

① 比如前文提到过的关于建设控制地带的段落：1982年版为"根据保护文物的实际需要，经省、自治区、直辖市人民政府批准，可以在文物保护单位的周围划出一定的建筑控制地带。在这个地带内修建新建筑和构筑物，不得破坏文物保护单位的环境风貌。其设计方案须征得文化行政管理部门同意后，报城乡规划部门批准。"[304] 2007年版则为"根据保护文物的实际需要，经省、自治区、直辖市人民政府批准，可以在文物保护单位的周围划出一定的建设控制地带，并予以公布。在文物保护单位的建设控制地带内进行建设工程，不得破坏文物保护单位的历史风貌；工程设计方案应当根据文物保护单位的级别，经相应的文物行政部门同意后，报城乡建设规划部门批准。"[212] 主要变化是强调了建设控制地带要予以公布，另外就是将不同级别的保护单位工程批准方式细化来表述。

件。为方便说明，多采用北京旧城为案例，所以也涉及北京的很多地方性法律法规。

（一）文物保护单位体系下的建设控制地带等

文物部门方面，根据2003年国家文化部颁发的《文物保护工程管理办法》，我国的文物保护工程细化分为了保养维护工程、抢险加固工程、修缮工程、保护性设施建设工程、迁移工程等，但与此前的文物保护单位体系下的其他法律法规一样，所覆盖范围并不涉及遗产本体之外的环境。2004年颁布的《全国重点文物保护单位保护规划编制要求》中第三章第十七条对保护规划的基本图纸与内容做出的详细规定中，有涉及文化遗产本体与城市相结合地带的部分，主要包括：保护区划图①、环境规划图②、展示规划图③，要求在划定保护区划后，对各类地带提出禁止建设或建设控制的要求，而展示规划则多基于文化遗产本体内部，自成系统，与城市环境的结合也比较有限。总体来讲，目前从文物保护单位出发，相关术语主要有建设控制地带与环境协调区。

1. 建设控制地带（development control area）

术语定义：“在保护区范围以外允许建设，但应严格控制其建（构）筑物的性质、体量、高度、色彩及形式的区域。”[319]

《中华人民共和国文物保护法》要求要在文物本体之外留有一定的安全区域，即划定保护范围与建设控制地带两个界线，所以这一工作有时也被简称之为“两线”的划定。其中保护范围是必须设置的，建设控制地带在法律中的设定要求则是可以根据保护文化遗产的实际需要决定，鼓励设置，而并非强制性的措施。在实际执行过程中，也有学者认为常常因为法律授权的不明确，或强制力不够等原因，无法落实[331]。

在北京地区，根据1987年由北京市颁发的《北京市文物保护单位保护范围及建设控制地带管理规定》，对建设控制地带划定的要求较全国性的法规更为严格，并具体规定为五类，通过具体条文可知这五类的规定主要是通过高度和建筑密度两个定量指标来控制的，同时兼顾形式、体量、色调等的相互协调[332]。比如，以位于北京西城区什刹海历史文化保护区的北京市保

---

① 保护区划图即标明文物保护单位的保护范围、建设控制地带等保护区划的边界、占地面积和分级分类内容，注明相关经济技术指标；标注保护对象。

② 环境规划图即标明环境规划涉及的各项内容实施范围与相关经济技术指标。

③ 展示规划图即标明展示目标位置与名称、说明标牌位置、参观路线、停车场、游客服务设施或陈列馆室等，注明相关经济技术指标。

单位会贤堂为例，会贤堂始建于清代光绪年间，最早是个知名的饭庄，其后屡次易主，今貌如图7.4所示。为其划定的保护范围和建设控制地带如图7.5所示[333]，包括了其周围整体环绕的范围，其中东南滨水方位的范围划为了一类建控地带，其余方位的历史街区范围则划为了二类建控地带，具体管理规定可参照上文。

图7.4　会贤堂实景照片（资料来源：百度图片）

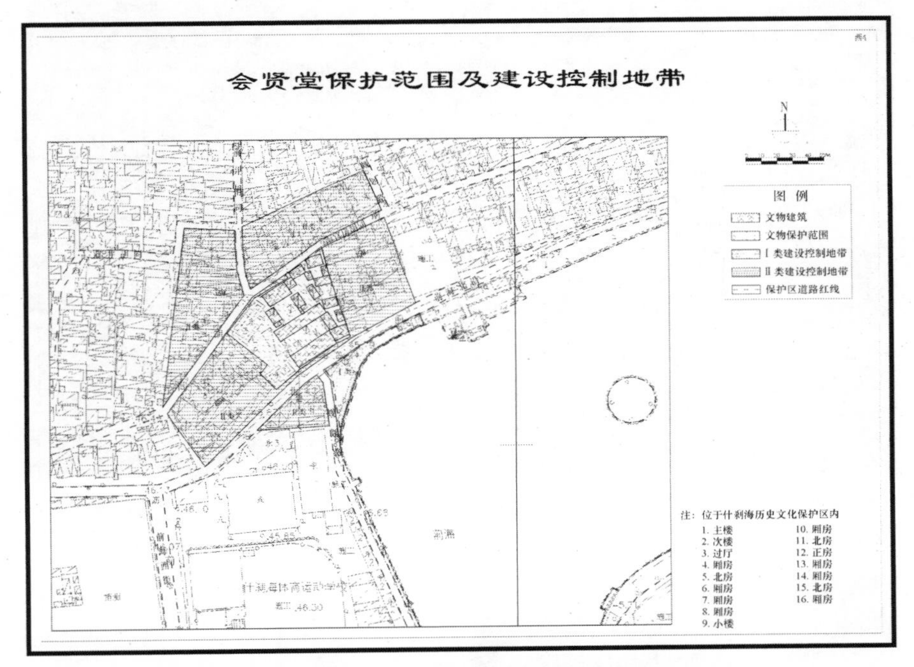

图7.5　会贤堂的保护范围和建设控制地带示意图[333]

2. 环境协调区（coordination area）

术语定义：“在建设控制地带之外，划定的以保护自然地形地貌为主要内容的区域。”[319]

环境协调区的概念在研究和实践中都十分少见，北京地方的规定中也并无涉及。曾有学者认为该区域应当是作为城市历史空间与现代空间的过渡地带，使两端相互协调，防止城市空间结构、天际线等要素的突变[334]。按照定义，该区域确实是由建设控制地带再向外扩张，但笔者认为环境协调区主要强调的应当是以绿化而非建筑为主，与其说是过渡与协调，其更多带有的意味，是将单点的文化遗产，甚至加上建设控制地带后的仍为单点形态的街区，像模型或展品一样摆在干净的桌上展览。

这样的保护理念在相对早期时候曾广为采用，比如如图7.6到图7.8所示的法国巴黎圣母院的周边环境，就是典型的使用广场和绿地来烘托遗产本体的思路和做法。我国西安的钟楼、鼓楼采取的做法也有类同，如图7.9到图7.11所示。

图7.6　从卫星图上看巴黎圣母院及其周边环境（资料来源：谷歌地球）

图7.7　巴黎圣母院正面的广场（资料来源：笔者自摄）

图7.8　巴黎圣母院背面的绿地（资料来源：笔者自摄）

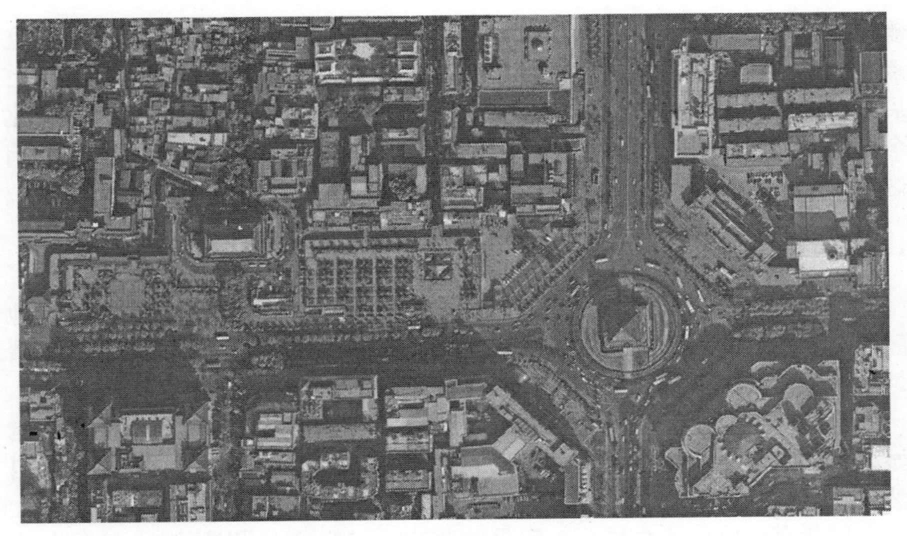

图7.9　从卫星图上看西安的钟楼、鼓楼及其周边环境（资料来源：谷歌地球）

图7.10　钟楼的周边环境鸟瞰（资料来源：百度图片）

图7.11　鼓楼的周边环境鸟瞰（资料来源：百度图片）

（二）历史文化名城体系下的历史文化街区等

在城市规划方面，2005年，由我国建设部颁布的《城市规划编制办法》要求各城市在其未来的中心城区规划中确定历史文化保护及地方传统特色保护的内容和要求，划定历史文化街区、历史建筑保护范围的紫线，确定各级文物保护单位的范围，以及特色风貌的重点保护区域和相应措施。但总体上说，是划定范围后即禁止或规范各项建设的规定后以保护为主，真正的城市规划和建设则另辟地段开始设计，对文化遗产的基本态度可以说是敬而远之。历史文化名城状况则相对较好，自设立之初即对周边环境有所重视，且对其认识也不断深入。历史文化名城保护规划的深度虽然最初只相当于总体规划的阶段，但在1994年《历史文化名城保护规划编制要求》之后，对于重点保护地区也开始了更深化的要求，提出在划定重点保护区域保护界线之后，也要对重点保护、整治地区做出详细规划意向方案。目前，从历史文化名城的保护体系出发，相关术语主要包括历史城区、历史地段、历史文化街区、历史环境要素，以及与其他一些非正式的和过时的概念。

1. 历史城区（historic urban area）

术语定义："城镇中能体现其历史发展过程或某一发展时期风貌的地区。涵盖一般通称的古城区和旧城区。本规范①特指历史城区中历史范围清楚、格局和风貌保存较为完整的需要保护控制的地区。"[319]

这是一个十分常见的概念，一般用以表示整体的老城区范围，常常以老城墙为界线划分，尺度相对比较大，包含多处文保单位及历史文化街区，自然也包含大量的周边环境。

在北京地区，历史城区一般是按明清时候的城市范围划定，亦即如今的二环路以内的区域，如图7.12所示的浅粉色区域，总共占地约62.5平方千米，因为历史原因，自然也是各类历史文化遗产聚集的地段[257]12。圆明园、颐和园及附近地区是清代时三山五园的所在地，因此有时也会被归纳在旧城中一起讨论，本书中主要采用的是前述应用更为普遍的北京旧城历史城区的概念。

2. 历史地段（historic area）

术语定义："保留遗存较为丰富，能够比较完整、真实地反映一定历史时期传统风貌或民族、地方特色，存有较多文物古迹、近现代史迹和历史建筑，并具有一定规模的地区。"[319]

这个概念最初是在国际宪章中被提出的，最早的完整使用"historic area"的是1976年联合国教科文组织在华沙通过的《关于历史地区（historic areas）的保护及其当代作用的建议》②中提出的"历史的和建筑的（包括本地的）地区"③，并指出历史地区及其环境应当被看作世界遗产中不可替换的组成部分加以保护[191]。随后1987年的《华盛顿宪章》等又对其有进一步的发展[192]。

我国方面，王景慧（1998）认为，是在1986年公布第二批次的国家级历史文化名城时正式提出了保护历史地段的概念的，而这个最初的概念就是指

---

① 此定义系摘自《历史文化名城保护规划规范》，故有此说。

② 该文件也常被简称作《内罗毕建议》。

③ 原文用词为"historic and architectural (including vernacular) areas"。

图7.12 《北京城市总体规划》中的中心城文物保护单位及历史文化保护区规划图[257]12

那些文物古迹在空间分布上相对集中的区域，或者能相对完善地展现出某个历史时期的传统风貌以及某个地方的文化特色的，城市街区和建筑群，或古镇、古村落等[313]，亦即“历史文化保护区”[335]。他还尤其提出，历史地段与建设控制地带是非常不同的概念，具体包括划定的目的不同、对地区的内容要求不同、保护作法不同三个方面，历史地段的存在应当是为了保护它自身范围内的价值，内部应包含具有历史风貌的原物，并保护这一风貌使其延续[335]。

综上，历史地段自身的概念及应有的保护原则还比较明晰，但是一般并不直接对应保护或管理的具体方法，而是通过下面将要阐述的另一个重要概念——“历史文化街区”来操作。

3. 历史文化街区（historic conservation area）

术语定义：“经省、自治区、直辖市人民政府核定公布应予重点保护的历史地段，称为历史文化街区。”[319]

1996年前后是历史文化街区在我国正式得到确认及获得各种法律法规制度保障的时间。首先是1996年在黄山市举行的历史街区保护（国际）研讨会，不但提出了历史街区保护的基本原则，还就我国历史街区的设立，与规划相配合的管理法规的制定、保护规划的编制、实施、资金筹措等多方面的问题进行了广泛讨论，建设部常务副部长叶如棠还指出，历史街区的保护已经可以成为与单体的文物保护单位保护制度，还有整体的历史文化名城保护制度并列，构成保护文化遗产的完整体系中不可缺少的第三个重要层次[336]。此外，同样是在1996 年，经钱伟长等专家建议，国家还专门设立了专项资金用于历史文化名城保护，其中最主要就是用于对重点历史文化街区进行保护规划、维修及整治，1997年，丽江等16个历史街区得到了总计3000万元的资金支持，此后也每年都有大约10个历史文化街区可以得到这笔经费。而1997年建设部转发的《黄山市屯溪老街的保护管理办法》，更是正式给予了历史街区的保护原则和方法以行政法规上的肯定[317]。

目前，这仍然是我国在历史文化名城的制度体系下采用最多的中尺度保护概念，并且已经规定至少要拥有两片及以上的历史文化街区，才有资格申报国家级历史文化名城。此外，历史文化街区的用地面积还要求尽量不小于1公顷，且其中的文物古迹和历史建筑用地面积宜达到保护区建筑总用地的60%以上[319]。而简单地说，历史文化街区作为法律概念，要保护的对象和范围正是前述的“历史地段”。

在北京地区，曾分别于1999年、2004年、2005年先后公布了三批历史文化保护区①，其中分别有24片、5片、3片是在旧城区②的范围之内的，基本涵盖了尚保有传统风貌的大街小巷，对北京市的历史文化名城制度的落实和旧城中文化遗产地周边环境的保护起着重大的作用，其具体范围如图7.13中明黄色的部分所示[257]13。

---

① “历史文化保护区”是“历史文化街区”概念的前身，在本节的第五部分“其他非正式或已过时概念”中会有详细解释。只是北京的保护制度中仍然沿用了“历史文化保护区”的叫法，其实就是相当于“历史文化街区”的法律意义。

② 如前所述，本书中的北京旧城区仅指二环路以内，62.5平方千米的范围。

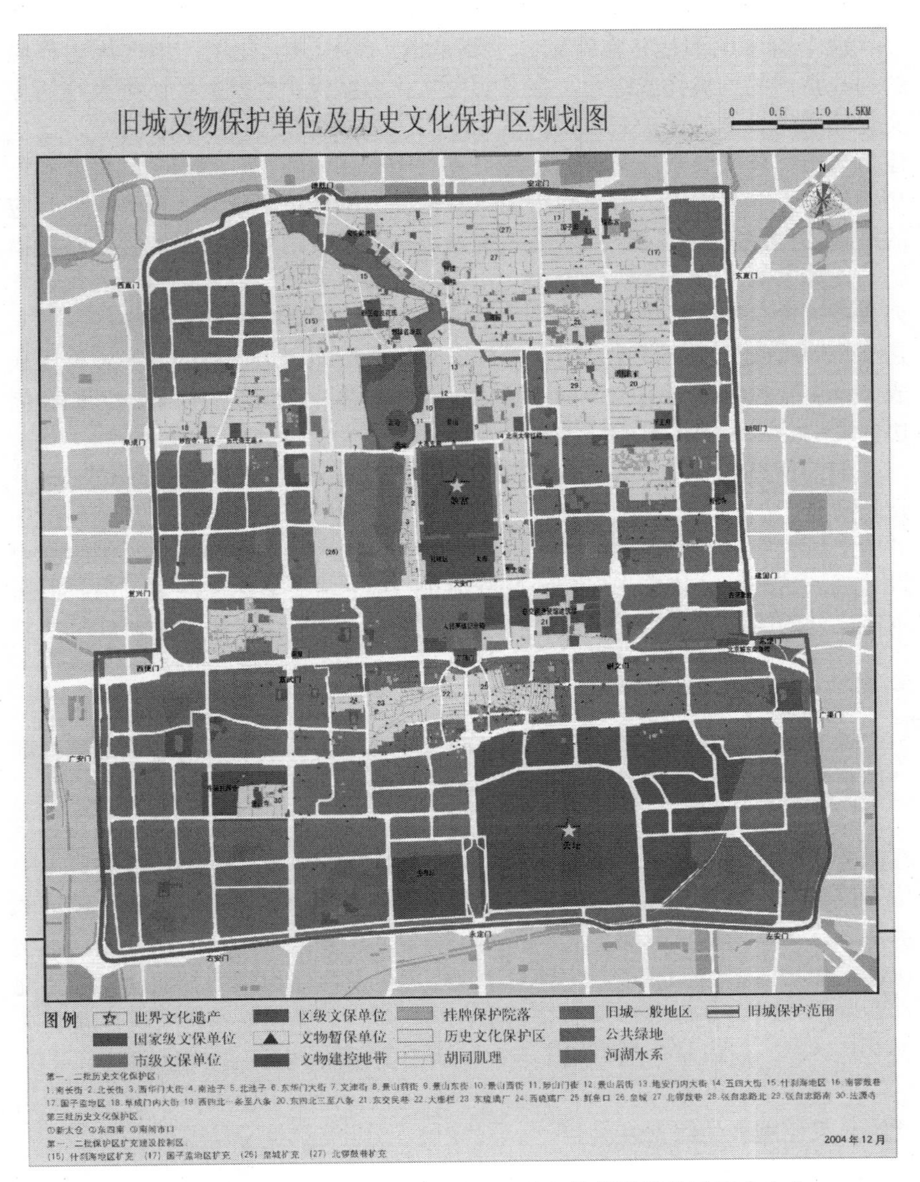

图7.13 《北京城市总体规划》中的旧城文物保护单位及历史文化保护区规划图[257]13

4. 历史环境要素（historic environment element）

术语定义："除文物古迹、历史建筑之外，构成历史风貌的围墙、石阶、铺地、驳岸、树木等景物。"[319]

这个概念也不是非常常见，主要是指一同构成文化遗产地的周边环境的一些实体的构筑物或绿化。在《历史文化名城保护规范》中，涉及在历史文化街区内具体的保护对象时，认为应当包括：文物古迹、保护建筑、历史建筑与历史环境要素几个方面。并且，“历史环境要素”是与“环境要素”相对应的，尤其用以区分“与历史风貌相冲突的环境要素”，前者主要对应的措施将是保护性的，比如修缮、维修等，而后者则主要需采取整治性的措施，比如整修、改造等。对历史文化街区内的历史环境要素进行调查统计并列表表达也是应当采用的做法[319]。综上，与周边环境相比，历史环境要素是小一层次或尺度的存在，但也是构成文化遗产地周边环境的一类重要组成成分，主要包括实体的构筑物和绿化，因此会在一定程度上影响到人们在周边环境中游览时的体验。

如前所述，历史环境要素的使用并不常见，这里仅以国保单位——苏州的俞越旧居的保护规划为例，其中涉及了俞越旧居所处的传统街巷环境中“历史风貌要素”的规划设计，如图7.14所示[337]10。该规划由北京清华城市设计规划研究院文化遗产保护研究所于2009年完成，显然关注到了俞越旧居本体之外的历史环境要素的很多问题，并提出了恰当的规划解决方案。

5. 其他非正式或已过时概念

除了上述的几个正式概念，还有两个经常遇到的说法容易造成混淆，即“历史文化保护区”和“历史街区”。本书在这里特别做出区分。

“历史文化保护区”是一个已经过时了的正式法律法规用语。是1986年在国务院的《通知》中首次提出的①。在应用了几年后，2002 年在修订《中华人民共和国文物保护法》时，用“历史文化街区”和“历史文化村镇”的提法取代了“历史文化保护区”，而“历史文化街区”则从此在我国城市文化遗产保护体系中，成了专门针对中观层面的具有法律效力的概念。因为北京首批25片历史文化保护区的公布是在1999年，后来两次追加片区时也再未做名称调整，所以至今仍沿用了当时“历史文化保护区”的叫法而已。

“历史街区”则是我国非正式的学术用语，论文中使用并不规范，应当杜绝，采用准确的概念表达。

---

① 该《通知》的全称为《国务院批转建设部、文化部关于请公布第二批国家历史文化名城名单报告的通知》，在第四条建议中提出：“对一些文物古迹比较集中，或能较完整地体现出某一历史时期的传统风貌和民族地方的特色的街区、建筑群、小镇、村寨等，也应予以保护。各省、自治区、直辖市或市、县人民政府可根据它们的历史、科学、艺术价值，核定公布为当地各级“历史文化保护区”。对“历史文化保护区”的保护措施可参照文物保护单位的做法，着重保护整体风貌、特色。”[309]

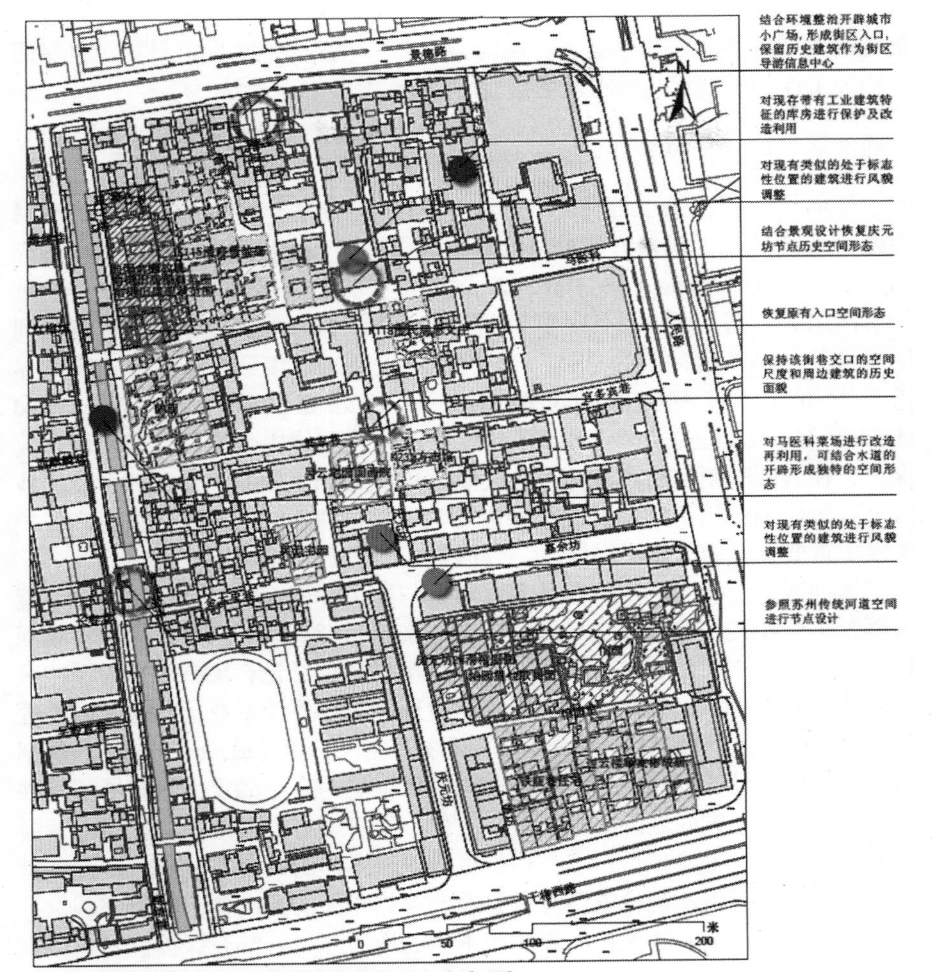

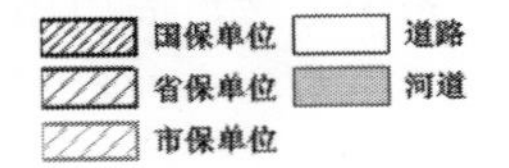

图7.14　《苏州俞越旧居保护规划》中关注到历史环境要素的规划示意图[337]10

（三）世界遗产体系下的缓冲区及其他

除了文化部与住建部的保护制度体系，还有一个不能忽略的城市文化遗产保护类型，就是世界遗产的体系。根据2006年由文化部颁布实施的《世界文化遗产保护管理办法》，我国的世界文化遗产事务应由国家文物局主责，但同时，通过要求县级以上的地方政府，将世界文化遗产保护规划中提出的条文纳入到城镇的其他各类重要规划当中去——这样一些规定[338]，也保证了相关工作与规划部门的有效衔接。

1. 缓冲区（buffer zone）

如前文第六章第二部分“（三）”中讲到的关于缓冲区的定义，本书主要参考的是《世界遗产第25号文件：世界遗产与缓冲区（World Heritage Papers 25 - World Heritage and Buffer Zones）》中的定义：“一个世界遗产委员会所使用的称谓，用以指代对世界遗产本体提供额外保护或促进其可持续利用的各种类型的缓冲区的总体”①[339]。161以及2012年最新版的《实施世界遗产公约的操作指南（Operational Guidelines for the Implementation of the World Heritage Convention）》中第104条的定义：“为了使提名的遗产地获得有效保护，在其周围划定的具有补充性法律的和/或习惯上限制其使用和发展的地区。一般应当包括遗产地的直接周边环境、重要视野，以及其他在遗产保护中发挥重要功能的区域或属性。”②同样，不是强制要求必须设立的[211]26。

缓冲区这个概念的形成和落实其实都与周边环境，尤其是直接周边环境的概念十分相关，随着周边环境的定义越来越明晰，缓冲区的概念也不断深化。根据2005年《西安宣言》关于周边环境的重要结论，ICOMOS为缓冲区今后的研究提出了大方向：一方面，周边环境的重要性不亚于其他区域的理念强化了缓冲区与提名区（inscribed zone）及第三分区（tertiary zone）的规划与边界共同设计的理念；另一方面，周边环境更为广泛的定义也拓展了缓冲区在物质和视觉方面之外，对社会、文化、经济等各方面的关注。目前，缓冲区的功能定位主要包括六点：保护世界遗产本体的突出普遍价值；提升世界遗产本体的突出普遍价值；对世界遗产本体相关的突出普遍价值完善保护与管理的措施；定义并保护世界遗产本体的周边环境；补充保护世界遗产本体的措施；以促进在缓冲区内开展活动的方式，在给当地社区带来利益的同时，提升世界遗产本体[339]。因此，缓冲区是世界遗产体系中最接近周边环境的范围，也为周边环境的相关研究提供了很好的借鉴。

---

① 原文为：“The concept of a World Heritage buffer zone should be regarded as a summary term used by the World Heritage Committee for a diverse range of buffer zone typologies that are used to provide additional protection to an inscribed World Heritage property, or to support its sustainable use.”[335]161（笔者自译）

② 原文为：“For the purposes of effective protection of the nominated property, a buffer zone is an area surrounding the nominated property which has complementary legal and/or customary restrictions placed on its use and development to give an added layer of protection to the property. This should include the immediate setting of the nominated property, important views and other areas or attributes that are functionally important as a support to the property and its protection.”[211]26（笔者自译）

在实践操作中，根据相关规定，对于同一个遗产本体，为了提升其完整性和加强管理，有时是允许设置一个以上的缓冲区的[263]161。我国方面还特别规定，当文物保护单位处于世界文化文化遗产范围中时，应当参照世界文化遗产的核心区与缓冲区划界及保护措施规定，来依法划定自身的保护范围和建设控制地带[338]。从而将几套不同体系的管理措施有效结合起来。

仍以北京旧城为例，北京旧城中共有两处世界文化遗产，分别是故宫与天坛。因为列入时间较早，并未设立过缓冲区。后来根据联合国教科文组织世界遗产委员会的要求必须补充设立以加强保护。2005年UNESCO的第29届世界遗产委员会肯定和通过了北京市补充申请的“故宫保护缓冲区”划定计划。故宫原本的保护范围是86公顷，而此次为世界文化遗产其所设立的缓冲区范围则急遽扩大到1377公顷[340]。不但覆盖到了大量的文物保护单位，这个范围中还包含有皇城、什刹海、国子监、北锣鼓巷、南锣鼓巷共计五块已有的历史文化保护区，及数十个国家重点文物保护单位及其建设控制地带，如图7.15所示[341]。在缓冲区内，将主要采用有机更新的方式解决保护与发展的矛盾[53]。缓冲区的设定显然为北京旧城中故宫以外的其他文化遗产地周边环境的保护同样提供了一个新的层次，因此也应当看作我国目前的保护制度组成部分。

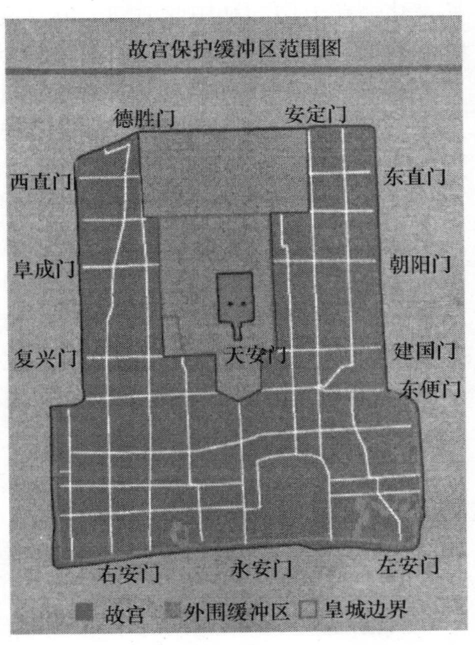

图7.15 故宫保护缓冲区范围图[340]

2. 文化空间（culture place）

“文化空间”，有时也被称作“文化场所”，是联合国教科文组织用于保护非物质文化遗产的专有名词。1998年联合国教科文组织第155次大会中首次提出这一概念，其所指则是“具有特殊价值的非物质文化遗产的重要集合（strong concentration）。”[342]联合国教科文组织北京办事处文化官员爱德蒙·木卡拉曾给出他自己更明确的理解，即“文化空间指的是某个民间传统文化活动集中的地区，或某种特定的文化事件所选的时间。”[343]34另外有学者十分形象地解释认为只有有人在场的文化空间才是人类学意义上的文化空间，更强调出人对于非物质文化遗产的重要性[344]。也有学者将文化空间归纳出三个方面的特性，即活态性、传统性，以及整体性[343]。

非物质文化遗产在保护物质文化遗产的过程中，也有着不可忽视的重大意义。在被物质空间所承载的同时，往往也正是非物质的活动塑造了物质空间本身，赋予其特性与价值，并从而作为空间的灵魂，或叫作场所的精神，而继续延续。在《西安宣言》正式提出周边环境的定义时，尤其强调的、相比于历史上的定义最为突出的，也正是关于非物质文化遗产的意义。提出文化遗产的周边环境除去实体、视觉、与自然环境之间的相互作用等方面以外，还应该包括"过去的或现在的社会和精神活动、习俗、传统知识等非物质文化遗产方面的利用或活动，以及其他非物质文化遗产形式"[24]，进而综合构成"环境空间以及当前的、动态的文化、社会和经济背景"[24]。既然非物质文化遗产是组成文化遗产地周边环境的重要部分，那么文化空间自然也与周边环境的范围有了一定程度的交叠，不过文化空间的概念要更加抽象一些，同时并非一个纯粹的空间概念。

这样一个抽象而意义重大的概念在具体操作层面上，我国目前的做法是再划定一个保护区，如2006年由文化部颁发的《国家级非物质文化遗产保护与管理暂行办法》第十八条所规定的，"省级人民政府文化行政部门应当对国家级非物质文化遗产项目所依存的文化场所划定保护范围，制作标识说明，进行整体性保护，并报国务院文化行政部门备案。"[345]该《办法》体现出我国对非物质文化遗产及文化空间的重视，在操作方法方面虽然仍然类同于单点的物质文化遗产的保护，并且尚未考虑到周边环境理念中所体现的整体关怀，但也已经尝试迈出了前进的步伐。

四、本章小结

根据前文第二章到第五章阐述的锚固-层积理论，城市锚固点呈现为相对的静态，而周围的层积化空间则呈现为相对的动态，并共同构成处于变化之中的城市历史景观。本书第六章指出，对于当今我国大部分城市都已进入锚固-层积效应第三阶段的现状而言，周边环境的管理具有尤其重要的意义。故本章针对我国现有的制度展开分析，追溯几套制度体系的形成发展过程，分析其在不同的形成与发展阶段与周边环境管理的关联度和有效性。

在我国涉及城市历史景观保护的制度方面，笔者主要依照全国性的保护法律、法规及法规性文件①，概括为由文化部主管的文物保护单位体系、由住房和城乡建设部主管的历史文化名城体系，以及尚待完善的周边环境尺度

---

① 事实上，除全国性的法律法规之外，地方性的法规及法规性文件也非常重要，是我国文化遗产保护体系中不可或缺的重要组成部分，并且更容易贴近实际情况，实现因地制宜，增强执行力，对全国性的法律法规形成有效补充和支持。

保护体系。在三套体系各自的制度建设与完善历程中，重点追溯了可能涉及城市遗产或周边环境的思想进步过程。并且从中整理出了各个体系下对应于周边环境相关的，诸如建设控制地带、历史文化街区、缓冲区等10个常见术语，对其做出解读、举例和分析，判定其在保护理论中的普及性，保护实践中的实用性，及针对周边环境问题的有效性等等。

总体来讲，我国在有关城市遗产与其周边环境保护，亦即涉及城市历史景观保护的制度建设上，几十年来已有较为显著的成就。尤其近年来，文化遗产保护的专业学者、与国际交流的平台、联合国教科文组织世界遗产中心先进理念的引进都日益增多，制度建设自然也是与时俱进，更上一层楼。不过，理念总是先于实践，实践又总是先于制度，城市历史景观、城市遗产、周边环境都是2005年以后才先后出现的先进理念，尚未能形成非常契合的制度手段来保障。好在新理念的产生都是顺应大的思潮背景的，因此在现状的制度中也是有所涵盖的。如果说新理念的引入能为制度革新提供恰当的入手点，那么洞察现有的制度体系则是未来制度革新的基石，这也是本章的重要意义所在。

第八章
英国涉及城市遗产与其周边环境的保护制度借鉴

在前文第六章第三部分“（一）”中已经具体解释过，本书之所以着重借鉴英国的各种理念和实践，主要是因为笔者认为，英国的遗产保护具有非常鲜明而突出特点，即认同变化，善于管理变化，并且是以提升人居环境质量为终极目的的。这些特点更贴合我国面临的现实问题与需要，所以在涉及城市历史景观保护的制度部分，继续选择了保护制度创立历史已很悠久的英国为重点研究和借鉴的对象①，并以第五章中主要选用的案例——卡迪夫与卡迪夫城堡——做进一步的详细解释。

一、英国遗产的周边环境管理所涉及的机构组成及其评述与借鉴

（一）涉及规划的中央政府组织

在英格兰与威尔士地区，笔者参考《英国的城镇与乡村规划（Town and Country Planning in the UK）》一书，将所有涉及城乡规划事宜的中央政府组织绘制成如图8.1所示的层级和构架[346]。总体上划分为政府部门（Government departments）；执行机构（Executive organisations）；非部门性的公共组织（Non-departmental public bodies）三个大的类型和层级。

---

① 在英国，威尔士、英格兰、苏格兰所执行的制度和法令并不完全相同，由于本书中主要案例选取了威尔士的首府卡迪夫，所以在叙述中也会在英格兰地区之外，偏向于威尔士地区执行的制度和法令。

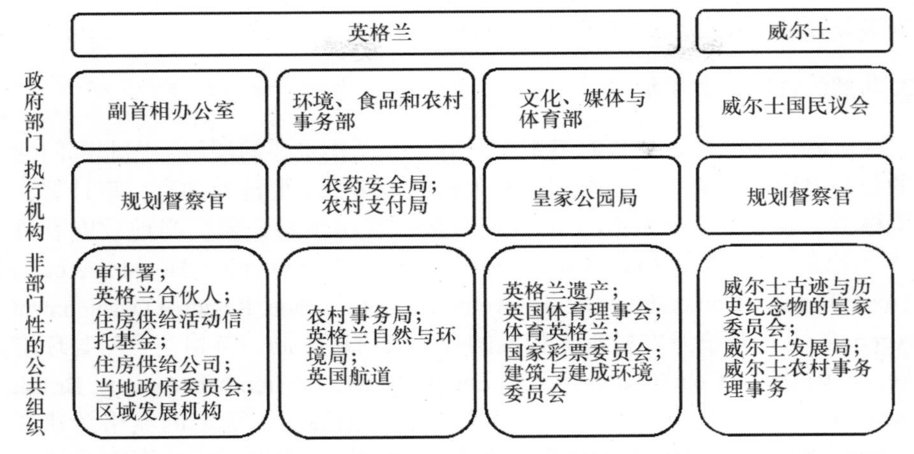

图8.1　在英格兰与威尔士地区涉及规划的中央政府组织（资料来源：笔者参考《英国的城镇与乡村规划》自制）

1. 政府部门

在政府部门的层级，英格兰的中央政府组织包括副首相办公室（Office of the Deputy Prime Minister）；环境、食品和农村事务部（Department for the Environment, food and Rural Affairs）；文化、媒体与体育部（DCMS）。其中文化、媒体与体育部与文化遗产保护关系尤其密切，是1997年工党政府上台后才设立的，用于取代了国家遗产部（Department of National Heritage），当时设立的主要目的便是用文化、媒体和体育活动提高生活质量，同时促进创意产业繁荣，这一部制的改革也侧面折射出笔者所说的英国遗产保护注重遗产再利用和历史环境质量提升的鲜明特点。相对于英格兰，威尔士的机构设置总体都要简单很多。在政府部门层级，威尔士相应的组织是威尔士国民议会（National Assembly for Wales），规划实际上分属于威尔士议会政府的环境、规划与乡村部（Department for Environment, Planning and Countryside），同时这个部也分管一个稍后会介绍到的重要组织——威尔士历史纪念物保护组织（Cadw）。

2. 执行机构

在执行机构的层级，英格兰与威尔士的中央政府组织中共同拥有专设的规划督察官（The Planning Inspectorate），这是英格兰的副首相办公室与威尔士办公室（Welsh Office）联合设立的最主要执行机构。此外，英格兰地区的执行机构还包括主要限于农村规划事务的农药安全局及农村支付局（Pesticides Safety Directorate; Rural Payments Agency）；以及专责皇家公园规划事务的皇家公园局（Royal Parks Agency）。

3. 非部门性的公共组织

最后，英国的中央政府组织中还有一个同样重要的层级，即非部门性的公共组织，也关乎规划事宜。在英格兰地区，主要涉及的有，审计署，英格兰合伙人，住房供给活动信托基金，住房供给公司，当地政府委员会，区域发展机构（Audit Commission; English Partnerships; Housing Action Trusts; Housing Corporation; Local Government Commission; Regional Development Agencies）；环境及农村事务相关的有，农村事务局，英格兰自然与环境局，英国航道（Countryside Agency; English Nature Environment Agency; British Waterways）；还有与文化和遗产事务尤其相关的，著名的英格兰遗产（English Heritage），英国体育理事会（UK Sports Council），体育英格兰（Sport England），国家彩票委员会（National Lottery Commission），建筑与建成环境委员会（Commission for Architecture and the Built Environment）。威尔士地区与规划相关的非部门性公共组织则包括，威尔士古迹与历史纪念物的皇家委员会（Royal Commission on the Ancient and Historic Monuments of Wales），威尔士发展局（Welsh Development Agency），以及威尔士乡村事务委员会（Countryside Council for Wales）。

（二）涉及遗产的政府部门、执行代理及顾问团等

关乎遗产问题，英国有大量官方和非官方机构都与之相关。这一小节，笔者仍然是参考《英国的城镇与乡村规划（Town and Country Planning in the UK）》一书，将在英格兰与威尔士地区，所有涉及遗产事宜的各类政府部门、执行代理、其他顾问团、皇家委员会，以及其他款项发放机构列举，并绘制成了如图8.2所示的整体构架[346]。

政府部门如上一小节所述，英格兰主管遗产事务的是由前身为国家遗产部的文化、媒体与体育部（DCMS）；威尔士地区则是威尔士国民议会（National Assembly for Wales）。在遗产保护方面，英格兰遗产（English Heritage）与照顾特殊权属空间的皇家公园局（Royal Parks Agency）是英格兰的主要执行代理；威尔士地区相应的执行代理机构是威尔士历史纪念物保护组织（Cadw①）。这些代理执行机构的主要职责有管理政府对遗产的各项拨款②，维护政府所有的历史建筑，对政府进行遗产事务方面的建议以及

---

① Cadw是威尔士语的称谓，对应的英文含义应为Welsh Historic Monuments，故翻译成威尔士历史纪念物保护组织。

② 这里的各项拨款不包括彩票基金的拨款。

图8.2　在英格兰与威尔士地区涉及遗产的政府部门、执行代理及顾问团等（资料来源：笔者参考《英国的城镇与乡村规划》自制）

规划决议，总之是英国遗产保护中扮演尤其重要角色的机构。其他顾问团包括英格兰地区的建筑与建成环境委员会（CABE），该顾问团的存在是以“将建筑艺术注入到民族血液之中”[①]为己任，所以经常会给出新开发对于遗产影响问题相关的建议；和威尔士地区的威尔士历史建筑委员会（Historic Buildings Council for Wales）。皇家委员会则包括英格兰历史纪念物皇家委员会与威尔士古迹与历史纪念物皇家委员会，分别主辖英格兰地区与威尔士地区，主要责任是负责调查和编辑历史纪念物的档案。最后，还有一些其他的款项发放机构，包括国家遗产基金（National Heritage Fund），和遗产彩票基金（Heritage Lottery Fund），但在英格兰和威尔士分设有各自的管理委员会。

（三）评述与借鉴

综上所列举的，英国的中央政府组织，主要是发布政策的机构。政策是宏观的，实践是具体的，所以在政策的转译或落实中会出现不可避免的问题。在涉及土地使用控制的过程中，政策通常是用比较宽泛的术语来表述，

① 原文为“to inject architecture into the bloodstream of the nation”。[342] 290

比如“维护市容（preserving amenity）”、“提升城镇中心的活力（enhancing the vitality of town centres）”等。具体实践中有很多案例都可能涉及不止一个政策，并且相互之间存在冲突，尤其在历史保护性的地段，这种冲突更容易发生，会需要得到有效的权衡。英国的制度体系显然与以我国为代表的很多其他国家所采用的，以分区管理（zoning ordinance）为主要手段的发展管理规则存在较大的不同。分区管理的目的是使一切清晰准确，有规则可以遵循，追求的是几乎不需要解释或解读的政策法规，甚至政策法规的自我执行；而英国的规划体系则更注重自由的裁量权和判断力，当然，自由的裁量权和判断力也并非意味着就可以有很多例外，只是要求所有的判例都在相关政策的框架之下考虑各自的优势劣势和特点。在英国的规划体系下，地方当局并不能简单地完全听从政策，而是必须考虑每个提案的特性，并决定政策如何应用到其中，但除非有可以证明且很好的理由，它们也不被允许做出脱离政策框架的决策，所以，英国体系下的自由裁量权实际上也是受到一定限制的，以保障各种因素被纳入考虑和权衡范围。

另外值得注意的是，在英国规划相关的各个领域里，遗产保护是活跃了最多民间志愿组织的领域之一。英国最早的一个遗产保护相关的非政府组织可以追溯到1877年，名叫古代建筑保护协会[①]，最初是由威廉姆·莫里斯（William Morris）参与创立的。此后，就如雨后春笋一般涌现了很多类似的非政府组织。如今，最大的是已拥有250万会员的国民信托（National Trust），也是目前公信度最高的一个。也有以专家为主要成员，方向各有侧重的非政府组织，比如1987年创立的英格兰历史城镇论坛（English Historic Towns Forum）就是专门以规划师为主要成员的，其他的乔治亚兴趣小组、维多利亚社团、二十世纪兴趣小组等。这一方面折射出英国民众由来已久的对于传统文化的珍惜和遗产保护的热情，另一方面，这些非政府组织可以在各自擅长的方面有效的协助官方组织、补足其疏漏或欠缺，在英国的遗产本体保护及周边环境管理领域所发挥的作用不可小觑。

二、英国涵盖城市遗产周边环境管理的保护体系评述与借鉴

（一）英国的保护体系发展历程

1. 起源于建筑学

英国从19世纪开始便逐渐发展出了复杂的保护体系，最早可以溯源于建

① 协会的英文原名为“Society for the Protection of Ancient Buildings”。

筑学学者们的努力。

英国的建筑业是从19世纪中期开始尤为蓬勃发展的，正是在1834年成立的伦敦英国建筑师学会（Institute of British Architects in London）①这个专业性学术组织中，1841年斯科特提议设立古物研究委员会（Antiquarian Commission），并在1865年出台了古迹和遗迹保护草案（Conservation of Ancient Monuments and Remains），成了最初的从专业角度引导保护学科创立的尝试[269]。

综上，建筑学是英国保护体系发展至今的最初起源，建筑学的专业背景显然为早期的遗产保护提供了必要的技术支持，同时也框定了价值取向。

2. 早期由非官方的个人或组织推动

如前文所谈到的，在英国，遗产保护向来是活跃了最多民间志愿者或志愿组织的活动。

最早出现修复活动时，就大多是属于私人的投资行为，没有标准，也没有责任或义务。后来到1875年，有一个用照片记录老伦敦城遗迹的民间团体（Society for Photographing Relics of Old London）成立，体现出工业革命给人们带来的更强烈怀旧心理。时代的剧变也引发了更多类似组织的萌生，文化遗产，尤其古老的文化遗产需要得到记录和保护的思潮在英国蔚然成风。1877年，如前文已经谈到的，廉姆·莫里斯（William Morris）创立了英国第一个专注于遗产保护的非政府组织，即古代建筑保护协会，并且在此之后，各种相关的非政府组织成立与发展的如火如荼，甚至直接地推动了英国政府在1882年颁布《古代纪念物保护法令（Ancient Monuments Protection Act）》[347]。

所以可以说，直到这部英国第一部里程碑式的保护法律颁布之前，民间力量都曾长期扮演了英国保护界最为核心的角色，而该法令之后，重要国家遗产的保护才开始首先逐渐转变为国家机构的责任。

3. 官方制度的确立和完善

由1882年，英国政府颁布《古代纪念物保护法令》为开端，自上而下的制度体系建设逐渐形成，比起非政府组织或个人，显然更具有权威性、影响

---

① 伦敦英国建筑师学会（Institute of British Architects in London）最早是由菲利普·哈德威克（Philip Hardwick）、汤姆斯·阿兰姆（Thomas Allom）、威廉姆·唐瑟尔（William Donthorne）等几位知名建筑师在1834年成立的；后来该组织获得了皇家授权，故于1837年更名为伦敦皇家英国建筑师学会（Royal Institute of British Architects in London）；并最终在1892年取消了伦敦二字，现名皇家英国建筑师学会（Royal Institute of British Architects）。

力，以及强制力。

另一个在英国遗产保护史上很重要的里程碑事件，即历史纪念物皇家委员会于1908年的成立，一共同时成立了三个，分别设于英格兰、苏格兰和威尔士。不过，这些皇家委员会的职责只是记录纪念物，而并非保护它们。直到1913年，才赋予了地方当局或专员理事会购买古代纪念物，或承担该纪念物的监管职责，使之不至于因为属于私人产权而遭到破坏或损毁。此后，在20世纪40年代又出现了重大的法律变化，即开展了一次全国性的历史建筑普查，到1969年共选定120,000幢建筑为法定保护对象，并识别出了另外的137,000幢较为重要的建筑，但不对其提供法律性的保护。但法定保护本身有时并不足够，因为建筑产权所有者常常无法承担维护旧结构的花销，到1953年设立拨款制度，才较好地解决了这个问题。

今天英格兰与威尔士地区的规划主要参考法律是《规划法令（登录建筑与保护区）1990（Planning (Listed Buildings and Conservation Areas) Act 1990）》[348]，还有《关于古代纪念物与考古区域的法令1979（Ancient Monuments and Archaeological Areas Act 1979）》[349]。政策性文件则曾长期使用专门针对文化遗产保护问题的《规划政策声明5：规划历史环境（Planning Policy Statement 5: Planning for the Historic Environment）》，不过2012年6月以来，该文件由涵盖各类规划的整体性政策《国家规划政策框架（National Planning Policy Framework）》所取代。

4. 保护体系与其他体系的融合

回顾上述的英国保护体系发展史，不难发现其内部越来越具有包容性的过程。

1877年由廉姆·莫里斯创立的第一个非政府组织——古代建筑保护协会，就如其名称，专注点在于“古代”。而回到1908年设立的三个历史纪念物皇家委员会，它们有着共同的目标，倘若引用其最初的文献原文来表述，即“为古代的和历史性的纪念物，以及相关于或可以解释当代文化、文明、英国人民生活状况的，且属于1700年以前的构筑物建立详细目录，并明确出那些看起来最值得保存的对象。”①很明显，这里强调的保护对象仍然是“古代的”，1700年后的任何建构筑物并不纳入考虑范围。再后来的法令文献中可以看到本书第三章第一部分“（二）”中阐述的人们对于遗产的认知，在时间尺度上持续扩展的历史进程：1921年稍稍将认定保护对象的时间

① 英文原文为“to make an inventory of the Ancient and Historical Monuments and constructions connected with or illustrative of the contemporary culture, civilisation and conditions of life of the people of England, from the earliest times to the year 1700 and to specify those that seem most worthy of preservation.”[342]288

限制扩展到了1714年以前；二战之后扩展则到了1850年以前；直到1963年才完全废除了截止日的提法[346]。

同时得到扩展的，还有其他体系向城市历史景观问题——或者按照英国人更习惯的术语——即历史环境问题的并入。其中，笔者认为最重要的至少有规划体系与运营体系。

规划体系的并入是在人们意识到文化遗产对其周边环境可以产生积极贡献，以及文化遗产在城市环境中的广泛存在之后发生的。在英国如此强调历史环境一定要在保护的基础上得到“提升”的大语境背景下，规划系统在城市遗产或城市历史景观的保护问题中所发挥的作用更是日益重大。

而运营体系的历史就更为久远了，可以说历史上保护理念产生之前，人们就懂得昨日之旧建筑仍可为今日之所用。早年的私人投资保护，为的当然也是能再利用其空间，比如前文在卡迪夫城堡案例中谈到的布特公爵将其改造和添建为私人宅邸的事例，就是很典型的这类行为的代表。但这里所说的运营体系，则更为正规，不是像早期私人的做法一样，随意改变加建历史肌理，或按自己喜好抹掉历史痕迹等，而是在符合法律依据和公众利益的前提下，有组织有原则的对文化遗产进行经论证最为恰当的适应性再利用，从评估、论证，到实施、管理等一整套操作体系。

故下文第八章第三部分将就这三个与城市历史景观问题最紧密相关的体系，以卡迪夫城堡为例展开解读。

（二）四大保护体系的概述与分类

如本书上一章节所讲的，自19世纪以来，英国发展出了复杂而全面的文化遗产保护和周边环境管理的体系。诸如，纪念物是“在册的（scheduled）”，建筑物是“登录的（listed）”，战场遗址、公园和花园是“注册的（registered）”，历史沉船是“受保护的（protected）”，历史城区空间作为保护区则是“指定的（designated）”，而所有各类型的文化遗产又都可能被认定为世界遗产，如此等等。

倘若暂不算世界遗产体系（World Heritage system），专注于保护城市遗产及其周边环境的本国体系就有至少四套，每一套都是分开单独遴选记录和保护管理的，包括：在册古迹体系（Scheduled monument system）、登录建筑体系（Listed building system）、保护区体系（Conservation area system），以及注册历史公园与园林体系（Registered historic parks and gardens system）。这四套保护体系的关系如图8.3所示，可以大致划分为以单点实施保护的体系，与以区域实施保护的体系。其中，在册古迹体系与登录建筑体系属于前者，而保护区体系与注册历史公园与园林体系则属于后者。

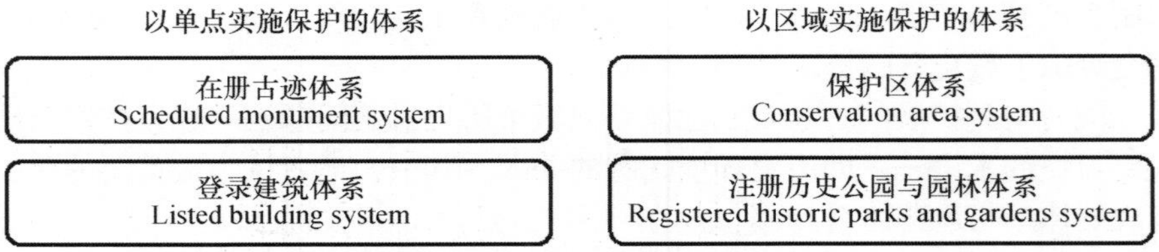

以单点实施保护的体系 | 以区域实施保护的体系

图8.3 英国本国的四套保护体系按保护对象的空间类型可分为两大类（资料来源：笔者自绘）

（三）以单点实施保护的“在册古迹体系”和“登录建筑体系”

首先展开和对比的，是以单点实施保护的在册古迹和登录建筑两套体系，其基本信息如表8.1所示。

表8.1 以单点实施保护的两套体系对比（资料来源：笔者自制）

以单点实施保护的体系	在册古迹体系	登录建筑体系
体系始建时间	1882年	1947年
主要责任机构	国家文化、媒体与体育部大臣	英格兰遗产（英格兰地区）；威尔士历史纪念物保护组织（威尔士地区）
主要法律依据	《关于古代纪念物与考古区域的法令1979》	《规划法令（登录建筑与保护区）1990》
主要遴选标准	国家级的重要性	具有独特的建筑或历史趣味
所需建设许可	在册古迹同意书	登录建筑同意书

1. 在册古迹体系（Scheduled monument system）

“在册古迹体系”是在1882年创始的，是英国最早的保护单位制度。根据《关于古代纪念物与考古区域的法令1979》[349]，应由国家文化、媒体与体育部大臣（the Secretary of State for the Department for Culture, Media and Sport）选取具有“国家级的重要性（nationally important）”的考古遗址或历史建筑列入名册，随后由规划系统提供保护，阻止其未被授权的改变。一个多世纪以来，名册中的数量持续的增长着，不过速度一直很缓慢，近年来在皇家委员会的积极推动下，增长速度有所提升。在英格兰和威尔士的地区规定中，在册古迹是被限定为纪念物的，不能是现在作为居住使用的房屋、宗教使用的场所，或者已在《保护沉船法令1973（Protection of Wrecks Act 1973）》保护之下的构筑物，像乡野景观、古代战场等也很难被考虑，并且其关注范围主要限定在古代，通常是针对少有经济使用价值的考古遗址、古代废墟或建筑，典型实例比如如图8.4所示的巨石阵（Stonehenge）。在册古迹的任何相关改动工程都需要得到国家大臣的认可①，而这种认可会以“在册古迹同意书（Scheduled Monument Consent）”的形式来实现。

图8.4　同时是在册古迹和世界遗产的巨石阵（资料来源：维基百科）

2. 登录建筑体系（Listed building system）

“登录建筑体系”则是在二次世界大战战争期间就形成雏形，并于《城镇与乡村规划法令1947（Town and Country Planning Act 1947）》颁发后正式形成。最初的遴选条件是由建筑师、文物收藏专家、历史学家专家委员会拟成，具体标准随时间有所变迁，但最主要的遴选标准就是要求“具有独特的建筑或历史趣味（of special architectural or historic interest）”，这相对于在册古迹显然要宽泛的多，所以登录建筑的数目也远大于前者，有大约50万个。根据今天执行的《规划法令（登录建筑与保护区）1990（Planning (Listed Buildings and Conservation Areas) Act 1990）》[348]，负责维护这份“具有独特建筑或历史趣味的建筑物法定名单（Statutory List of Buildings of Special Architectural or Historic Interest）”的法定机构在英格兰地区是英格兰遗产（English Heritage），在威尔士地区则是威尔士历史纪念物保护组织（Cadw）。登录建筑涉及一座建筑物的室内和室外，任何与之固定的物体或结构，以及其宅院范围内任何属于土地一部分的构筑物，它们统一被划分为Ⅰ、Ⅱ*、Ⅱ三个级别以示其重要性的不同。另外，虽然选定的保护对象被称作登录“建筑”，实际上名单中也包含了更多类型的构筑物，比如桥梁、雕塑、战争纪念物、里程碑或里程标志，甚至披头士乐队（the Beatles）曾拍摄专辑《修道院路（Abbey Road）》封面的修道院路十字路口斑马线（The Abbey Road zebra crossing）②，如图8.5所示。在工程层面上，任何与本体有关的动作，与在册古迹的相关规定相仿，

图8.5　英国著名的披头士乐队在1969年发行该乐队最后一张专辑时的封面（资料来源：谷歌图片）

---

①　国家大臣也会接受各类代理、委员会、其他咨询机构等的意见和建议。

②　修道院路十字路口斑马线位于伦敦的威斯敏斯特市区（Westminster City），今日之位置已经与历史上有一定偏差，于2010年2月被公布为Ⅱ级登录建筑。[2]

也需要首先取得“登录建筑同意书（Listed Building Consent）”。

3. 小结两套体系及对城市遗产周边环境的贡献

关于上述两个体系的关联和差别，笔者认为至少有三点需要注意：第一，在册古迹多为考古遗址、遗迹或不被占用的建筑，不能是正在使用的建筑，登录建筑则成为其有效补充；第二，在册古迹是不允许被二次列入登录建筑名单的[①]，反之则可以允许；第三，一旦成为在册古迹，具体的管控规定要优先采用在册古迹的规定，很多登录建筑法令不再有效。

倘若回到城市历史景观在今天的最核心矛盾空间——城市遗产的周边环境问题上来，在上述这两套以单点实施保护的体系中，则主要体现在，对作为在册古迹或登录建筑的建筑单体的周边区域的控制上，另外也可能表现为同为在册古迹或登录建筑的遗产本体互为周边环境。其中后者在上文中已经阐述的十分清晰，不再重复。这里主要补充二者在涉及本体周边环境问题上的规定：在在册古迹体系下，根据文化、媒体与体育部的规定，涉及在册古迹周边环境的开发项目应完全交由规划体系解决，不再要求在册古迹同意书；而在登录建筑体系下则规定，凡是可能影响到Ⅰ或Ⅱ*级别登录建筑周边环境的开发项目，都要求地方规划当局（Local Planning Authorities）向英格兰遗产或威尔士历史纪念物保护组织争得规划许可。综上可以看出，在任何城市中涉及单点保护类城市遗产的周边环境问题时，保护体系对于规划体系的依赖。

（四）以区域实施保护的“保护区体系”和“注册历史公园与园林体系”

接下来要展开和对比的，是以区域实施保护的保护区和注册历史公园与园林两套体系，其基本信息如表8.2所示。

表8.2　以区域实施保护的两套体系对比（资料来源：笔者自制）

以区域实施保护的体系	保护区体系	注册历史公园与园林体系
体系始建时间	1967年	1980年
主要责任机构	英格兰遗产（英格兰地区）；威尔士历史纪念物保护组织（威尔士地区）	威尔士历史纪念物保护组织、威尔士乡村委员会、英国国际古迹遗址理事会（威尔士地区）

① 偶尔也有少数一些既是在册古迹，也是登录建筑的案例，但都是在该条法令完善之前就已被双双列入的。

续表

以区域实施保护的体系	保护区体系	注册历史公园与园林体系
主要法律依据	《规划法令（登录建筑与保护区）1990》	非法定体系
主要遴选标准	拥有值得去保护和提升特质或表征	具有独特的历史趣味
所需建设许可	保护区同意书、树木布告、广告同意书	只需咨询

1. 保护区体系（Conservation area system）

明显晚于前面两个体系，“保护区体系”是在1967年创始的，当时英国有许多大面积的拆除行为在各地发生，通常是在被开发忽视的或被战争破坏的地区，这引发了公众越来越强烈的抗议，以至于终于将建筑群的保护概念引入了法律体系中。《美化市民市容法令1967（The Civic Amenities Act 1967）》的颁布正式引入了保护区的概念和制度，主要判断标准是是否具有独特的建筑或历史趣味，并且这些趣味值得人们去保护和提升。目前在英格兰和威尔士，主要的法律依据和责任机构与登录建筑体系一样，分别是《规划法令（登录建筑与保护区）1990（Planning (Listed Buildings and Conservation Areas) Act 1990）》[344]，其中将具体的遴选标准界定为“拥有值得去保护和提升特质或表征（the character or appearance of which it is desirable to preserve or enhance）”。主要责任机构也与登录建筑同为英格兰遗产（English Heritage）或威尔士历史纪念物保护组织（Cadw）。不过地方规划当局拥有指定保护区的权利和义务。与前述两类以单点实施保护的制度不同，在保护区中任何建筑（无论是否是登录建筑）的拆除都将受到控制，要求必须获得“保护区同意书（Conservation Area Consent）”，此外，对于保护区中的树木和广告也有相关的控制规定，分别需要获得“树木布告（tree notice）”和“广告同意书（Advertisement Consent）”。

2. 注册历史公园与园林体系（Registered historic parks and gardens system）

“注册历史公园与园林体系”是英国这四套保护体系中最晚成型的一套，创始于1980年，目标是“赞美知名的景观设计，并鼓励适当的保护（celebrate designed landscapes of note, and encourage appropriate protection）”，希望通过将有特殊趣味性的地块收入名录，以增加人们对其价值的认知，并鼓励这些地块的拥有者，或其他可能涉及的利益相关者，都能在保护中给予该地块应有的关心，无论是一些恰当的维护工作实施，还是对地块进行必要的改动。在威尔士地区，威尔士历史纪念物保护组织（Cadw）、威尔士乡村委员会（Countryside Council for Wales）以及英国国际古迹遗址理事会（ICOMOS UK）联合推出了“具有历史趣味的威尔士景观注册名录（Register of Landscapes of Historic Interest in Wales）”，作为一种识别威尔士地区最重要的、保存最完好的历史景观的手段，同时也为其积累和提供完整信息。威尔士古迹与历史纪念物的皇家委员会（Royal Commission on the Ancient and Historical Monuments of Wales）、威尔士的四个考古学信托组织（the four Welsh Archaeological Trusts）[①]，以及威尔士的地方当局也都在该系统中提供合作。注册历史公园与园林体系与登录建筑体系相仿，也是一个分级的制度系统，只不过并不具有法律效力，所以在涉及相关地区的建设项目时，只能要求开发商咨询有关部门意见而已。

3. 小结两套体系及对城市遗产周边环境的贡献

综上，区域性的保护在英国也属于实施起来相对较晚的制度类型。其中，注册历史公园与园林体系是非法定体系，管控力度较弱。

不过，对于城市遗产的周边环境问题来讲，由于大部分城市遗产的周边环境都坐落在这些区域性的保护范围之内，甚至组成范围本身，所以区域性的保护体系，尤其是保护区制度，可以说是目前法律层面上最为重要的保护手段。而在具体的实施层面上，可以看出地方规划当局的权利和作用是非常巨大的，比如保护区就是直接交由地方规划当局指定的，所以在操作上，更具有地方性，同样是与规划系统紧密结合的。

三、卡迪夫城堡的周边环境管理策略借鉴

如前文第五章第一、二部分所详细阐述的英国卡迪夫城堡的周边环境历史形成过程，及其位于市中心且多样化的现状。概括来讲，历史环境与重建后的现代环境构成一种拼图般的城市历史景观现状，作为卡迪夫城堡的周边环境，如图5.36所示的800米半径城市空间的研究范围中，既承载着现代功能，又担负着缓冲历史与现代的景观冲突的关键责任。而好的周边环境管理应以城市历史景观的保护和提升为己任，故其操作范围应大于周边环境本身的范围，同时，会涉及更多机构，应设立更多目的，在更多的层次上采取更综合性的方法。下面，就以卡迪夫城堡的周边环境管理为例，展开详述其相关机构和三大体系。

---

① 威尔士的四个考古学信托组织，是按照威尔士地区四个郡县的行政区域，一共设立了四个组织，在下文第八章第三部分中会继续展开介绍。

（一）卡迪夫城堡周边环境管理所涉及的机构与责任

如第八章第一部分所述，英国的周边环境管理涉及多个级别的机构，将其具体化的对应到卡迪夫城堡周边环境的案例上来，则整理如图8.6所示。

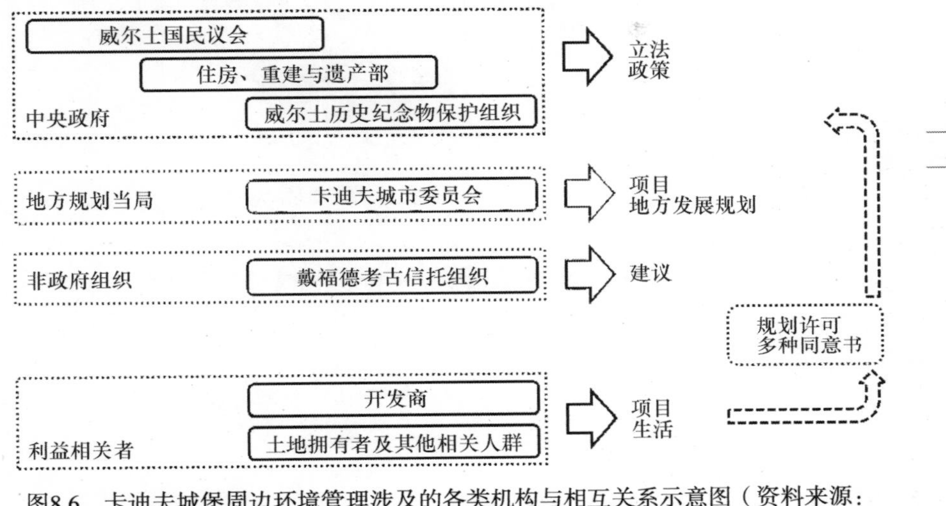

图8.6　卡迪夫城堡周边环境管理涉及的各类机构与相互关系示意图（资料来源：笔者自制）

在中央政府的层级上，威尔士国民议会（Welsh Assembly Government）是威尔士地区的最高中央政府机关。其下属的住房、重建与遗产部（Housing, Regeneration and Heritage Department）主责遗产及其周边环境事务。而前面已多次提到过的重要组织威尔士历史纪念物保护组织（Cadw），作为代理执行机构，主要负责维护政府所有的历史建筑，管理中央政府对遗产的各项拨款，以及向中央政府提出遗产事务方面的建议和规划决议等。综上，中央政府主要执行立法权力和颁布相关政策。

在地方规划当局的层级上，卡迪夫城堡属于卡迪夫城市委员会（Cardiff City Council）的管辖范围。根据威尔士国民议会2011年出台的第四版《威尔士规划政策（Planning Policy Wales）》，应执行规划先行（plan-led）的发展策略，每个地方规划规划当局都必须为各类规划申请的决策提供一个坚实的平台，亦即一份兼具合理性与连贯性的地方发展规划（local development plan）[350]18。所以，卡迪夫城市委员会在周边环境管理问题中的职责也非常明确了，即颁布合理的地方发展规划，并依据规划对各开发项目的申请做出决策。

在非政府组织的层级上，比较重要的是威尔士的考古学信托组织（Welsh Archaeological Trusts）。该组织成立于20世纪70年代的中期，最初设

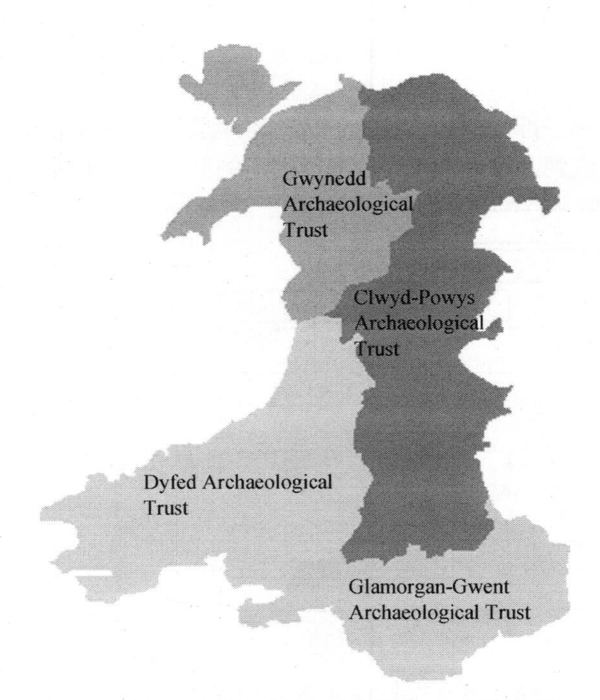

图8.7　按郡县边界划分的四个威尔士考古学信托组织分管范围示意图[351]

立的目的是为了应对对于抢救考古遗迹的迅速增长的需求，以及提供整个威尔士地区可统一适用的本地考古服务。按照四个郡县的行政区域，一共设立了四个组织①，如图8.7所示。这四个信托组织是慈善性质的独立有限公司，广泛聘请各种具有专业知识的考古人员，资金的来源则包括来自国家与地方政府的财政支持、自行签订商业合同的工作，以及来自个人的捐款。卡迪夫所处郡县为图8.7中的浅蓝色区域，即，归戴福德考古学信托组织（Dyfed Archaeological Trust）管辖[351]。该信托组织主要是提供一系列广泛的考古和遗产相关的服务与建议，比如维护历史环境记录（Historic Environment Records），提出涉及考古问题管理的意见，组织教育性的田野调查，遗址的发掘，以及遗产的阐释与展陈等服务。

最后一个层级即具体的利益相关者，可能包括持有项目申请的开发商，还有遗产周边环境及附近的土地拥有者、店铺经营者、居民、游客等其他相关人群。作为最有资格评价城市历史景观的一个群体，他们实在地生活在这片空间中，并通过不经意的生活组成着，也缓慢地改变着城市历史景观。

---

① 威尔士的四个郡县分别是Clwyd-Powys, Dyfed, Glamorgan-Gwent, Gwynedd。

而开发项目则可能在较短时期内，相对大规模和剧烈的改变相应的层积化空间。因此，生活和开发项目是该群体实际影响周边环境和城市历史景观的主要方式，需要中央政府、地方规划当局、各类非政府组织对其做出强制性的限制或非强制性的引导，来保证城市历史景观的良性生长。其中采用的一些简单的常见手段包括，地方规划当局对项目规划申请的许可制度，中央政府对一些受到保护的遗产本体相关工程的同意书制度等。

（二）保护体系下的周边环境管理

由于卡迪夫城堡是一处价值巨大且具有国家级重要性的文化遗产，如图8.8所示，所以也被上文第八章第二部分中谈到的英国四套保护体系中的每一套所涵盖，将其整理列表如表8.3所示，下文将按各体系详细展开。

图8.8　卡迪夫城堡内立面展开图（资料来源：维基百科）

表8.3　卡迪夫城堡在四套保护体系中的地位（资料来源：笔者自制）

四套保护体系	卡迪夫城堡列入的名称	卡迪夫城堡列入的类别
在册古迹体系	卡迪夫城堡与罗马堡垒	中世纪与后中世纪的世俗遗产
登录建筑体系	卡迪夫城堡；……	I级
保护区体系	凯特斯公园	无
注册历史公园与园林体系	卡迪夫城堡与布特公园	I级

1. 在册古迹体系下的卡迪夫城堡周边环境管理

首先是在册古迹体系。整个卡迪夫城区中，一共有18处古迹和纪念物被记录在册，这是远远少于登录建筑的数目的。卡迪夫城堡列入的名称为“卡迪夫城堡与罗马堡垒（Cardiff Castle and Roman Fort）”，被归类为“中世纪与后中世纪的世俗遗产（Medieval and Post Medieval Secular）”。由于总体数目较少，所以在彼此互为周边环境的方面，在册古迹体系不是很强。不过在另一方面，尽管在册古迹体系主要关注遗产本体的保护，但紧邻本体的工程在实践中往往也会被仔细考察。

卡迪夫城堡近年来就有一个可作为案例的实践。在卡迪夫城堡的南门外原本有一个小售票亭及一些附属设施，2005年动工将之拆除，并在围墙之内建造了全新的游客服务中心及配套的景观。拆除和新建都是紧邻着遗产本体的，威尔士历史纪念物保护组织非常细致地审核了相关申请，最终授予了该项目“在册古迹同意书”，批准动工，并提出，新设计必须保证不得侵害在册古迹与登录建筑遗产本体的周边环境[352]。新游客服务中心的设计方案几次遭到了否定，但在多轮反复之后最终选中的设计建设至今，可以说是十分完美，如图8.9与图8.10所示，建筑采用了半覆土的方式，隐藏在城堡城墙之内，体量适当，形制简洁现代，选用材料也很轻盈，内部有地下空间，并且可以向上连通到城墙内部的古代走廊及墙体顶部，提供了多样化的室内空间，可以很好地满足多种功能需求。

图8.9　从卡迪夫城堡中部的诺曼要塞俯瞰几乎消隐的新游客服务中心（资料来源：笔者自摄）

图8.10　从卡迪夫城堡东侧城墙顶部俯瞰半覆土的新游客服务中心（资料来源：笔者自摄）

综上，在册古迹系统在卡迪夫城堡的周边环境管理中发挥的作用力很强，但可作用的范围十分有限。

2. 登录建筑体系下的卡迪夫城堡周边环境管理

第二个是登录建筑体系。最初在1952年被列入，1999年最后一次修改，定名为卡迪夫城堡（Cardiff Castle），是作为I级登录建筑（Grade I Listed Building）列入的，理由是其经历多个历史时期所保有的不同时代突出的建筑特征。

涉及周边环境的问题，该体系同样是提供有两个方面的保护：将卡迪夫城堡的附属建筑物或构筑物也列为登录建筑，以及对周边新的建设有所考虑。关于第一方面，如表8.4所示，像动物之墙（Animal Wall）、西屋（West Lodge）等，也都被列入了登录建筑名单，从而保护了城堡的直接周边环境，而列入理由不仅是由于其自身的独特特征，如前文的图5.19，以及图8.11、图8.12、图8.13所示，也是作为城堡的附属重要组成部分，可以共同展现维多利亚时期的完整历史风貌。关于第二方面，鉴于卡迪夫城堡与其附属建构筑物均为I 级或II*级，则根据规定，针对这两个级别的登录建筑，在开发可能影响到其周边环境时，需要由地方规划当局通告威尔士历史纪念物保护组织（Cadw），并拿到规划许可后才能实施。不过，卡迪夫城堡本身同时也是在册古迹，所以按照规定，优先采取在册古迹的标准执行。

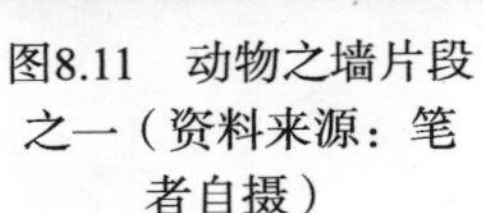

图8.11 动物之墙片段之一（资料来源：笔者自摄）

图8.12 动物之墙片段之二（资料来源：笔者自摄）

图8.13 动物之墙片段之三（资料来源：笔者自摄）

表8.4 卡迪夫城堡及其附属建构筑物中登录建筑的基本情况（资料来源：笔者自制）

登录名称	级别	登录时间	位置	登录理由
卡迪夫城堡	I	12/02/1952	在杜克街与国王路转角，北侧和西侧到布特公园	这是一座具有源自多个历史时期的突出建筑特征的独特建筑。其奢华的维多利亚式室内装潢具有极高的建筑和历史趣味，包括重要的原装配件和家具剧，都是由当时最著名的设计师和工匠设计与建造。
动物之墙，以及靠近钟楼的大门	I	12/02/1952	位于城堡西南角与西屋之间	是布特侯爵和建筑师伯吉斯对卡迪夫城堡所做改动的重要组成部分①。和卡迪夫城堡与西屋一并具有群组价值。
卡迪夫城堡的西屋，附加的墙和大门	II*	12/02/1952	布特公园南入口处	是19世纪卡迪夫城堡和布特公园发展的整体组成部分。与动物之墙和卡迪夫城堡一并具有群组价值。

3. 保护区体系下的卡迪夫城堡周边环境管理

接下来第三个是保护区体系。在卡迪夫全城范围内，地方规划当局制定了一共27片保护区，如图8.14所示，其中市中心区域保护区的分布最为稠密[353]。具体看市中心的保护区分布状况，如图8.15所示，则卡迪夫城堡属于凯特斯公园（Cathays Park）保护区，位于其东南角，并且与另外两块保护区圣玛丽大街（St Mary Street）和女王步行街（Queen Street）紧邻，其每个保护区的详图如图8.16～图8.18所示。[354, 355]

保护区的体系确保了卡迪夫城市委员会对于保护区范围内的拆除、开发、树木保护、加强建筑或建筑群之间的联系、软硬景观设计、交通组织等方面都具有更大的控制权。不过，如表8.5所示，这些保护区指定的时间不同，且间隔比较大，其中女王步行街比其他两者晚了近20年，在这段时期内

① 详见前文5.1.4章节。

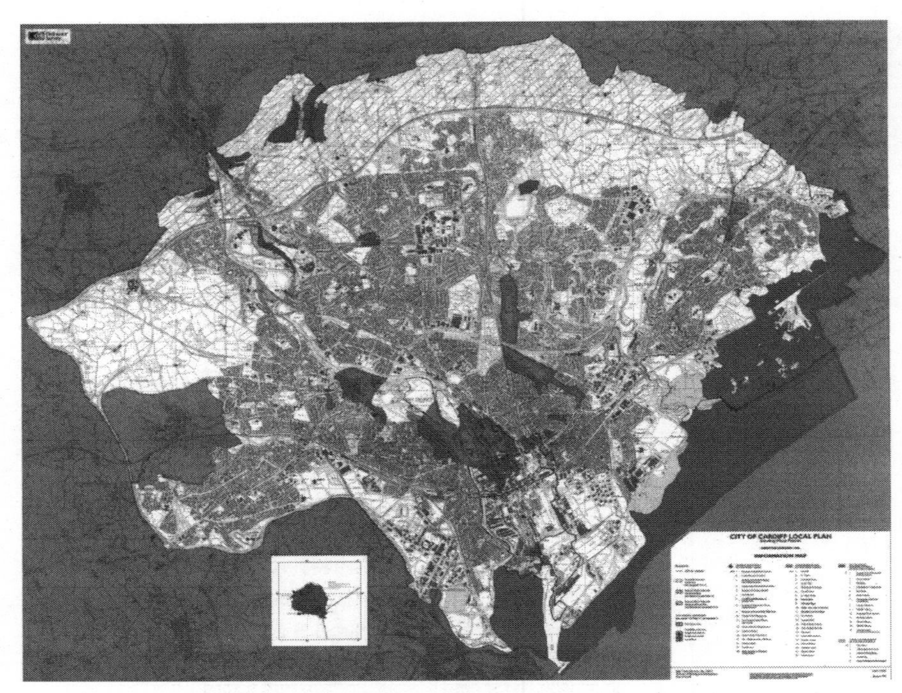

图8.14　卡迪夫的地方规划中保护区范围示意图（棕黄色为保护区）[353]

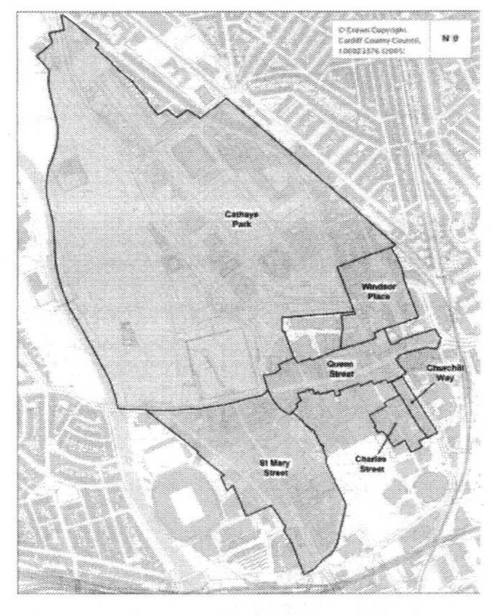

图8.15　卡迪夫市中心区的保护区具体划定范围示意图[354]4

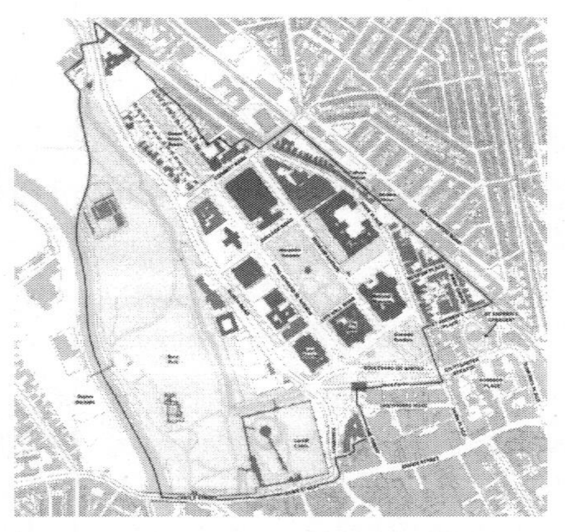

图8.16　凯特斯公园保护区详图[354]9

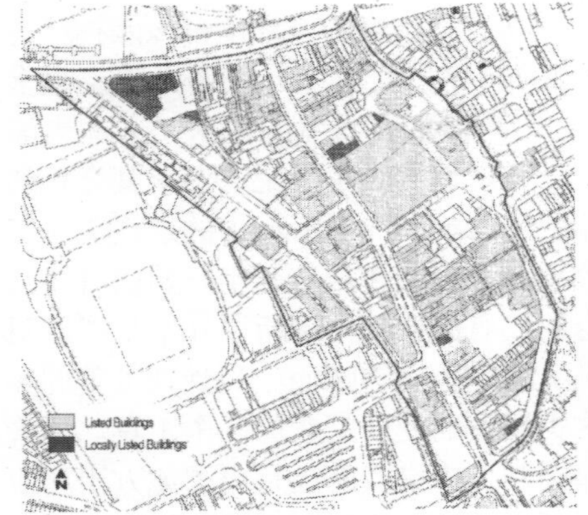

图8.17 圣玛丽大街保护区详图[355]9

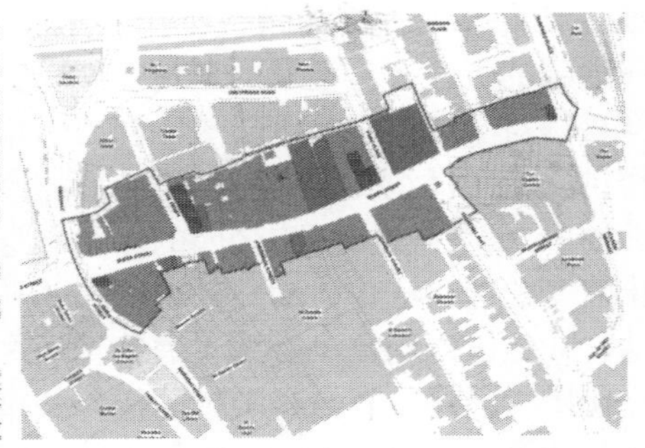

图8.18 女王步行街保护区详图[354]61

女王步行街失去了大量珍贵的历史建筑，同时这一时间差也解释了保护区之间连不成一整片，而是更像楔形的破碎的拼图。保护区并非专为城市锚固点的周边环境所设立，所以当我们研究城市锚固点周边今日的层积化空间时，所覆盖到的范围和所面临的现状，应当至少是由三四片保护区和三四片保护区空隙中的现代建成环境共同组成。

表8.5 与卡迪夫城堡紧密相关的三片保护区及其指定年份（资料来源：笔者自制）

保护区名称	指定年份
凯特斯公园（Cathays Park）	1978
圣玛丽大街（St Mary Street）	1975
女王步行街（Queen Street）	1992

4. 注册历史公园与园林体系下的卡迪夫城堡周边环境管理

最后是注册历史公园与园林体系，其中涵盖卡迪夫城堡的注册历史公园名称是“卡迪夫城堡与布特公园（Cardiff Castle and Bute Park）”。在注册文件中首先就指明了范围内所有已指定的保护对象包括：I级登录建筑卡迪夫城堡；I级登录建筑动物之墙；II*级登录建筑卡迪夫城堡马厩；II级登录建筑布莱克威尔小屋；在册古迹卡迪夫城堡；在册古迹黑衣修士多明尼加小修道院（Blackfriars Dominican Priory）；凯特斯公园保护区。该注册历史公园被评估为I级城市公共公园，主要原因是：“布特公园是国内最大的城市公园之一，并且与西边的庞特卡纳牧场（Pontcanna Fields）和索菲亚花园（Sophia Gardens）一并，形成开敞于卡迪夫市中心的一片巨大的开放空间。该公园的设计者和种植者是19世纪下半叶最重要的园林设计师之一——安德鲁·佩蒂格鲁（Andrew Pettigrew），其开放、流动、不拘束的设计使得该园林从过去的私人游乐场地，向如今公共性花园的转化过程也十分顺畅无阻。很多维多利亚时期种植的植被都留存至今，尤其很多装饰性的树木。卡迪夫城堡内部的土地有着漫长的景观发展历史，可以追溯到中世纪时期，其今日的样貌得益于18世纪晚期凯帕比利蒂·布朗（Capability Brown）的景观美化工作，以及19世纪晚期布特伯爵三世的改动。该公园是自1947年开始获得公共性的。”[356]注册历史公园的体系本身不具有法律效力，所以并不是能够阻止改变的保护法令，而只是识别那些具有特殊历史趣味而应当受到赞美的场地，并建议人们更小心地考虑和管理这类场地的变迁问题的一个工具。尽管注册历史公园没有自身附带的任何法律控制，中央政府还是要求地方当局应在其政策规定和资源配置中保护其历史环境，所以当开发提案可能影响到注册历史公园时，地方规划当局也会严肃考虑是否发放许可。

综上，注册历史公园“卡迪夫城堡与布特公园”在卡迪夫城堡的周边环境保护上起到了很大作用，尤其是从自然的、植被的角度，但并没有前面三套体系那么强的法律地位与效力，这也体现在近年来有不少商业性的项目和建设在布特公园中实施。

（三）规划体系下的周边环境管理

在保护体系之外，英国涉及开发控制的规划体系也是与城市遗产或城市历史景观的保护和管理问题紧密相关的，尤其是在保护事务涉及城市经济增长，以及城市重建等情况的时候。而且正如第八章第二部分所述，即便是谈保护体系，在操作层面也与规划体系密不可分的，尤其是在涉及周边环境的时候，保护体系虽然纷繁复杂，但力量仍然比较有限。

在威尔士的大部分地区，城堡都是归威尔士历史纪念物保护组织所有的，不过在卡迪夫，城堡是由布特侯爵赠予城市政府的。坐落在城市正中心，对其周边环境的管理是巨大的挑战，但也为更好地整合发展规划提供了潜在可能。最近的一版《城市中心战略（2007-2010）（City Centre Strategy（2007-2010）》是一个很好的规划参与卡迪夫城堡周边环境管理的例子[357]。如图8.19与图8.20所示，在这版战略中主要强调，希望将市中心的范围依托北部中央的卡迪夫现状全城的唯一“核心区（Core）”，向南拓展，一直连通到以卡迪夫海湾（Cardiff Bay）为中心的滨水新区（Waterfront），如图8.21所示。卡迪夫城堡在这次按功能版块的划分中在北部凯特斯公园区战略版块（Cathays Park）的最南边凸角位置，仍然是与中央核心区战略版块（Core）、体育馆区战略版块（Stadium）紧密相关。

其中，如图8.22所示，凯特斯公园区战略版块主要包括市民中心、布特公园、卡迪夫城堡三个部分，是历史风貌保存最完善的版块之一，其今后发

图8.19　卡迪夫城市中心战略所覆盖规划范围的卫星地图[357]5

图8.20　卡迪夫城市中心战略的版块划分示意图[357]32

展的战略目标主要是提升和促进该区域，使成为最主要的旅游目的地，并完善其与其他版块之间的步行道和自行车道连接①。中央核心区战略版块如图8.23所示，是主要的商业区域，其中有很多是重建项目，比如圣戴维斯一期和二期（St David and St David II）购物中心。区域中除去有商业功能，也有大量的旅馆和住宅，现在呈现向南侧不断蔓延的趋势。建筑风格方面，有小部分还保留有一些维多利亚风格的屋顶或装饰，而大部分都已经是现代风格的，但常常是有设计与建造品质精良的拱廊空间，标示出历史上小路或拱廊等线性开放空间的走向。该区域中大部分已经实现了非机动车化，与卡迪夫城堡联系最强的路径是女王步行街，高峰时期人流可以超过每小时8000人。城堡中可以看到的一些高层也是来自这个区域，它们在保护区之外，显然并未受到控制。体育馆区战略版块如图8.24所示，则是从交通角度看，城市中最有可持续发展潜力的区位，其南端有卡迪夫最重要的火车站、公共汽车和长途汽车站，将来也将继续加强其交通集散和聚集人气的功能。体育馆区最重要的千年球场吸引了大量来自其他城市爱好体育的游客，建筑自身也是新

① 比如，近年来就开发了一条新的水上出租车路线，可以将旅游者从海湾区直接送到布特公园中城堡脚下。

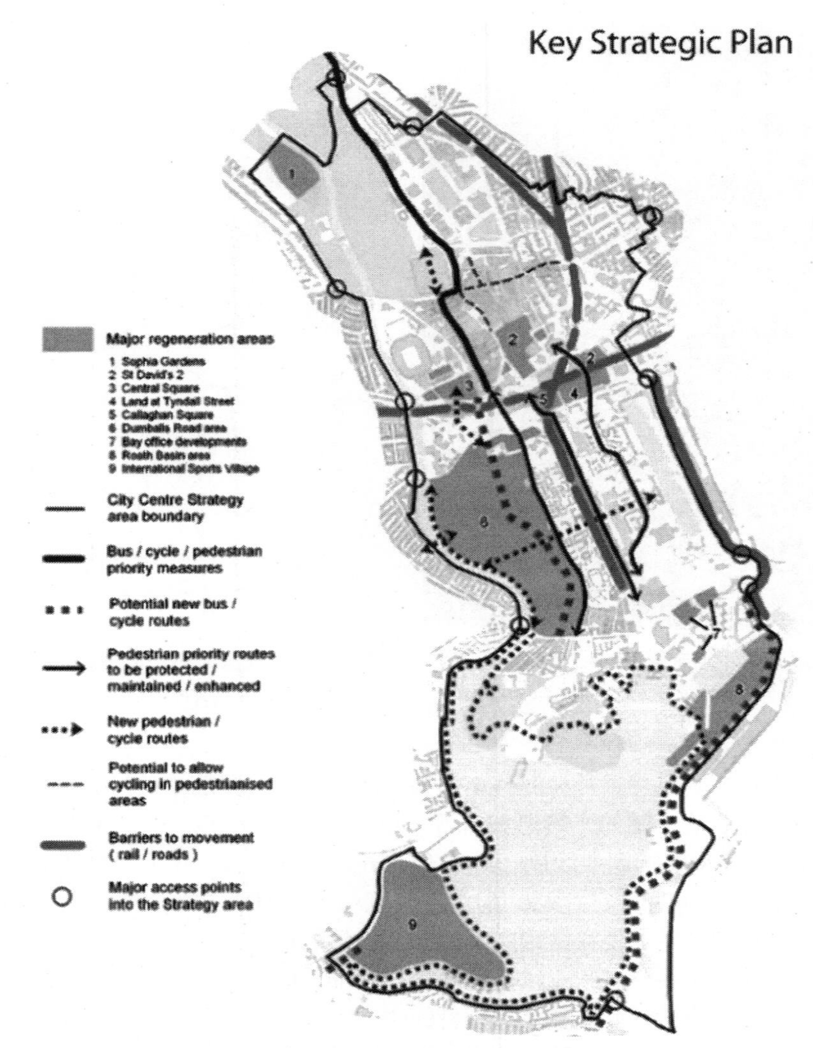

图8.21　卡迪夫城市中心战略的核心战略规划图[357]7

时代的地标。圣玛丽大街是卡迪夫最具历史美感的街道，最早被列为了保护区，如今则美食众多，并直接引导向城堡大门，是充满活力的宽阔步行环境①。宜在尊重历史氛围的前提下，分别强化其特色，提升市中心的多样性和活力。

总体来讲，城堡的北侧和西侧保护现状更为完好，游览的组织也相对完善，而南侧和东侧则有更大的发展压力，尤其是来自高层建筑在视觉方面造

① 这部分所述及区域的现实状况可参考前文第五章第二部分中的文字和图片。

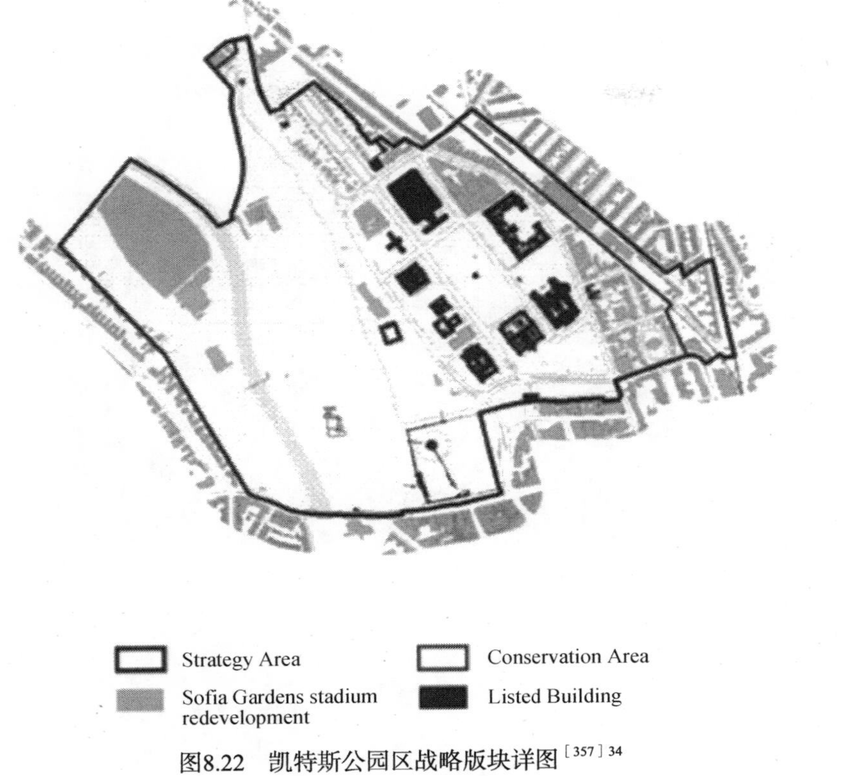

图8.22　凯特斯公园区战略版块详图[357]34

成的影响，将来随着新区向南侧的继续延伸，这类压力和影响还将持续。不过，这三个版块所组成的范围，作为城堡的直接周边环境，同时目前也是城市中心的范围，事实上是一块非常具有活力和吸引力的地区，该战略规划中对其不同的多样性功能和定位也为城市未来发展提供了多种可能性，有效地协助和引导了层积化空间的持续良性生长，以及有机的维持、覆盖或并置。显然，规划体系下周边环境管理的关注面要远超出视觉层面，纳入规划体系将有利于管理策略更面向区域，面向将来，面向生活。

（四）运营体系下的周边环境管理

正如本小节开头的图8.6所示，开发商与其他利益相关者是实际生活在城市空间中的人群，在关注基础历史研究的保护体系和关注城市未来发展的规划体系之外，关注于当下生活体验的运营体系无疑对城市历史景观具有同样重要的影响。如卡迪夫于2003年所做的旅游发展规划的策略，卡迪夫城堡在全城的运营中具有十分重要的中心性地位，如图8.25所示[358]。即使仅以直

图8.23　中央核心区战略版块详图[357]36

接周边环境的运营为例，也至少可分两个部分来阐述，即卡迪夫城堡内部的运营，和其外部周边历史建筑与环境的运营。

首先讨论卡迪夫城堡内部运营情况。卡迪夫城堡归属卡迪夫城市委员会管理，除了作为重点保护对象和博物馆的展陈功能这些常规运营之外，还附加了很多与历史有关的崭新利用方式，如图8.26至图8.31所示，全年各类活

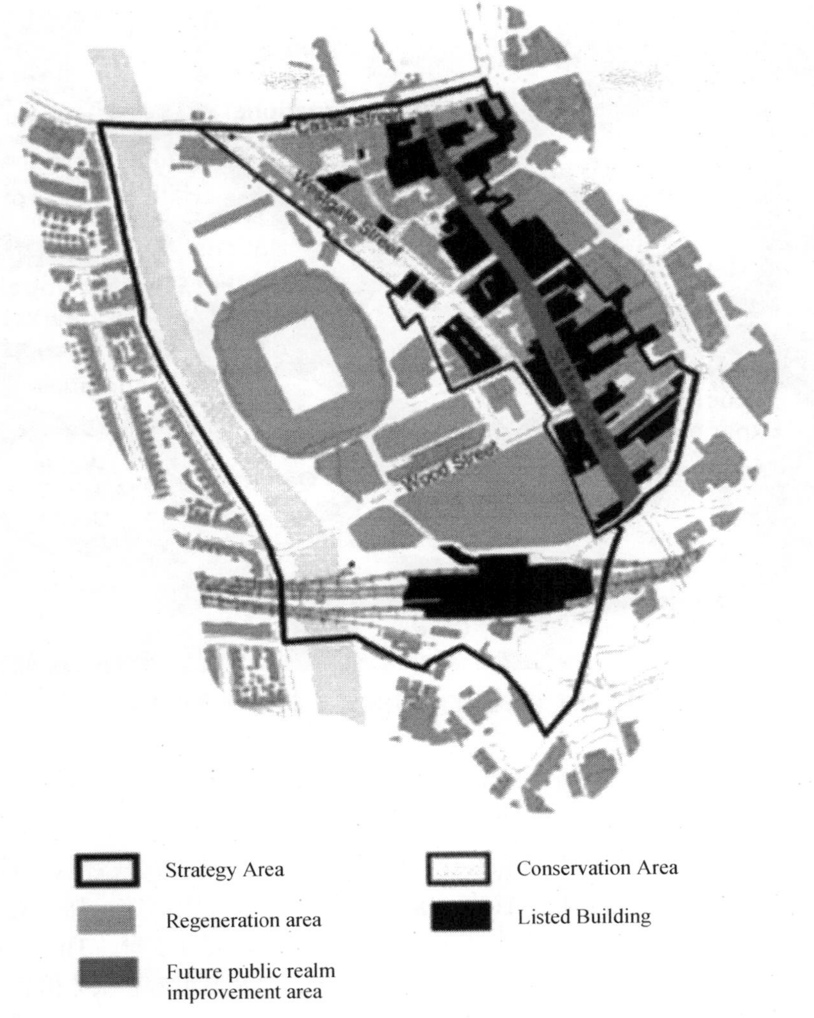

图8.24　体育馆区战略版块详图[357]38

动接连不断，不只是针对旅游者，更是针对卡迪夫市民的①，吸引了从爱好新奇的儿童，到需要高质量娱乐消费的年轻人和中年人，以及对城市和城堡历史有兴趣的老年人，可以说是服务了各个年龄段和阶层的本地居民需要，极大地丰富了市中心的创意休闲方式[246]。同时，依托于新建设的游客服务中心，如图8.9和图8.10所示，人们可以从圣玛丽大街经由城堡内院联通到北部的布特公园，这提供了一条新的充满历史氛围的步行路径，用最小规模的

① 卡迪夫城堡对持有效证件的卡迪夫市居民是免费开放的。

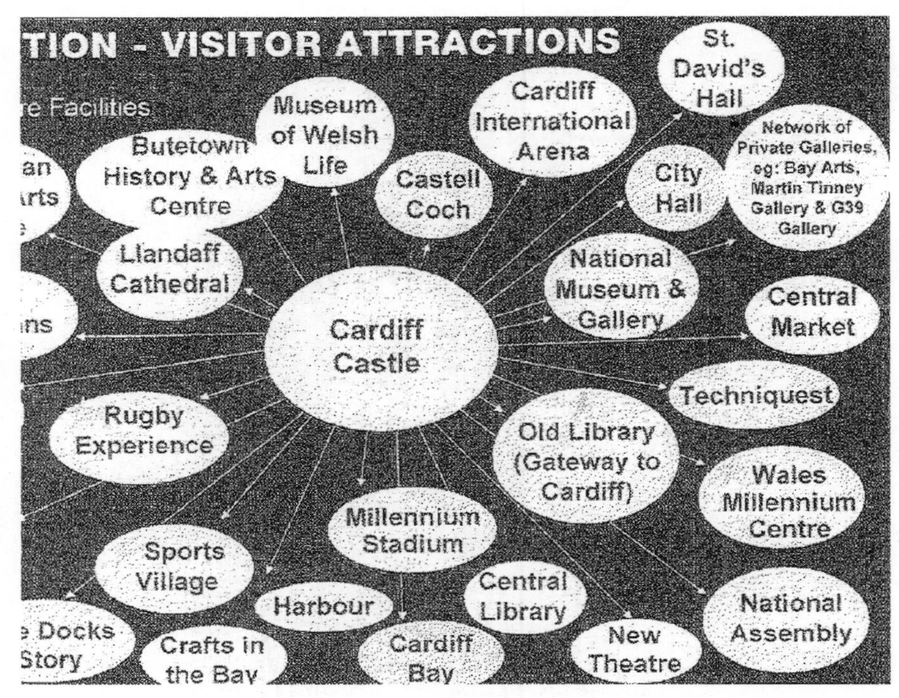

图8.25　以卡迪夫城堡为核心的卡迪夫城区及周边游客吸引策划图示[358]

干预重新连接了城市肌理，不止关注于城堡本身的保护和利用，更是有效加强了城市中心的整体性和公共性，有益于市民生活质量的进一步改善。

城堡外部周边历史建筑和开放空间的运营也十分注重公益性。历史建筑比如，在圣约翰教堂稍微往南，是卡迪夫的老城市图书馆，如图8.32所示，如今经过内部改造，用作博物馆展出卡迪夫的城市故事（The Cardiff Story）、老图书馆酒吧（The Old Library Bar），以及城市游客服务信息中心（Cardiff Tourist Information Centre）等。而如图5.44所示的新市立图书馆则是一栋全新的建筑，就立在商业街的最尽头，形成精心设计的对景，进一步丰富了这一区域的功能类型，此外值得一提的是，卡迪夫市中心的基础设施和公共服务设施的建设很多也都是依赖于私人资金的汇入，新图书馆就是如此。开放空间比如图8.33所示的一年一度的节日布置，欢乐多彩的临时性游乐设施布置于典雅的维多利亚风格凯特斯公园中，形成一种独特的文化氛围。又比如2012年英国承办奥运会时，卡迪夫的千禧球场被选为负责承接足球比赛的场地，奥运火炬经过卡迪夫的传递路线就设定经由卡迪夫城堡前的林荫大道来往市中心，如图8.34所示，并以卡迪夫城堡为终点，而城堡的平整恢宏的墙面也为狂欢的人们增添了奥运氛围，如图8.35所示，城堡对面的商铺用灯光在城堡墙体上打出伦敦奥运的标志，夜晚的古迹遗址与当代事件

图8.26　城堡内部举行高档宴会的布置[246]

图8.27　城堡承办英式婚礼的场景（资料来源：笔者自摄）

图8.28　将城堡的内庭院作为室外剧院上演罗密欧与朱丽叶的场景[246]

图8.29　在城堡的内庭院举行的中世纪历史表演[246]

图8.30　城堡组织学术讲座的海报之一[246]

图8.31　城堡组织儿童启蒙节日的海报之一[246]

图8.32　卡迪夫的老城市图书馆（资料来源：谷歌图片）

图8.33　蔓延到凯特斯公园中的城市节日布置（资料来源：谷歌图片）

图8.34　奥运火炬传递至卡迪夫市中心时的场景（资料来源：笔者自摄）

图8.35　投射到卡迪夫城堡墙面上的奥运灯光涂鸦（资料来源：笔者自摄）

融合出卡迪夫市民独享的文化趣味。

四、本章小结

英国和卡迪夫作为前文已多次应用的案例，再次为本章所借鉴。在英国制度借鉴的方面，笔者从周边环境管理的角度切入，总结大量英国政策法规，梳理出其保护体系的发展历程，进行分类和评述，较为系统地展示了英国保护制度的框架，随后是较为系统的案例阐述。案例选取典型城市锚固点模型——讲述卡迪夫城堡在涉及周边环境管理方面的各类机构和执行体系。笔者主要将其归纳为了保护体系、规划体系，以及运营体系，并分别展开和举例说明。

有英国学者认为，卡迪夫市中心是幸运的，它没有依照1964年布昌曼（Buchanan）规划，向北延伸大片的高层办公楼，机动车路网纵横地变成一个巨大的市中心，而是采用了逐个实现项目的方式，持续性的引导开发商建设，消除了大尺度开发可能造成的消极影响[249]。目前，卡迪夫市中心正在向南继续缓慢生长，其市中心的今貌固然有其历史形成的偶然性，不过从上文中可以看出，大量的多类型保护对象的设定使得最重要的遗产本体与城市历史景观得到延续，多样化的规划定位保障了区域内的和谐与合作，贴近市民生活而创意十足的运营模式则使卡迪夫城堡的周边环境充满了活力与人气。

本书的题目提出要“保护”城市历史景观，这里应当指明，“保护（conservation）”与“保存（preservation）”两个术语虽然看起来很相似，事实上则有重要的区别。“保存”所暗示的，是完全按原初的状态，不加改变的维护；而“保护”则寻求一些元素的变迁，甚或提升。不考虑造价问题，只要求将所有建筑按原样保存是不太可能实现的，所以历史的价值与当代的需要就往往成为城市中常见的冲突与妥协。比如，为了给城市中的一处旧建筑提供保护所需的经济基础，常常需要为之寻找新的使用功能，这是“保护”行为中很重要的一部分，也同时意味着一定程度的改变，哪怕有时仅是限于室内的改变。总之，对于保护的行动目的来讲，为了最大化的公共利益，有必要对一些历史性的场所进行提升和改善。这种思路是完全符合锚固-层积理论所试图阐明的——城市历史景观良性生长的自然结果的。英国的法令制度显然是大幅倾向于“保护”的观点和做法的，尤其强调保护中的重建潜力（conservation potential）和“为每个人而保护（conservation for everyone）”的理念[346]289。这也正是笔者不断强调借鉴英国经验的关键，至少在“城市历史景观”的问题上，在有清晰严谨的认知之后，以开放的态度，寻求或鼓励具有创造性的保护，是符合未来城市历史景观继续良性生长需要的。

第九章
结论、建议与展望

一、应用锚固-层积理论认知城市历史景观

（一）“城市历史景观”的困惑与解答

“城市历史景观”的概念在2005年《维也纳备忘录》中被首次提出时，虽然引发了广泛的思考和讨论，但未曾获得一个比较明晰的含义。到2011年联合国教科文在《关于城市历史景观的建议书》中，则将这唯一的官方定义写作，“理解为一片作为文化和自然价值及特性的历史性层积结果的城市地区”[15]，仅指出这个新的术语所涵盖的广泛程度是超越了历史中心、建筑群等过去概念的，但仍然远不能称得上明晰。不过，其理念的所指俨然已经被各国学者在多少有些模糊之中广为推崇。总体上来讲，归纳目前已有文献和研究，笔者认为可以梳理出三个最为关键性的要点。

一是“城市”的要点：承认变化是城市传统的一部分；

二是“景观”的要点：关注实体的与视觉的之外更多非形象层面的景观；

三是“历史观”的要点：强调其作为思维方式或方法论而非具体事务的重要意义。

本书为“理论初探”，意在解决自人们模糊地认识到“城市历史景观”的理念以来，始终未能明确究竟应当如何认知和如何保护它的问题。

故笔者在第三种类型学与阐释人类学的认识论的指导与启发之下，基于在城市研究中广泛使用的“地标-基质”模型，尝试着搭建了“锚固-层积”的理论框架。随后，借助锚固-层积的模型，笔者提出“城市历史景观”可以重新理解为：“以一系列具有时间层次和空间结构的城市锚固点为骨架，以可能历经多种层积模式至今的层积化空间为肌肉，由于具有双向性的锚固-层积效应而始终处于变化中的有机体。”

为了解释这一新的定义，也为了锚固-层积理论的完善建构，本书以大量的篇幅探讨和论述了何为其中提到的“城市锚固点”、“层积化空间”，

以及“锚固-层积效应”。尤其阐明了众多历史城市的城市历史景观作为一个个始终“处于变化中的有机体”，发展至今天我们所可见的静态空间切片状态，势必经历了具有一定客观普遍规律的历程。遂尝试结合城市史以三个阶段划分之，并指出今天的绝大多数历史城市都已进入第三阶段中，面临着“城市更新背景下的反向覆盖”这一阶段的特殊问题。从而，在清晰的“认知”城市历史景观之后，将“保护”问题引入。

（二）文化遗产认知的扩展与回归

本书对“城市锚固点”的阐述是由文化遗产的认知扩展展开的。文化遗产的理念古已有之，然而其涵盖范围的不断扩展更耐人寻味，笔者认为，这一扩展至少体现在空间的扩展、时间的扩展，以及二者背后的价值扩展三个方面。

从“金石学”到“城市遗产”，从“古物”到“现代遗产”，文化遗产的认知在时空层面上几乎已经可以说是无所不在了，这使人们在客观上拥有了越来越多可以欣赏和享有的文化财富，自然是好事。但是，当这背后的价值已经越发变得复杂，甚至接近于分析理性的产物时，则可能会将人对于遗产一些最直觉却也最本质的认知混淆，或者埋没，在这种情形下，笔者担心遗产更像是被求解得出，而非人所共识了。这可能是文化遗产认知不断扩展的积极事实背后的潜在危机。

故本书仅从城市遗产的角度切入，在“城市锚固点”的定义和判定中，都试图对其作为文化遗产的一些最本源的属性有所回归——亦即锚固于时间和空间的存在。所以，在锚固-层积理论的框架下认知城市历史景观时，城市锚固点的选取将仅是这样的一些文化遗产：它们是某段动态时间中的静态空间；并且曾以其静态的空间为核心，引导过周边动态的发展。

笔者并不反对近几十年以来文化遗产的认知范围蓬勃扩展的现状，但针对城市历史景观的认知问题，若能精确地找出历史城市中这样的一批文化遗产，理解其在某段历史时期中作为城市锚固点的方式和作用，在未来的保护与管理中给予其特殊的关注，将是十分有益于城市历史景观在当代的良性生长的。而从无所不在的城市遗产中遴选这些被定义为城市历史景观的“骨架”的城市锚固点，则要求在一定程度上对文化遗产认知观念上对于时间与空间的回归。

（三）历史城市认知的转变与再塑

在开篇的第一章第二部分“（四）”中，笔者已经归纳提出，“城市历史景观”“城市遗产”“周边环境”三个概念为人们过去对于历史城市的认知范式带来过一次转变。如图9.1所示，由世界遗产作为单中心，被孤立的保护性隔绝，转变为以城市历史景观为宏观总体架构，城市遗产与不规则环绕的周边环境星罗棋布地散落其中。在此次认知范式的转变中，更广泛的遗产得到发掘，并更强调了城市尺度下整体性、动态性的关联，意义非常重大。

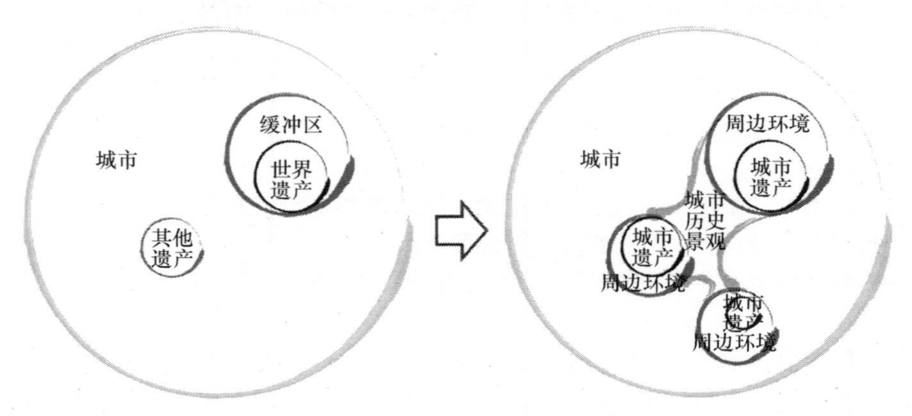

图9.1 “城市历史景观”“城市遗产”“周边环境”给世界遗产框架下的历史城市认知范式带来的转变图示（资料来源：笔者自绘）

但是，对于一座历史城市，即使这转变之后的认知也只是基于时下现状，尚不能触及时间的维度。换言之，在转变后的认知模式下，我们虽然可以更全面深刻地知历史城市其然，但仍然不能知历史城市其所以然。刘易斯·芒福德就曾谈到，只有通过了解城市更原初的结构和功能，才可能真正理解今天的城市所呈现出来的景观，而这也是诸多城市研究中最先应解决的问题。[225] 2

所以，笔者从城市历史景观中颇具时空观念的“层积”概念切入，在解读和阐释之后，推演出了“层积化空间”的概念，亦即“各个时间切片间层积的空间组合结果”。提出在历史城市中，从时间角度，各时段的层积总体上构成城市的历史；从空间角度，则最终组合为构成城市的层积化空间。并尤其细化了作为单元的四种层积基本模式：维持、覆盖、并置、衰退。

正是基于对增加时间维度的强调，或者说将城市看作始终处于有机生长中的、具有历史记忆的生命体，笔者尝试着在仍显得相对扁平的新历史城市认知范式基础之上，再次重塑。卡迪夫城堡与卡迪夫城市两千年来的历史脉络清晰，从锚固-层积理论的视角理解尤为贴切，是为本书所重点采用的研究案例。若将前文中对卡迪夫城堡的种种分析图，做一个仅剩城市锚固点与层积化空间的大简化，则得到如图9.2所示的结果。从这一图示中，通过城市锚固点的编号大小与层积化空间的颜色深浅，提示出其产生与存在的先后关系，以及相互嵌套、环环相生的逻辑，即城市锚固点引发层积化空间，层积

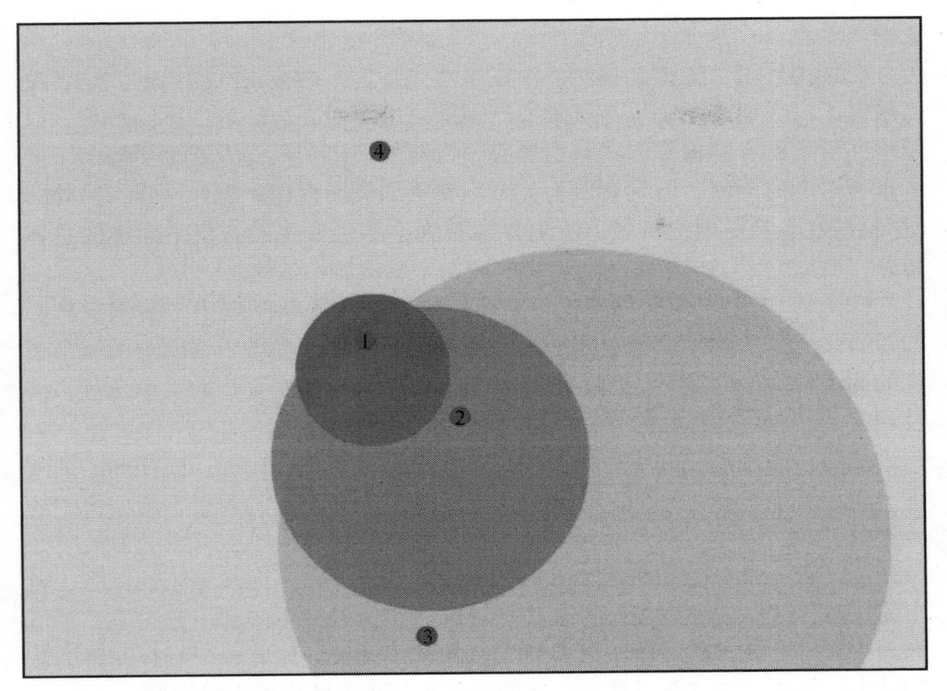

图9.2　将卡迪夫城堡与城市抽象简化为仅剩城市锚固点与层积化空间的图示
（资料来源：笔者自绘）

化空间转化新城市锚固点，如此循环往复，相似扩张。

综上，是笔者对历史城市认知范式转变的归纳，以及基于锚固-层积理论，对其进行再塑的一点尝试。新范式的再塑造目前尚远算不得完善，只是有了大致的研究方向，笔者希望能在未来的学术生涯中继续深入探讨。

二、应用锚固-层积理论保护城市历史景观

（一）应用锚固-层积理论认知到的城市历史景观现状问题

如前所述，锚固-层积理论提供了认知城市历史景观的一整套框架，兼具空间与时间的维度。而当我们面对现实问题时，则需将时间维度切片在当下，观察空间的形态和动势。为了适用于我国大部分历史城市的现状，笔者将这一时间切片切在了锚固-层积效应的第三阶段——城市更新背景下的反向覆盖阶段，并指出此时当代建成环境与历史建成环境往往犬牙交错，城市历史景观相对破碎，城市遗产的周边环境，往往成了最主要的矛盾空间。所以，如何有效的管理好城市遗产周边环境，是现阶段保护城市历史景观最重

要的入手点。

"周边环境"的概念是2005年在《西安宣言》中被正式提出的。笔者重点研究了世界遗产语境下与英国遗产保护语境下对周边环境的不同解释，以及由此引发的不同操作方式。虽然我国目前的理解和操作方式都更倾向于接近世界遗产的语境，但笔者以为英国经验更加灵活直观，操作性强，另外非常契合锚固-层积理论将城市历史景观视为会生长变化的有机生命体的总体思路，所以给予了很多关注，希望能有益于我国城市借鉴。

综上，应用锚固-层积理论，城市历史景观的现状问题中，我们最核心的矛盾焦点落实到了城市遗产的周边环境，尤其是作为城市锚固点的城市遗产的周边环境的问题上。而如何延续城市历史景观良性生长的生命历程，涉及城市遗产与周边环境的保护制度自然是最基本的保障。

同时，因地制宜的优秀城市设计也显得意义重大。比如，在相同的高度下，应用谷歌地球（google earth）观察距离卡迪夫不远的六座不同城市中的城堡及其周边环境，如图9.3至图9.8所示，六个卫星照片均以城堡为最中心点截取。则，虽然同为始建于古罗马时期的城堡遗存，但其本体的尺度、城市的尺度、现状遗存的情况、周边环境的特点等种种不同却十分明显，不可能采用同样的技术路径解决其各自面临的现实问题。因此，只有在完善的认知城市历史景观之"所以然"，才能有效地解决实践中的保护问题。

（二）周边环境的管理制度建设需融合多体系共同参与

本书在第七章中评述我国制度时，谈到我国的文物保护单位体系与历史文化名城体系是两套已经发展多年，较为成熟的体系，然而周边环境尺度下却尚未能形成一套完整的制度体系，虽然王景慧先生等对"历史文化保护区"[①]制度早已千呼万唤，却也不能完全地保障周边环境问题，又非独立体系，且涵盖周边环境尺度下也不止有历史文化街区。事实上，经过笔者整理，我国制度中目前可能涉及城市遗产周边环境的法律术语就有将近十个，只是彼此的关系不甚明朗，实际操作中也缺乏统领和关联。

所以在第八章中，笔者再次关注了对周边环境管理与城市历史景观保护颇有思想和见地的英国。通过对卡迪夫城堡周边环境的案例，细化解读出其中在发挥作用的至少三大体系——保护体系、规划体系、运营体系。并指出，相对于英国的"保护"，我国的现状其实更近似于"保存"。按照英国对于"保护"的行动目的理解，最重要的是最大化的公共利益，而为实现这一目的，对一些历史性的场所进行必要的提升和改善是可以被允许的，当然

① 我国学术界早期所说的"历史文化保护区"就是我们今天所说的"历史文化街区"。

图9.3 坐落在卡迪夫（Cardiff）的城堡与周边环境（资料来源：谷歌地球）

图9.4 坐落在布里斯托尔（Bristol）的城堡与周边环境（资料来源：谷歌地球）

图9.5 坐落在纽波特（Newport）的城堡与周边环境（资料来源：谷歌地球）

图9.6 坐落在卡菲力（Caerphily）的城堡与周边环境（资料来源：谷歌地球）

图9.7 坐落在沃里克（Warwick）的城堡与周边环境（资料来源：谷歌地球）

图9.8 坐落在卡迪夫市郊的科奇城堡（Castell Coch）与周边环境（资料来源：谷歌地球）

这些都是需要进行严格论证的。这种开放的态度，是对保护工作中创造性的一种鼓励，通常可以为周边环境带来如卡迪夫市中心那样，历史氛围与现代设施兼具的多样性，与老少咸宜的吸引力，笔者认为这是一种超越于实体和视觉的地标，是卡迪夫城堡重新成为现今城市锚固点的必要条件，因此这种状态下的周边环境非常符合城市历史景观保持良性生长的需要。

使周边环境达到这样的状态，显然是多个层面共同作用的结果。这就需要城市的管理者——地方政府主动加强引导，协调多方参与，从多尺度、多角度共同努力。经由锚固-层积理论的认知，笔者已多次强调，周边环境是处于锚固-层积效应第三阶段的历史城市中城市历史景观保护最重要的着力点，建议建立专项制度，单独负责统筹管理周边环境，尤其是城市锚固点的周边环境，将十分有益。

（三）建议学习英国城市对可能影响到周边环境的开发提案做评估

笔者认为，作为历史城市的管理者，对可能影响到周边环境的开发提案做评估，是在诸多可能的城市历史景观管理制度链条中，至少应当做到的最末一环。即便我国暂时未能形成专项负责周边环境相关事务的制度，也仍然具有很强的可操作性。故特此翻译与整理，以供我国城市地方当局学习应用。

对于英国的地方当局来说，评估具体开发提案是否会影响到城市遗产周边环境，是决定是否批准规划申请的关键所在，而一套成系统的评估方法才能使各个利益相关团体对该问题的理解成为可能。为此，英格兰遗产（English Heritage）提出了一整套概括性的评估方法[272]，建议地方规划当局依照一系列步骤来实施，将其平等地用于复杂或简单的各个案例。

1. 第一步，明确哪些遗产本体和它们的周边环境受到影响

这一步最好能在规划申请开展之前，或相当于一个地方当局自身情况的调查阶段，如果能做到如下几点，并有必要的重视，通常不但对申请者有所帮助，同时也对地方规划当局做好自己法定职责有很大帮助。在具体的做法上，主要有如下三个关键点：

① 针对不同的遗产本体，明确出是否考虑对其周边环境有潜在影响可能的任何开发提案；

② 针对不同的开发提案，在其周边明确一个“调查区域”，在该区域中对周边环境的影响问题展开合理的考虑；

③ 考虑要求申请者提供诸如“视线影响区域”（ZVI: Zone of Visual Influence）或“理论上可见区域”（ZTV: Zone of Theoretical Visibility）的方法来分析开发提案相关地区，以便更好地识别可能受到影响的遗产本体与周边

环境。

2. 第二步，评估这些周边环境是否、如何，以及在多大程度上影响着遗产本体的重要性

这一阶段的分析是要解决遗产本体的周边环境对其重要性的贡献评估及其贡献范围，换句话说，就是要为周边环境和在周边环境中进行的欣赏决定“什么是重要的以及为什么重要”。所以，这一部分评估应首先明确遗产本体自身的一些基本属性①，然后着重考虑：

①本体周边的物质环境，包括它与其他遗产本体的关系；

②本体被欣赏的途径；

③本体的联系与利用模式。

在这一出发点确立后，再考虑周边环境对它的可能贡献。故接下来提供了一份不一定详尽的检查清单，可以有效帮助周边环境阐明其对重要性的可能贡献的潜在属性。对于任何单个的遗产本体，在如表 9.1所列出三个方面的众多因素中，可能都有有限的一部分会是特别重要的：

表9.1　评估周边环境对遗产本体重要性影响的检查清单（资料来源：笔者参考英格兰遗产文献自制）

本体周边的物质环境	本体被欣赏的方式方法	本体的联动属性
1）地形	1）周边的景观或城镇景观特性	1）文化关联
2）其他各类遗产本体	2）看出来、看向、经过、穿过及包含本体的视野	2）遗产本体之间的联动关系
3）定义、尺度，以及周边街景	3）视觉支配、显著性，或作为焦点的作用	3）著名的艺术风格表征
4）景观和空间的“纹理”	4）与其他历史或环境特点的有意识的互相通视	4）传统
5）正式的设计	5）噪声、震动及其他污染物或骚扰行为	
6）历史性的材料与表面	6）平和、遥远、“野性原始”	

---

① 如果按照英国的法律政策体系，根据《保护原则：历史环境的可持续管理政策与指南（Conservation Principles: Policy and Guidance for the Sustainable Management of the Historic Environment）》中对遗产价值的分类方法，则遗产本体拥有见证价值（evidential value）、历史价值（historical value）、美学价值（aesthetic value）、公共价值（communal value）共四类价值。[274] 25-32

续表

本体周边的物质环境	本体被欣赏的方式方法	本体的联动属性
7）土地使用	7）围合感、隔离、亲密关系或隐私	
8）绿地、树木、植被	8）推动力与活动	
9）开敞性、围合、边界	9）可进入性、可渗透性、移动的模式	
10）功能关系与交通设施	10）阐释的程度或对公众利益的促进	
11）历史与随时间变化的程度	11）同等类型的周边环境幸存的稀有性	
12）完整性		
13）土壤化学与水文地理等问题		

如第三步在后面会陈述的，这个关于周边环境对重要性贡献的评估可以为开发提案对重要性的效果评估提供框架。这种评估方法是从遗产本体出发，尤其适用于辅助单个决策制定的需要。而另一个广泛运用且同样重要的评估方法，则是在任何特定的开发提案之前，首先做一个战略性的、管理的或保护的规划，就如第八章第三部分中在讨论卡迪夫城堡相关的规划体系时讲到的做法。尽管这第二种做法所做出的重要性评估会指明遗产本体“周边的”一大片周边环境，而非聚焦于某个特定的开发区域，或针对某个特定的开发项目，但是也不失为一种由上而下、由总体到局部的、有效的规划评估方法。

3. 第三步，评估开发提案对遗产本体重要性是否有积极或消极的影响

第三步是鉴定开发可能对周边环境造成影响的范围，并评估最终作用于遗产本体的伤害或有利程度。当然，在一些情况下，这一评估可能需要扩展到累积的、复杂的影响，这里暂不展开。周边环境受到影响的范围，可能涉及遗产本体的范围，也可能有普通的城市空间，这显然妨碍到单一的影响评估方法的应用，而是需要在不同的情况采用不同的方法。不过，总体而言，评估应该依照开发提案的如下四个方面，明确出关键的属性：

①区位与选址；

②形式与外观；

③附加的影响；

④持久性。

与第二步中一样，笔者整理了一份更为详尽，应在评估过程中给予考虑的开发提案的属性清单，如表 9.2所示。但同样的，这个清单不可能，也并不打算穷尽所有属性，而且也不是所有属性都会适用于某一处开发提案。考虑的细致程度与评估的目的相称即可，因此，一般来讲，实践中只需从清单中选择一部分对于特定的开发最为恰当的属性，明确为需要考虑的对象，并权衡每项属性应对应多大的权重。或者也可以在选择出需考虑的关键属性后做成清单，并辅以一段简短的解释，共同作为设计声明。又或者在需要用定量的方法支持更复杂的评估过程分析时，提供一个可参考的基础。

表9.2　评估可能影响到周边环境的开发提案的属性的清单（资料来源：笔者参考英格兰遗产文献自制）

开发的区位与选址	开发的形式与外观	开发的附加影响	开发的持久性
1）与本体的临近程度	1）显著性、支配性或突出性	1）建成的周边或空间变迁	1）预期使用期或暂时性
2）范围	2）与本体竞争或分散对本体的注意力	2）天际线变迁	2）循环性
3）涉及地形地貌的位置	3）规模、尺度和体块	3）噪声、气味、震动、尘土等	3）可逆性
4）从物质上或视觉上与本体隔离开来的程度	4）比例	4）照明影响与“照明溢出”	4）产权的变迁
5）涉及关键视野的位置	5）视觉渗透性（延伸至其可被看到的所有范围）	5）整体特质的变迁（例如郊区化或工业化）	5）经济与社会生存能力
	6）材料（质地、颜色、反光度等）	6）公众的可进入性、使用或便利设施的变迁	6）公共使用与社会活力
	7）建筑风格或设计	7）土地使用、地表覆盖、林木覆盖的变迁	
	8）移动或活动的引入	8）考古环境、土壤化学，或水文地理的变迁	
	9）每天的或季节性的变化	9）交流沟通、可达性、渗透性的变迁	

这个表格所列的判定内容，有的是通过开发的原则；有的是通过开发的尺度、显著性、接近度、布局；有的则是通过其细部设计。对于地方规划当局在开发项目前期，考虑是否会对遗产本体的周边环境造成影响时，尤其会很有帮助，可以帮助快速判定其对遗产本体重要性是造成提升还是造成伤害。事实上，对于某个特定的开发，可能其中只有有限的一部分很重要，所

以，地方规划当局若能事先就决定下来，评估是应该主要聚焦在空间方面、景观方面，或视野方面来分析，还是应该聚焦在城市设计的使用层面上来考虑，抑或是要综合应用这些方法，将可以为申请者明确出递交一份成功申请时所需具备的专业性知识，方便其合理地分配相关评估内容的广泛度和均衡度。

4. 第四步，探索最大化提升，避免或最小化伤害的方法

如果所有可能对影响周边环境负有责任，进而可能对遗产本体重要性产生影响的开发提案，都在项目的最开始就考虑到这些问题，可以为关于开发的范畴和形式的意见统一提供基础，减少后期阶段中不同意见或怀疑产生的可能性，一定程度上保证了有利条件的最大化。PPS5中认为，一个完善设计的计划可以避免或最小化不利的影响，并且指明提升的机遇，而地方规划当局“应当明确出，在周边环境中做出改变，是有机会可以提升或更好的展示遗产本体重要性的”[273]。可以看出英国的国家政策中对于良性改变的大力支持和鼓励。

那么，周边环境的提升可能由以下行动实现：

①移除或重新塑造一个具有侵入性的建筑或特征；

②用新的更和谐的特征替代有害的特征；

③恢复或展现一处失落的历史特征；

④引入一个有益于公众欣赏本体的全新特征；

⑤引入有益于公众体验遗产本体的新视野（包括不经意的视线或被更好的选定的视野）；

⑥增强本体与其周边环境的公共可进入性，并做好阐释。

降低开发导致伤害的可能做法则包括：

①一处开发或其组成要素的重新选址；

②改变其设计；

③创造有效且长期的视觉或听觉屏障；

④由规划条件或法定协议所保障的管理措施。

对一部分影响到周边环境的开发来说，可能是由于其临近性、选址、尺度、显著性或喧闹等基础问题而引发的影响，开发的设计可能不足以实现充分的调节，来避免或显著减小伤害。然而在另一部分案例中，好的设计则可能降低或移除伤害，或使得到提升，且在这种情况下，设计质量就是决定到底是伤害还是提升的最重要的考量因素了。当开发会对周边环境和遗产本体重要性造成一些伤害，且不可校正时，屏蔽可能是减小伤害的一种选择。但屏蔽只能缓解消极影响，而非移除影响或带来提升，因此，在周边环境之中做开发时，它永远不能被当作是好的设计的替代品。此外，由于屏蔽可能造成新的侵入性的影响，因此在必要的时候，它同样需要小心的设计，将当地的景观特性、季节性的或每天不同时间段的影响纳入考虑，例如植被或照明的变化等。最后，对于屏蔽的持久性或寿命也应有所考虑，这就总要在设计之后涉及管理问题，而由法律协议所保护的管理措施更能协助保证屏蔽的长期效果。

5. 第五步，制定决策，颁布文件，监控效果并记录

权衡包括影响周边环境的开发在内的变迁带来的提升与伤害程度，PPS5中的政策HE8、HE9、HE10提供了宽泛的指引，为地方规划当局的决策制定提供了基础[270]27-35。比如政策HE9.2强调，当某处影响到被指定为保护对象的遗产本体周边环境的开发，在实质上对本体重要性造成伤害时，除非它能带来比该伤害更加重大的公共利益，它才可以被认为具有正当性。只有在没有任何其他合理手段（例如另作设计或另外选址）可以带来相似的公共利益时，伤害才可以被允许[270]29。政策HE8.1额外强调，一处开发申请对于并未指定为保护对象的遗产本体的周边环境的影响，也应在其决策时做重要考虑[270]27。

不是所有遗产本体都同等重要，其周边环境对其重要性的贡献也各不相同。也不是所有周边环境都具有同样的，在不伤害遗产本体重要性的前提下，去容纳变迁的能力。即便是对于指定为同等保护级别的遗产本体，或同类遗产本体，根据不同的变迁性质，其容纳变迁的能力都可能很不相同。它甚至也可能因本体的选址而异，比如城市中一处被仰视或俯视的选址；河岸、海岸或岛屿的选址；或在一大片相对低平的建筑群中的选址，都可能加大周边环境的敏感性。综上，在具体决策中，需要基于个例具体分析，来考虑开发对于遗产本体和周边环境的影响。

对决策制定过程中的每一阶段做出记录将是十分有益。记录应该明确出每一个被影响的遗产本体的周边环境是如何对其重要性有所贡献的，以及开发可能带来怎样的影响，包括缓解的提案。虽然前文中列出了相当广泛的可能变量，但一般来讲，分析还是应该集中于遗产本体、周边环境与开发提案的有限一部分关键因素或属性，从而规避过度的复杂性。

尽管我们所拥有的各种技术手段正变得越来越精准，但一处开发在周边环境上的真正影响仍然很难从平面、图纸和其他可视性手段中得出，这使得实际经验尤为可贵。所以，一旦一处影响了周边环境的项目在实施后确实提升了，或至少被认为没有贬损遗产本体重要性，则回顾和记录该计划的成功，并明确出任何可以学到的经验，都可能会有帮助，尤其是在未来有类似开发的时候。当然，失败的经验也应得到相应的记录和反思。总之，这些都要求地方规划当局在决策制定之后，也要有持续性的监控。

三、研究不足与展望

（一）对锚固-层积理论的建构仍有很多可细化深入之处

工作深度和能力有限，本书篇幅有限，笔者只是初步搭建了锚固-层积理论，从立论基础、总体框架、两个基本要素的分别阐述，以及二者相互的作用过程和矛盾焦点空间几个方面展开论述，很多细节照顾尚不周全。

比如仅以城市锚固点为例，其分类目前笔者只依照其开放程度与功能类型，划分为了开放性的公共场所和封闭性的权力机构两类。如此划分尚有很多其他重要的影响因素无法纳入体系中深化，譬如城市锚固点的空间性状，可能是点状、线状、面状的；又譬如城市锚固点的被欣赏方式，可能从古至今都处于不断的变化之中，等等。这些细节笔者在行文中大多有所关照，但未能全面展开，仍留有遗憾。

不积跬步，无以至千里。本书仅是笔者学术生涯的开端，将来定会继续对锚固-层积理论进行持续地细化和深入建构。

（二）用锚固-层积理论深入解析更多更复杂的历史城市

由于时间和精力所限，本书仅深入解析了英国的卡迪夫一座历史城市。这是一个单点锚固特性非常强烈，且发展脉络清晰的小城，非常适合用以解说和深描理论，但仅此一城为例，尤其目前缺乏对于中国城市的分析，使论文在理论的普遍适用性方面，以及对我国现实问题的指导性方面，说服力都尚显不足。

所以下一步，笔者希望能应用锚固-层积理论尝试分析更多的历史城市，比如历经豪斯曼大改造和新区建设的巴黎、拥有几个清晰历史层积的巴塞罗那、城市景观年代差异巨大的罗马、新旧混杂的伦敦、重建过的华沙历史中心、新老城区天衣无缝的爱丁堡、城墙外高楼林立的西安、人为规划建设的政治首都北京，以及我国各个有独特城市历史景观的历史城市，将构成一个独特的城市历史景观数据库，也有助于理论的进一步完善。此外，若能将这些城市经历不同锚固-层积效应阶段的具体时间、城市锚固点分布类型、层积化空间组合方式、近年来保护制度模式等等信息收集起来相互对比，结合城市风貌或城市体验阐述，又可以对理论构建有巨大的推进。

总之，理论建构和城市分析是相互促进的，未来还应继续应用锚固-层积理论深入解析更多更复杂的历史城市，仍有大量的工作可以继续展开。

（三）用锚固-层积理论为设计者提供城市历史景观保护的参考和引导

实际上，如前文第二章第一部分所述，本书立论的重要认识论基础之一即在于阐释人类学，一个比较困难的方面即阐释人类学强调的是一种以分析为导向，而非以治疗或矫正为目的的认识论，换言之，解释已经是其终极目的，所以在“深描”并找到适合的认知方式后，理解意义便已足够。然而，作为建筑与城市学科的理论，本书在花大量篇幅初步建构锚固-层积理论之后，无法回避的需要对未来有所指导。目前涉及应用的这一块内容尚不够坚实。尤其是对设计者的指导不足。

在谈及城市历史景观保护的部分，无论是制度分析，还是政策建议，本书始终是站在城市管理者的角度阐述的。然而正如笔者所强调的，城市历史景观的保护虽然应由政府主导，但必然是多方参与的，城市设计在周边环境的质量控制中尤其具有重大的作用，所以未能为城市规划师、建筑设计师提供足够的参考和引导，也是本书目前的局限性之一。

我国历史城市众多，目前又广泛地处于旧城重建大潮之中，涉及城市遗产周边环境的项目浩若星辰。而城市规划师作为城市管理者的重要智囊团，建筑设计师作为城市形象的实际塑造者，对于我国城市历史景观保护的走向都有着不可估量的决定性作用。未来笔者将重点考虑继续深化锚固-层积理论在设计中的应用，并整理更多的优秀设计和实践，尤其是我国的案例或实践，从设计者的角度出发提供参考和引导。

附录

主要符号对照表

UNESCO	联合国教科文组织（United Nations Educational, Scientific and Cultural Organization）
HUL	城市历史景观（Historic Urban Landscape）
WHC	联合国教科文组织世界遗产中心（UNESCO World Heritage Center）
ICOMOS	国际古迹遗址理事会（International Council on Monuments and Sites）
ICCROM	国际文化财产保护与修复与研究中心（International Center for the Study of the Preservation and Restoration of Cultural Property）
OUV	突出普遍价值（Outstanding Universal Value）
IFLA	国际景观设计师联盟（International Federation of Landscape Architects）
IIC	国际博物馆藏品保护学会（International Institute For Conservation of Museum Objects）
ICOM	历史性纪念物建筑师及技师国际协会（International Congress of Architects and Technicians of Historic Monuments）
DOCOMOMO	记录与保护现代运动中的建筑、场地和街坊的国际委员会（Documentation and Conservation of Buildings, Sites and Neighbourhoods of the Modern Movement）
PPS5	（英国）规划政策声明5：规划历史环境（Planning Policy Statement 5: Planning for the Historic Environment）
NPPF	（英国）国家规划政策框架（National Planning Policy Framework）
LPA	（英国）地方规划当局（Local Planning Authority）
Cadw	（英国）威尔士历史纪念物保护组织（Welsh Historic Monuments）
CABE	（英国）建筑与建成环境委员会（Commission for Architecture and the Built Environment）
DETR	（英国）环境、交通与区域部（Department for Environment, Transport and the Regions）
DCMS	（英国）文化、媒体与体育部（Department for Culture, Media and Sport）

参考文献

［1］ 安徽省黄山市人民政府. 黄山市屯溪老街保护区保护管理办法［Z］. 2004.

［2］ BBC. Beatles' Abbey Road zebra crossing given listed status:http://www.bbc.co.uk/news/uk-england-london-12059385［Z］. 2010.

［3］ 马佳. 每年消失600条胡同北京地图俩月换一版［N］. 北京晚报，2001-10-19.

［4］ 吴良镛.《北京城市总体规划修编（2004-2020年）》专题北京旧城保护研究（下篇）［J］. 北京规划建设，2005（02）：65-72.

［5］ 李韵.《西安宣言》重视文物周边环境［N］. 光明日报，2005-11-11.

［6］ UNESCO. WHC-09/33.COM/7B State of conservation of World Heritage properties inscribed on the World Heritage List［R］. 2009.

［7］ 朱明德，北京市社会科学院北京城区角落调查课题组. 北京城区角落调查［M］. 北京：社会科学文献出版社，2005.

［8］ 国际古迹遗址理事会中国国家委员会. 中国文物古迹保护准则［Z］. 洛杉矶：盖蒂保护研究所，2002.

［9］ 国务院. 国务院关于加强文化遗产保护的通知［Z］. 2005.

［10］ 单霁翔. 城市化发展与文化遗产保护［M］. 天津：天津大学出版社，2006.

［11］ 单霁翔. 文化遗产保护与城市文化建设［J］. 中国党政干部论坛，2009（7）：28-29.

［12］ 张松. 城市文化遗产保护国际宪章与国内法规选编［M］. 上海：同济大学出版社，2007.

［13］ UNESCO联合国教科文组织. 维也纳备忘录［Z］. 维也纳：2005.

［14］ 龚晨曦. 黏聚和连续性：城市历史景观有形元素及相关议题［D］. 北京：清华大学，2011.

［15］ UNESCO. 关于城市历史景观的建议书［Z］. 2011.

［16］ 林广思，萧蕾. 风景园林遗产保护领域及演化：2012国际风景园林师联合会（IFLA）亚太区会议暨中国风景园林学会2012年会论文集（上册），中国上海，2012［C］.

［17］ 罗・范・奥尔斯，韩锋，王溪. 城市历史景观的概念及其与文化景观的联系［J］. 中国园林，2012（5）：16-18.

[18] Ron van Oers and Sachiko Haraguchi, UNESCO World Heritage Centre. World Heritage Paper 27：Managing Historic Cities [R]. Paris: UNESCO World Heritage Centre, 2010.

[19] Viviana Martini. The Conservation of Historic Urban Landscapes: An Approach [D]. Venice: University of Nova Gorica, 2013.

[20] 郑颖，杨昌鸣. 城市历史景观的启示——从"历史城区保护"到"城市发展框架下的城市遗产保护"[J]. 城市建筑，2012（8）：41-44.

[21] 阮仪三. 留住我们的根——城市发展与城市遗产保护[J]. 城乡建设，2004（7）：8-11.

[22] 屈洁. 城市遗产保护的基本问题探讨[J]. 陕西建筑，2010（4）：4-6.

[23] 杨新海，林林，彭锐. 基于"城市遗产"视角建构城市历史文化保护框架与发展策略[J]. 苏州科技学院学报（工程技术版）, 2011（1）：59-64.

[24] ICOMOS. 西安宣言[Z]. 2005.

[25] 罗佳明.《西安宣言》的解析与操作[J]. 考古与文物，2007（5）：43-46, 52.

[26] Kathryn Welch Howe. Los Angeles Historic Resource Survey Assessment Project: Summary Report [R]. Los Angeles: The Getty Conservation Institute, 2001.

[27] The Getty Conservation Institute. Incentives for the Preservation and Rehabilitation of Historic Homes in the City of Los Angeles: A Guidebook for Homeowners [R]. Los Angeles: The Getty Conservation Institute, 2004.

[28] Kathryn Welch Howe. The Los Angeles Historic Resource Survey Report: A Framework for a Citywide Historic Resource Survey [R]. Los Angeles: The Getty Conservation Institute, 2008.

[29] English Heritage. Changing London: An Historic City for a Modern World - Issue 1 [M]. London: English Heritage, 2003.

[30] English Heritage. Changing London: An Historic City for a Modern World - Issue 2 [M]. London: English Heritage, 2003.

[31] English Heritage. Changing London: An Historic City for a Modern World - Issue 3 [M]. London: English Heritage, 2003.

[32] English Heritage. Changing London: An Historic City for a Modern World - Issue 4 [M]. London: English Heritage, 2004.

[33] English Heritage. Changing London: An Historic City for a Modern World - Issue 5 [M]. London: English Heritage, 2004.

[34] English Heritage. Changing London: An Historic City for a Modern World - Issue 6 [M]. London: English Heritage, 2005.

[35] English Heritage. Changing London: An Historic City for a Modern World - Issue 7 [M]. London: English Heritage, 2006.

[36] English Heritage. Changing London: An Historic City for a Modern World - Issue 8

[M] . London: English Heritage, 2007.
[37] English Heritage. Changing London: An Historic City for a Modern World - Issue 9 [M] . London: English Heritage, 2007.
[38] 张松. 上海城市遗产的保护策略 [J] . 城市规划，2006（2）：49-54.
[39] 张艳华. 提篮桥：犹太人的诺亚方舟 [M] . 上海：同济大学出版社，2006.
[40] 阮仪三. 城市遗产保护与同济城市规划 [J] . 城市规划学刊，2012（6）：1-2.
[41] 阮仪三，张艳华. 上海城市遗产保护观念的发展及对中国名城保护的思考 [J] . 城市规划学刊，2005（1）：68-71.
[42] 阮仪三，丁枫. 上海历史文化名城保护的战略思考 [J] . 上海城市规划，2006（2）：6-9.
[43] 阮仪三. 聚焦城市遗产永续利用中的误区 [N] . 文汇报.
[44] 北京市政协文史资料委员会. 北京文物周边环境保护调查 [J] . 北京观察，2007（9）：50-56.
[45] 王南，李路珂. 北京古建筑地图 [M] . 北京：清华大学出版社，2009.
[46] 孔繁峙. 北京名城保护的几个问题 [J] . 北京规划建设，2011（03）：14-16.
[47] 什刹海研究会. 什刹海志 [M] . 北京出版社，2003.
[48] 张明庆，赵志壮，王婧. 北京什刹海地区名人故居的现状及其旅游开发 [J] . 首都师范大学学报（自然科学版）, 2007（05）：58-62.
[49] 董莉. 什刹海地区寺庙周边环境保护与发展研究 [D] . 清华大学，2006.
[50] 阙维民，邓婷婷. 城市遗产保护视野中的北京大栅栏街区 [J] . 国际城市规划，2012（01）：106-110.
[51] 晋宏逵. 北京紫禁城背景环境及其保护 [J] . 故宫博物院院刊，2005（5）：34-45.
[52] 郑孝燮. 古都北京皇城的历史功能、传统风貌与紫禁城的“整体性” [J] . 故宫博物院院刊，2005（5）：8-22.
[53] 蔡金水. 用有机更新解决故宫保护缓冲区保护改造与发展的矛盾 [J] . 北京房地产，2004（11）：69-70.
[54] 和红星. 西安城市遗产的保护与利用：《圆明园》学刊第九期，2009 [C] .
[55] 丁波. 南京城市遗产保护与更新问题研究 [D] . 南京：南京农业大学，2007.
[56] 彭馨. 保护文物周边环境有法可依 [J] . 北京观察，2007（9）：56-58.
[57] Council of Europe. European Charter of the Architectural Heritage [Z] . 1975.
[58] Communities and Local Government. National Planning Policy Framework [Z] . 2012.
[59] English Heritage. The Setting of Heritage Assets: English Heritage Guidance [R] . 2011.
[60] English Heritage. Seeing the History in the View [R] . 2011.
[61] English Heritage. Valuing Places: Good Practice in Conservation Areas [R] .

2011.
[62] English Heritage. Constructive Conservation in Practice [R]. 2008.
[63] Ian Strange, David Whitney. The Changing Roles and Purposes of Heritage Conservation in the UK [J]. Planning Practice & Research, 2003 (18): 2-3, 219-229.
[64] Kevin Lynch. 城市意象 [M]. 北京：中国建筑工业出版社，1990.
[65] Colin Rowe. 拼贴城市 [M]. 北京：中国建筑工业出版社，2003.
[66] Roger Trancik. 寻找失落空间：城市设计的理论 [M]. 北京：中国建筑工业出版社，2008.
[67] Kisho Kurokawa. 新共生思想 [M]. 北京：中国建筑工业出版社，2009.
[68] Aldo Rossi. 城市建筑学 [M]. 北京：中国建筑工业出版社，2006.
[69] Jane Jacobs. 美国大城市的死与生 [M]. 南京：译林出版社，2006.
[70] B. C. Brolin. 建筑与文脉：新老建筑的配合 [M]. 北京：中国建筑工业出版社，1988.
[71] O.И. Pu Lu Jin. 建筑与历史环境 [M]. 北京：社会科学文献出版社，2011.
[72] 李雄飞. 城市规划与古建筑保护 [M]. 天津：天津科学技术出版社，1985.
[73] 王瑞珠. 国外历史环境的保护和规划 [M]. 台北：淑馨出版社，1993.
[74] 朱自煊. 北京前门传统商业区改建规划探讨 [J]. 城市规划，1985 (06): 3-12.
[75] 朱自煊. 关于北京城市设计的浅见 [J]. 北京规划建设，1996 (02): 9-12.
[76] 朱自煊. 关于夺回古都风貌的几点建议 [J]. 北京规划建设，1995 (02): 5-8.
[77] 朱自煊. 试论北京——政治中心文化中心的变迁 [J]. 城市问题，1991 (03): 50-53.
[78] 朱自煊. 屯溪老街保护整治规划 [J]. 建筑学报，1996 (09): 10-14.
[79] 朱自煊. 屯溪老街历史地段的保护与更新规划 [J]. 城市规划，1987 (01): 21-25.
[80] 郑光中，张敏. 北京什刹海历史文化风景区旅游规划——兼论历史地段与旅游开发 [J]. 北京规划建设，1999 (02): 11-15.
[81] 阮仪三. 城市遗产保护论 [M]. 上海：上海科学技术出版社，2005.
[82] 张松. 历史城市保护学导论：文化遗产和历史环境保护的一种整体性方法 [M]. 上海：上海科学技术出版社，2001.
[83] 常青. 历史环境的再生之道：历史意识与设计探索 [M]. 北京：中国建筑工业出版社，2009.
[84] 单霁翔. 留住城市文化的“根”与“魂”：中国文化遗产保护的探索与实践 [M]. 北京：科学出版社，2010.
[85] 张杰，吕舟. 世界文化遗产保护与城镇经济发展 [M]. 上海：同济大学出版

社，2013.
[86] 钟舸. 和谐共生的城市与历史文化遗产研究 ：郑州商城大遗址为例［D］. 北京：清华大学建筑学院，2006.
[87] 方可. 当代北京旧城更新：调查·研究·探索［M］. 北京：中国建筑工业出版社，2000.
[88] 孙燕. 世界遗产框架下城市历史景观的概念和保护方法［D］. 北京：清华大学建筑学院，2012.
[89] 张柏.《西安宣言》的产生背景［N］. 中国文物报，2005-12-07（03）.
[90] 刘冕. 文物周边环境保护成为专家热议主题［N］. 北京日报，2005-12-03（07）.
[91] 郭旃.《西安宣言》——文化遗产环境保护新准则［J］. 中国文化遗产，2005（6）：6-7.
[92] 单霁翔. 文化遗产保护与城市文化建设［M］. 北京：中国建筑工业出版社，2009.
[93] 潘琴. 荆州城墙及其周边环境的保护与更新［D］. 华中科技大学，2006.
[94] 赵楠艳. 南京明城墙周边环境景观设计研究［D］. 南京艺术学院，2006.
[95] 周遵奎. 成都市文殊院历史文化街区更新后的调查与反思［D］. 西南交通大学，2008.
[96] 张倩，李志民. 历史文化遗产周边环境的整体保护研究——以郑州商城文化区为例［J］. 中国名城，2009（2）：46-51.
[97] 赵文斌，李存东，史丽秀. 布达拉宫周边环境整治规划及宗角禄康公园改造设计［J］. 中国园林，2009（9）：60-64.
[98] 孙福喜. 从《西安宣言》到《西安共识》——大明宫国家遗址公园的构想与实践［J］. 中国文化遗产，2009（4）：104-111.
[99] 霍晓卫，李磊. 历史文化名城保护实践中对遗产“环境”的保护——以蓟县历史文化名城保护为例：2009中国城市规划年会，天津，2009［C］. 中国城市规划学会.
[100] 陈峰. 历史文化遗产周边环境保护范围的界定方法初探［D］. 西安建筑科技大学，2009.
[101] 西村幸夫. 城市风景规划：欧美景观控制方法与实务［M］. 上海：上海科学技术出版社，2005.
[102] 何疏悦，疏梅. 美国小城萨凡纳（Savannah）的城市历史景观建筑保护［J］. 中国园林，2013（2）：83-87.
[103] 唐子来，程蓉. 法国城市规划中的设计控制［J］. 城市规划，2003（02）：87-91.
[104] 唐子来，凌莉. 荷兰城市规划中的设计控制［J］. 城市规划，2003（03）：87-90.

[105] 唐子来，姚凯. 德国城市规划中的设计控制 [J]. 城市规划，2003（05）：44-47.
[106] 唐子来，胡力骏. 意大利城市规划中的设计控制 [J]. 城市规划，2003（08）：56-60.
[107] 唐子来，朱弋宇. 西班牙城市规划中的设计控制 [J]. 城市规划，2003（10）：72-74.
[108] 唐子来，付磊. 发达国家和地区的城市设计控制 [J]. 城市规划汇刊，2002（06）：1-8.
[109] 唐子来，李明. 英国的城市设计控制 [J]. 国外城市规划，2001（02）：3-5.
[110] 唐子来. 新加坡的城市规划体系 [J]. 城市规划，2000（01）：42-45.
[111] 唐子来. 英国的城市规划体系 [J]. 城市规划，1999（08）：37-41.
[112] 唐子来，李京生. 日本的城市规划体系 [J]. 城市规划，1999（10）：50-54.
[113] 唐子来，吴志强. 若干发达国家和地区的城市规划体系评述 [J]. 规划师，1998（03）：95-100.
[114] 阎照. 德国格尔利茨城市遗产保护体系研究 [D]. 西安建筑科技大学，2009.
[115] 刘颂，高健. 西欧历史城市景观的保护 [J]. 城市问题，2008（11）：88-92.
[116] 侯丽，栾峰. 香港的城市规划体系 [J]. 城市规划，2000（05）：47-50.
[117] 赵民. 澳大利亚的城市规划体系 [J]. 城市规划，2000（06）：51-54.
[118] 孙施文. 美国的城市规划体系 [J]. 城市规划，1999（07）：43-46.
[119] 王卓娃. 欧洲多层面控制建筑高度的方法研究 [J]. 规划师，2006（11）：98-101.
[120] 吴良镛，吴唯佳，毛其智，等. 建设文化精华区促进旧城整体保护 [J]. 北京规划建设，2012（01）：8-11.
[121] 边兰春. 怀旧中的更新，保护中的发展　北京什刹海地区历史文化景观的保护与整治 [J]. 城市环境设计，2009（03）：14-29.
[122] 朱文一，万博，刘畅. 北京什刹海荷花市场空间考察 [J]. 北京规划建设，2013（01）：113-122.
[123] 原智远，熊祥瑞，陈宏强. 世界城市背景下历史街区产业发展探究——以北京市什刹海街区为例 [J]. 经济师，2011（05）：56-58.
[124] 蓝刚. 历史城市景观控制体系初探 [J]. 苏州城建环保学院学报，2000（02）：49-54.
[125] 丁芸. 历史环境中商业空间的城市设计研究 [D]. 西安建筑科技大学，2008.
[126] 刘祎绯，崔光海. 引导文化再生的城市设计方法体系——以西藏索县为例 [J]. 华中建筑，2014（01）：93-98.
[127] 吴良镛. “抽象继承”与“迁想妙得”——历史地段的保护、发展与新建筑创作 [J]. 建筑学报，1993（10）：21-24.
[128] 王家倩. 历史环境中的新旧建筑结合 [D]. 重庆大学，2002.

[129] 孙婳. “建筑空缺”弥补——也谈历史环境新建筑创作 [D]. 清华大学，2004.
[130] 吴丰. 中国传统建筑文化语言的现代表述的研究 [D]. 湖南大学，2005.
[131] 覃小燕. 城市历史环境中新建筑的设计原则与手法的研究 [D]. 武汉理工大学，2006.
[132] 王文正. 历史文化遗产资源周边环境中的建筑设计研究 [D]. 西安建筑科技大学，2008.
[133] 孙丽娟. 历史文化遗产周边环境中建筑语汇的表现方法研究 [D]. 西安建筑科技大学，2009.
[134] 任愿. 从历史地段下当代专题博物馆的研究看中国书院博物馆 [D]. 湖南大学，2004.
[135] 徐伟楠. 与历史环境相协调的酒店建筑设计 [D]. 西安建筑科技大学，2004.
[136] 章明，张姿. 欧洲新旧建筑的共生体系 [J]. 时代建筑，2001（4）：18-21.
[137] 宋言奇. 城市历史建筑周边环境的设计 [J]. 城市问题，2003（6）：8-11.
[138] UNESCO. New life for historic cities: The historic urban landscape approach explained [EB/OL]. 2013. http://whc.unesco.org/en/news/1026/
[139] Francesco Bandarin, Ron van Oers. The Historic Urban Landscape: Managing Heritage in an Urban Century [M]. Wiley-Blackwell, 2012.
[140] Francesco Bandarin (Editor), Ron van Oers (Editor). Reconnecting the City: The Historic Urban Landscape Approach and the Future of Urban Heritage [M]. Wiley-Blackwell, 2014.
[141] Liu Y. Layered Spaces: Seeing Vicissitudes of Historic Cities with the Historic Urban Landscape Approach [A]. ICOMOS Thailand International Conference 2014：Historic Urban Landscape and Heritages [C]. Bangkok: ICOMOS Thailand, 2014.
[142] Ron van Oers. Towards New International Guidelines for the Conservation of Historic Urban Landscapes (HUL) [J]. City & Time, 2007,03：3.
[143] Rodwell, Dennis. Urban Regeneration and the Management of Change: Liverpool and the Historic Urban Landscape [J]. Journal of Architectural Conservation, 2008,02：83-106.
[144] Fusco Girard, Luigi. Toward a Smart Sustainable Development of Port Cities/areas: The Role of the “Historic Urban Landscape” Approach, [J]. Sustainability, 2013,05:4329-4348.
[145] 景峰. 联合国教科文组织《关于保护城市历史景观的建议》（稿）及其意义 [J]. 中国园林，2008,03:77-81.
[146] 杨箐丛. 历史性城市景观保护规划与控制引导 [D].同济大学，2008.
[147] 张松，镇雪锋. 历史性城市景观——一条通向城市保护的新路径 [J]. 同济

大学学报（社会科学版）,2011,03:29-34.

[148] 张松. 历史城区的整体性保护——在“历史性城市景观”国际建议下的再思考 [J]. 北京规划建设，2012,06:27-30.

[149] 张杰. 作为城市历史景观的街区价值属性识别方法 [J]. 小城镇建设，2012,10:47-48.

[150] 朱亚斓. 城市历史景观角度下的我国城市更新途径 [J]. 城市管理与科技，2013,04：27-29.

[151] 刘凯茜. 布达佩斯城市历史景观的保护历程及现状研究 [D].中央民族大学，2013.

[152] 林可可. 城市历史景观（HUL）保护的西湖经验 [A] //中国风景园林学会.中国风景园林学会2013年会论文集（上册）[C].中国风景园林学会:,2013:4.

[153] 朱亚斓，张平乐. 基于城市历史景观角度的襄阳市古襄阳城保护研究 [J]. 湖北文理学院学报，2013,12:14-18.

[154] 姜滢，张弓. 城市历史景观——历史街区保护的新思路——以福州上下杭历史文化街区的保护为例 [A] //中国城市规划学会.城市时代，协同规划——2013中国城市规划年会论文集（11-文化遗产保护与城市更新）[C].中国城市规划学会，2013:11.

[155] 杨涛. 历史性城市景观视角下的街区可持续整体保护方法探索——以拉萨八廓街历史文化街区保护规划为例 [J]. 现代城市研究，2014,06:9-13+30.

[156] 赵霞. 基于历史性城市景观的浙北运河聚落整体性保护方法——以嘉兴名城保护规划为例 [J]. 城市发展研究，2014,08:37-43.

[157] 钱毅，任璞，张子涵. 德占时期青岛工业遗产与青岛城市历史景观 [J]. 工业建筑，2014,09:22-25.

[158] 张松，镇雪锋. 澳门历史性城市景观保护策略探讨 [J]. 城市规划，2014,S1:91-96.

[159] 张兵. 历史城镇整体保护中的“关联性”与“系统方法”——对“历史性城市景观”概念的观察和思考 [J]. 城市规划，2014,S2:42-48+113.

[160] 徐怡涛. 试论城市景观和城市景观结构 [J]. 南方建筑，1998,04:78-83.

[161] 乔治加亚·皮奇纳托，周静，彭晖. 二战后意大利的城市规划简史 [J]. 国际城市规划，2010（3）：5-9.

[162] 汪丽君. 广义建筑类型学研究 [D]. 天津大学，2003.

[163] Pollio Vitruvius. 建筑十书 [M]. 北京：北京大学出版社，2012.

[164] Giulio Carlo Argan, “On the Typology of Architecture” (1963),in Kate Nesbitt. Theorizing a New Agenda for Architecture: An Anthology of Architectural Theory 1965-1995 [M]. New York: Princeton Architectural Press, 1966.

[165] 沈克宁. 重温类型学 [J]. 建筑师，2006（06）：5-19.

[166] Clifford Greertz. 文化的解释 [M]. 南京：译林出版社，2008.
[167] Clifford Greertz. 地方性知识:阐释人类学论文集 [M]. 中央编译出版社，2004.
[168] 王铭铭. 格尔兹的解释人类学 [J]. 教学与研究，1999（04）：30-36.
[169] 金广君. 图解城市设计 [M]. 哈尔滨：黑龙江科学技术出版社，1999.
[170] UNESCO World Heritage Centre. http://whc.unesco.org/en/list/314/ [Z].
[171] 朱锫. 类型学与阿尔多·罗西 [J]. 建筑学报，1992（05）：32-38.
[172] 杨健，戴志中. 还原到型——阿尔多·罗西《城市建筑》读解 [J]. 新建筑，2009（01）：119-123.
[173] Wayne Atton, Donn Logan. American Urban Architecture: Catalysts in the Design of Cities [M]. University of California Press, 1989.
[174] Léon Krier. The Reconstruction of the European City [J]. Architectural Design, 1984,54（Nov/Dec）：16-22.
[175] 黄鹤. 文化规划：基于文化资源的城市整体发展战略 [M]. 北京：中国建筑工业出版社，2010.
[176] 吴良镛. 梁思成先生诞辰八十五周年纪念文集 ：1901-1986：梁思成先生诞辰八十五周年，北京，1986 [C]. 清华大学出版社.
[177] 吴良镛. 人民英雄纪念碑的创作成就——纪念人民英雄纪念碑落成廿周年 [J]. 建筑学报，1978（02）：4-9.
[178] 王南.《康熙南巡图》中的清代北京中轴线意象 [J]. 北京规划建设，2007（05）：71-77.
[179] 北京市. 北京中轴线申报世界遗产文本 [Z]. 2012.
[180] 大明宫国家遗址公园. http://www.dmgpark.com/ [Z].
[181] 刘敦桢. 中国古代建筑史 [M]. 北京：中国建筑工业出版社，1984.
[182] 和红星. 大明宫的前世今生——大遗址保护与西安城市规划 [J]. 建筑创作，2009（06）：26-31.
[183] 胡洁，吴宜夏，吕璐珊. 北京奥林匹克森林公园景观规划设计综述 [J]. 中国园林，2006（06）：1-7.
[184] 左丘明著，王珑燕译注. 左传译注 [M]. 上海：上海三联书店，2013.
[185] （清）严可均. 全汉文 [M]. 北京：商务印书馆，1999.
[186] 董诰. 全唐文 [M]. 太原：山西教育出版社，2002.
[187] 喻学才. 中国古代的遗产保护实践述略 [J]. 华中建筑，2008,26（3）：1-6.
[188] ICOM. 关于历史古迹修复的雅典宪章 [Z]. 1931.
[189] ICOMOS. 威尼斯宪章 [Z]. 1964.
[190] UNESCO World Heritage Centre 联合国教科文组织世界遗产中心. Convention Concerning the Protection of the World Cultural and Natural Heritage保护世界文化和自然遗产公约 [Z]. 1972.

[191] UNESCO. 关于历史地区的保护及其当代作用的建议 [Z]. 华沙：1976.
[192] ICOMOS. 华盛顿宪章 [Z]. 1987.
[193] UNESCO World Heritage Centre. 保护非物质文化遗产公约 [Z]. 2003.
[194] ICOMOS. The World Heritage List: Filling the Gaps - an Action Plan for the Future [M]. 2004.
[195] Jurgen Habermas. 现代性的哲学话语 [M]. 南京：译林出版社，2011.
[196] Ron van Oers and Sachiko Haraguchi, World Heritage Paper 5：Identification and Documentation of Modern Heritage [R]. Paris: UNESCO World Heritage Centre, 2003.
[197] UNESCO. http://whc.unesco.org/en/list/166/ [Z].
[198] UNESCO. http://whc.unesco.org/en/list/320/ [Z].
[199] UNESCO. http://whc.unesco.org/en/list/729 [Z].
[200] UNESCO. http://whc.unesco.org/en/list/1150/ [Z].
[201] http://www.trb-cn.com/ [Z].
[202] Jukka Jokilehto, 郭旃. 建筑保护史 [M]. 北京：中华书局，2011.
[203] UNESCO World Heritage Centre . Operational Guidelines for the Implementation of the World Heritage Convention [Z]. 2013.
[204] UNESCO. http://whc.unesco.org/en/list/404/ [Z].
[205] Edmund N. Bacon. 城市设计 [M]. 北京：中国建筑工业出版社，2003.
[206] John Ruskin. 建筑的七盏明灯 [M]. 济南：山东画报出版社，2006.
[207] 于长敏. “伊势神宫”迁宫的文化意义 [J]. 日本研究，1994（02）：89-91.
[208] Nara Conference On Authenticity. 奈良真实性文件 [Z]. 1994.
[209] Paul M. Hohenberg, Lynn H. Lees. 都市欧洲的形成：1000-1994年 [M]. 北京：商务印书馆，2009.
[210] UNESCO World Heritage Centre. http://whc.unesco.org/en/list/943/ [Z].
[211] UNESCO World Heritage Centre. Operational Guidelines for the Implementation of the World Heritage Convention [Z]. 2012.
[212] 全国人民代表大会. 中华人民共和国文物保护法 [Z]. 2007.
[213] 全国人民代表大会. 中华人民共和国非物质文化遗产法 [Z]. 2011.
[214] 上海通讯社. 上海研究资料 [M]. 上海：上海书店出版社，1984.
[215] 张晓春. 关于历史的主题公园——都市历史空间的文脉窘境:以上海城隍庙、豫园地段为例 [A]. 建筑历史与理论第十辑（首届中国建筑史学全国青年学者优秀学术论文评选获奖论文集）[C], 2009:18.
[216] 刘磊. 北京什刹海历史文化保护区色彩管理研究 [D]. 北京建筑工程学院，2012.
[217] 吕文君. 反思什刹海的变迁 [D]. 北京林业大学，2008.
[218] 唐鸣镝. 快速城市化进程中的文化景观保护——以北京什刹海历史文化保护

区为例［J］. 北京规划建设，2013（03）：71-75.
［219］ 王玏，魏雷，赵鸣. 北京河道景观历史演变研究［J］. 中国园林，2012（10）：57-60.
［220］ 谌丽，张文忠. 历史街区地方文化的变迁与重塑——以北京什刹海为例［J］. 地理科学进展，2010（06）：649-656.
［221］ 侯仁之. 什刹海在北京城市建设中的古往今来［J］. 旅游，1994（07）：8-9.
［222］ 夏青. 什刹海与周边寺庙研究［D］. 首都师范大学，2012.
［223］ 徐秀珊. 简论什刹海地区环境与街巷的关系［J］. 北京社会科学，2000（01）：87-93.
［224］ 故宫博物院官方网站：http://www.dpm.org.cn/index16801050.html［Z］.
［225］ Lewis Mumford. 城市发展史：起源、演变和前景［M］. 北京：中国建筑工业出版社，2005.
［226］ Joan Busquets, 鲁安东，薛云婧. 城市历史作为设计当代城市的线索——巴塞罗那案例与塞尔达的网格规划［J］. 建筑学报，2012（11）：2-16.
［227］ 黄艳. 论对历史城市环境的再创造——从柏林到巴塞罗那［J］. 规划师，1999,15（2）：51-56.
［228］ 沙永杰，董依. 巴塞罗那城市滨水区的演变［J］. 上海城市规划，2009（1）：56-59.
［229］ 李翅. 巴塞罗那的城市文化与城市空间发展策略初探［J］. 国外城市规划，2004,19（4）：67-71.
［230］ 苏炯. 巴塞罗那城市革新30年［J］. 山西建筑，2010,36（13）：25-26.
［231］ Kevin Lynch. What time is this place?［M］. Cambridge, Mass: MIT Press, 1972.
［232］ UNESCO. http://whc.unesco.org/en/list/stat［Z］. 2013.
［233］ UNESCO. http://whc.unesco.org/en/list/811/［Z］.
［234］ 朱良文，肖晶. 丽江古城传统民居保护维修手册［M］. 昆明：云南科技出版社，2006.
［235］ 杨杰宏. 丽江古城：盛名之下的困局［N］. 中国文化报，2010-04-13.
［236］ 刘祎绯. 世界文化遗产地经济价值的伦理学探讨［J］. 华中建筑，2013（11）：14-16.
［237］ UNESCO. http://whc.unesco.org/en/list/30/［Z］.
［238］ 钟纪刚. 巴黎城市建设史［M］. 北京：中国建筑工业出版社，2002.
［239］ 陈萌，景行. 案例1 巴黎的旧城改造——重建"大巴黎"计划［A］. 首都经济贸易大学、北京市社会科学联合会.2011城市国际化论坛——全球化进程中的大都市治理（案例集）［C］.首都经济贸易大学、北京市社会科学联合会，2011:4.
［240］ http://www.dk-cm.com/writing/plotting/［Z］.

[241] http://baike.baidu.com/view/863435.htm [Z].
[242] http://www.book-hotel.cn/big5date/art/3061.html [Z].
[243] 刁大明. 底特律:一座大城的破产 [J]. 世界知识，2013（07）：30-31.
[244] 张锐. 底特律:从“车城”到“鬼城” [J]. 中外企业文化，2013（09）：10-15.
[245] Lewis Mumford. 城市文化 [M]. 北京：中国建筑工业出版社，2009.
[246] Cardiff Castle. http://www.cardiffcastle.com/ [EB/OL].
[247] M. J. Daunton. Coal Metropolis Caridff 1870-1914 [M]. Leicester: Leicester University Press, 1977.
[248] John Edwards. Conserving Cardiff Castle – Planning for Success [D]. Shaftesbury: Donhead Publishing, 2003.
[249] Alan Hooper, John Punter. Capital Cardiff 1975-2020：Regeneration, Competitiveness and the Urban Environment [M]. Cardiff: University of Wales Press, 2006.
[250] Cardiff County Council. Labour Market: An overview of Cardiff Empoyment and the local economy [R]. 2004.
[251] Cardiff County Council. Tourism Boost for Cardiff Economy [R].2011.
[252] 梁思成. 中国建筑史 [M]. 天津：百花文艺出版社，1998.
[253] 梁思成. 梁思成全集（第五卷） [M]. 北京：中国建筑工业出版社，2001.
[254] Augustus Welby Northmore Pugin. Contrasts: or, A parallel between the noble edifices of the middle ages, and corresponding buildings of the present day, shewing the present decay of taste [M]. London: James Moyes, 1836.
[255] 王军. 城记 [M]. 北京：生活·读书·新知三联书店，2003.
[256] 梁思成，陈占祥. 梁陈方案与北京 [M]. 沈阳：辽宁教育出版社，2005.
[257] 北京市人民政府. 北京城市总体规划（2004—2020年）：图集 [Z]. 2004.
[258] UNESCO. 关于保护景观和遗址的风貌与特性的建议 [Z]. 1962.
[259] UNESCO. 关于保护受到公共或私人工程危害的文化财产的建议 [Z]. 1968.
[260] 会安会议. 会安宣言 [Z]. 2003.
[261] 巴姆会议. 恢复巴姆文化遗产宣言 [Z]. 2004.
[262] 首尔会议. 汉城宣言 [Z]. 2005.
[263] UNESCO World Heritage Centre. Operational Guidelines for the Implementation of the World Heritage Convention [Z]. 1997.
[264] UNESCO World Heritage Centre. Operational Guidelines for the Implementation of the World Heritage Convention [Z]. 2005.
[265] 镇雪锋. 文化遗产的完整性与整体性保护方法——遗产保护国际宪章的经验和启示 [D]. 同济大学，2007.
[266] 吕舟. 历史环境的保护问题 [J]. 建筑史论文集，1999：208-218.

[267] World Heritage Papers 25: World Heritage and Buffer Zones: International Expert Meeting on World Heritage and Buffer Zones, Davos, Switzerland, 2008 [C]. UNESCO World Heritage Centre.
[268] Charles Landry. 创意城市：如何打造都市创意生活圈 [M]. 北京：清华大学出版社，2009.
[269] 朱晓明. 当代英国建筑遗产保护 [M]. 上海：同济大学出版社，2007.
[270] Communities and Local Government. Planning Policy Statement 5: Planning for the Historic Environment [Z]. 2010.
[271] Communities and Local Government. National Planning Policy Framework [Z]. 2012.
[272] English Heritage. The Setting of Heritage Assets [R]. London: English Heritage, 2012.
[273] English Heritage. Seeing History in the View: A method for Assessing Heritage Significance within Views [R]. London: English Heritage, 2011.
[274] 李中扬，夏晋. 文脉——城市记忆的延续 [J]. 包装工程，2003（04）：121-122.
[275] Charles Jencks. 后现代建筑语言 [M]. 北京：中国建筑工业出版社，1986.
[276] Colin Rowe, Fred Koetter. 拼贴城市 [M]. 北京：中国建筑工业出版社，2003.
[277] Robert Venturi. 建筑的复杂性与矛盾性 [M]. 北京：中国建筑工业出版社，1991.
[278] English Heritage. Conservation Principles: Policy and Guidance for the Sustainable Management of the Historic Environment [R]. London: English Heritage, 2008.
[279] English Heritage. Understanding Place: Conservation Area Designation, Appraisal and Management [R]. London: English Heritage, 2011.
[280] UNESCO World Heritage Centre . http://whc.unesco.org/en/list/1389/ [Z].
[281] CABE, DETR. By Design: Urban Design in the Planning System - Towards Better Practice [R]. London: Commission for Architecture and the Built Environment and Department of the Environment, Transport and the Regions, 2000.
[282] CABE, DETR. Building in Context: New Development in Historic Areas [R]. London: English Heritage and Commission for Architecture and the Built Environment, 2001.
[283] English Heritage. Building in Context Toolkit: New Development in Historic Areas [R]. London: English Heritage, 2001.
[284] 中华人民共和国文化部. http://www.ccnt.gov.cn/xxfb/jgsz/ [Z].
[285] 北京奇志通数据科技有限公司，北京市文物局北京市文化遗产保护中心. 北

京文化遗产保护地图［Z］. 北京.
［286］ 中华人民共和国住房和城乡建设部. http://www.mohurd.gov.cn/gyjsb/index.html［Z］.
［287］ http://ishare.iask.sina.com.cn/f/36610175.html?sudaref=www.google.com.hk&retcode=0［Z］.
［288］ 王景慧，阮仪三，王林. 历史文化名城保护理论与规划［M］. 上海：同济大学出版社，1999.
［289］ 王景慧. 论历史文化遗产保护的层次［J］. 规划师，2002,18（6）：9-13.
［290］ 徐嵩龄. 西欧国家文化遗产管理制度的改革及对中国的启示［J］. 清华大学学报（哲学社会科学版）, 2005,20（2）：87-100.
［291］ 政务院. 古文化遗址及古墓葬之调查发掘暂行办法［Z］. 1950.
［292］ 政务院. 中央人民政府政务院关于保护古文物建筑的指示［Z］. 1950.
［293］ 国务院办公厅文化部. 关于名胜古迹管理的职责、权力分担的规定［Z］. 1951.
［294］ 国务院办公厅文化部. 关于保护地方文物名胜古迹的管理办法［Z］. 1951.
［295］ 国务院办公厅文化部. 地方文物管理委员会暂行组织通则［Z］. 1951.
［296］ 文化部. 关于地方文物管理委员会的方针、任务、性质及发展方向的指示［Z］. 1951.
［297］ 国务院. 在基本建设工程中保护文物的通知［Z］. 1953.
［298］ 国务院. 关于在农业生产建设中保护文物的通知［Z］. 1956.
［299］ 国务院. 文物保护管理暂行条例［Z］. 1961.
［300］ 文化部. 文物保护单位保护管理暂行办法［Z］. 1963.
［301］ 文化部. 关于革命纪念建筑、历史纪念建筑、古建筑、石窟寺修缮暂行管理办法［Z］. 1963.
［302］ 文化部. 古遗址、古墓葬、发掘暂行管理办法［Z］. 1964.
［303］ 国务院. 国务院关于加强历史文物保护工作的通知［Z］. 1980.
［304］ 全国人民代表大会. 中华人民共和国文物保护法［Z］. 1982.
［305］ 文化部. 纪念建筑、古建筑、石窟寺等修缮工程管理办法［Z］. 1986.
［306］ 国家文物局. 中华人民共和国文物保护法实施细则［Z］. 1992.
［307］ 国家土地管理局　国家文物局　建设部. 关于在当前开发区建设和土地使用权出让过程中加强文物保护的通知［Z］. 1993.
［308］ 文化部. 文物保护工程管理办法［Z］. 2003.
［309］ 国家文物局. 全国重点文物保护单位保护规划编制审批办法［Z］. 2004.
［310］ 国家文物局. 全国重点文物保护单位保护规划编制要求［Z］. 2004.
［311］ 国家文物局. 中华人民共和国文物保护法实施细则［Z］. 2005.
［312］ 国务院. 国务院批转国家建委等部门关于保护我国历史文化名城的请示的通知［Z］. 1982.

[313] 国务院. 国务院批转建设部、文化部关于请公布第二批国家历史文化名城名单报告的通知［Z］. 1986.

[314] 国务院. 国务院批转建设部、国家文物局关于审批第三批国家历史文化名城和加强保护管理请示的通知［Z］. 1994.

[315] 建设部. 关于加强历史文化名城规划工作的通知［Z］. 1983.

[316] 国家文物局　建设部. 历史文化名城保护规划编制要求［Z］. 1994.

[317] 建设部. 转发“黄山市屯溪老街历史文化保护区保护管理暂行办法”的通知［Z］. 1997.

[318] 建设部. 城市紫线管理办法［Z］. 2003.

[319] 建设部. 历史文化名城保护规范［Z］. 2005.

[320] 国务院. 历史文化名城名镇名村保护条例［Z］. 2008.

[321] 阮仪三，孙萌. 我国历史街区保护与规划的若干问题研究［J］. 城市规划，2001,25（10）：25-32.

[322] 全国人民代表大会. 中华人民共和国宪法［Z］. 1982.

[323] 全国人民代表大会. 中华人民共和国刑法［Z］. 1979.

[324] 全国人民代表大会. 中华人民共和国城市规划法［Z］. 1989.

[325] 全国人民代表大会. 中华人民共和国环境保护法［Z］. 1989.

[326] 全国人民代表大会. 中华人民共和国文物保护法［Z］. 1991.

[327] 全国人民代表大会. 中华人民共和国文物保护法［Z］. 2002.

[328] 国务院. 文物保护法实施条例［Z］. 2003.

[329] 建设部. 城市规划编制办法［Z］. 2005.

[330] 全国人民代表大会. 中华人民共和国城乡规划法［Z］. 2007.

[331] 刘晖. 论保护规划中建设控制地带和控制措施的法律效力［J］. 规划师，2006（12）：52-54.

[332] 北京市文物事业管理局. 北京市文物保护单位保护范围及建设控制地带管理规定［Z］. 北京市城市规划管理局. 1987.

[333] 北京市文物局. http://www.bjww.gov.cn/wbsj/bjwbdw.htm［Z］.

[334] 田丽娟. 历史街区环境协调区的城市设计研究［D］. 苏州：苏州科技学院，2008.

[335] 王景慧. 历史地段保护的概念和做法［J］. 城市规划，1998（3）：34-36.

[336] 王林，王骏. 历史街区保护规划编制方法研究［J］. 城市规划，1998（3）：37-39.

[337] 北京清华城市设计规划研究院文化遗产保护研究所. 苏州俞越旧居保护规划：图纸［Z］. 2009.

[338] 文化部. 世界文化遗产保护管理办法［Z］. 2006.

[339] UNESCO World Heritage Centre. World Heritage Papers 25 - World Heritage and Buffer Zones［Z］. Davos，Switzerland: 2009.

［340］ 京京. 故宫保护缓冲区方案获世遗大会通过［J］. 城市规划通讯，2005（15）：9.
［341］ 用缓冲区保卫皇城［J］. 看中国，2007（3）：11-13.
［342］ UNESCO. 宣布人类口头和非物质遗产代表作条例［Z］. 1998.
［343］ 张博. 非物质文化遗产的文化空间保护［J］. 青海社会科学，2007（1）：33-36.
［344］ 向云驹. 论“文化空间”［J］. 中央民族大学学报（哲学社会科学版）, 2008（3）：81-88.
［345］ 文化部. 国家级非物质文化遗产保护与管理暂行办法［Z］. 2006.
［346］ Barry Cullingworth, Vincent Nadin. Town and Country Planning in the UK［M］. Forteenth edition. Oxon: Routledge, 2006.
［347］ http://en.wikisource.org/wiki/The_Preservation_of_Places_of_Interest_or_Beauty/Appendix_A［Z］.
［348］ The National Archives. http://www.legislation.gov.uk/ukpga/1990/9/contents［Z］.
［349］ The National Archives. http://www.legislation.gov.uk/ukpga/1979/46/contents［Z］.
［350］ Welsh Assembly Government. Planning Policy Wales［Z］. 2011.
［351］ http://www.cpat.org.uk/wat.htm［Z］.
［352］ Cadw. Decision Notice, 23rd March 2005, Ref: JP/GC/05/193C, http://planning.cardiff.gov.uk/online-applications/applicationDetails.do?activeTab=documents&keyVal=_CARDIFF_DCAPR_71080［Z］. 2005.
［353］ City of Cardiff. City of Cardiff Local Plan: Information Map［Z］. 1996.
［354］ Cardiff City Council. Cardiff City Centre: Conservation Area Appraisals［Z］. 2009.
［355］ Cardiff City Council. St. Mary Street: Conservation Area Appraisal［Z］. 2006.
［356］ Royal Commission On The Wales. http://www.coflein.gov.uk/en/site/301558/details/CARDIFF+CASTLE+AND+BUTE+PARK%2C+CARDIFF/［Z］.
［357］ Cardiff City Council. City Centre Strategy 2007-2010［Z］.
［358］ Cardiff Council. Visitor Attraction Development Strategy［Z］. Cardiff: 2003.
［359］ 贾鸿雁. 中国历史文化名城通论［M］. 南京：东南大学出版社，2007.
［360］ 国家文物局. 文物保护法律文件选编［M］. 北京：文物出版社，2012.
［361］ 国家文物局. 中华人民共和国文化遗产保护法律文件选编［M］. 北京：文物出版社，2007.
［362］ 国家文物局. 文化遗产保护地方法律文件选编［M］. 北京：文物出版社，2008.

图 2.43　城市锚固点北京中轴线在故宫段与周边层积化空间相互作用的空间范围示意图（资料来源：笔者自绘）

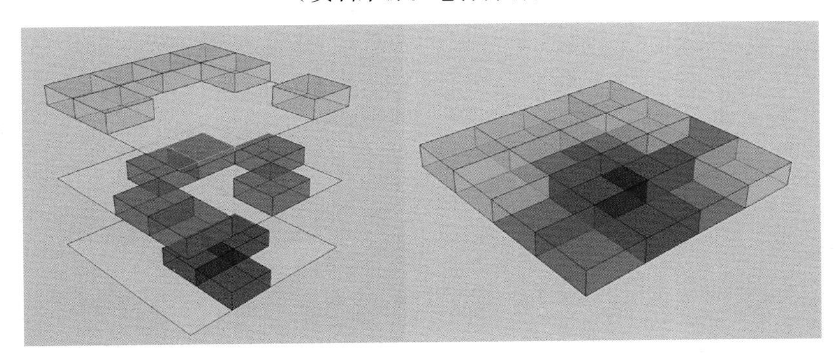

图 4.11　巴塞罗那经过多个时代的层积形成的层积化空间示意模型（资料来源：笔者自绘）

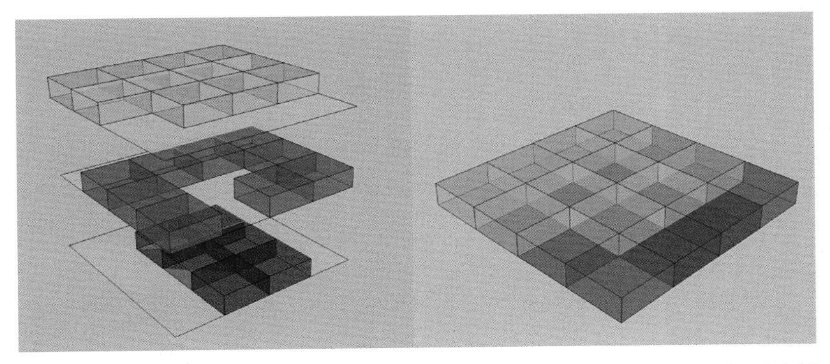

图 4.12　大多数历史城市经过多个时代的叠加和混合后形成的层积化空间示意模型（资料来源：笔者自绘）

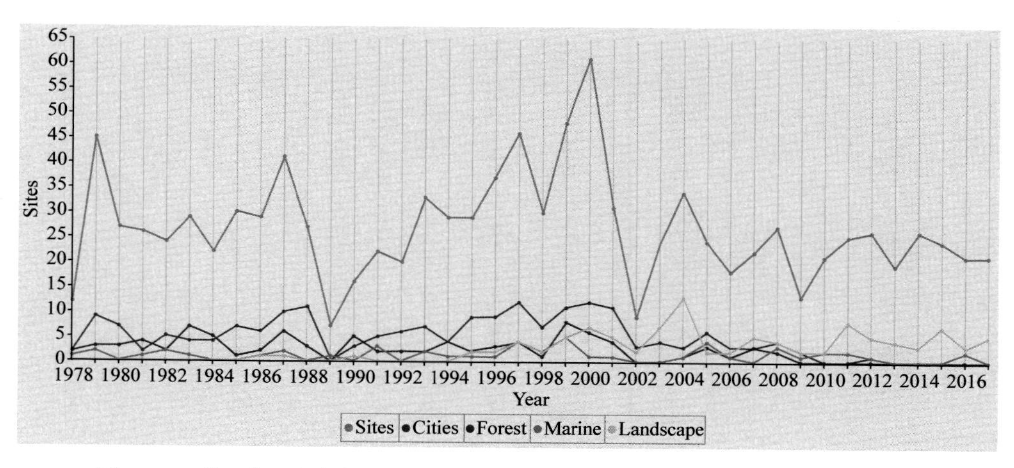

图 4.13　列入世界遗产名录的本体主题类型的逐年分布（绿色为城市类型）[232]

图 5.38　研究范围中的各个城市锚固点与层积化空间（资料来源：笔者自绘）

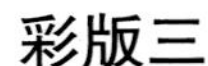
彩版三

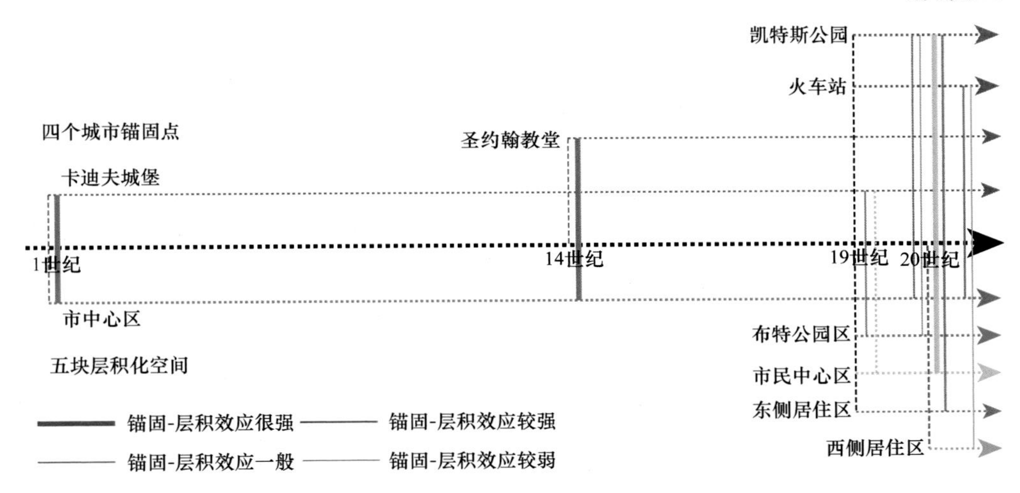

图 5.68　锚固 - 层积效应中的两类主体的相互作用关系与强度沿时间轴的示意图
（资料来源：笔者自绘）

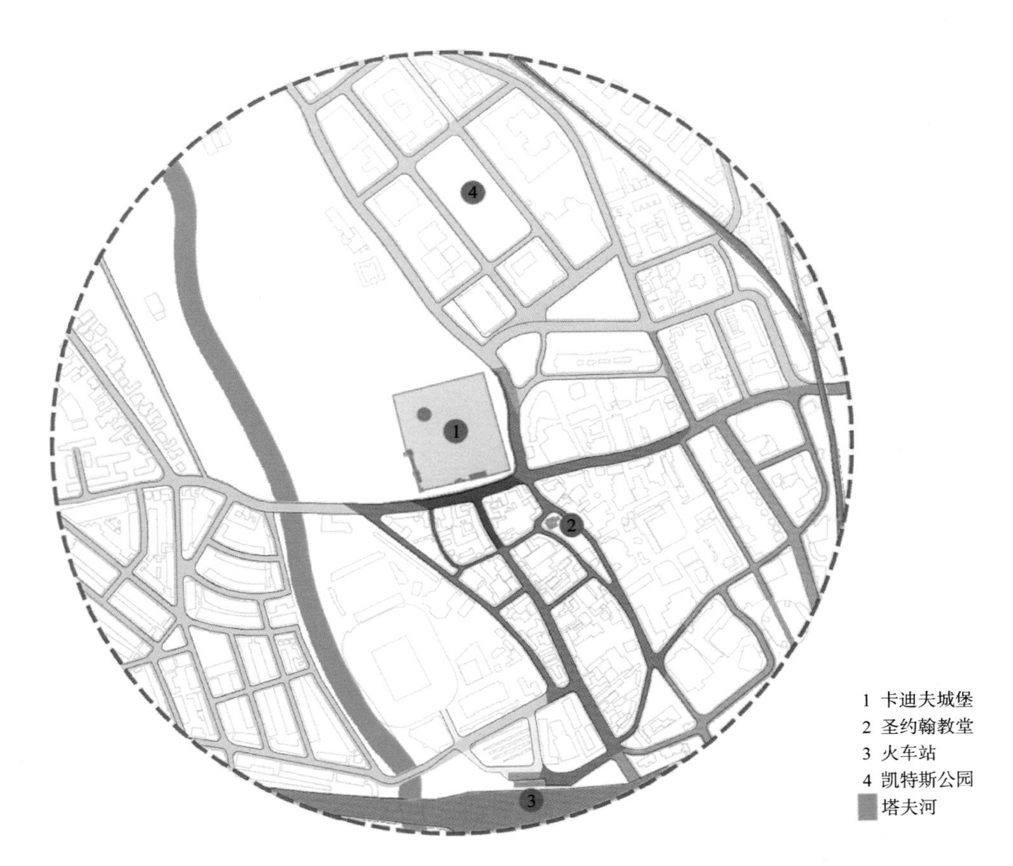

图 5.75　将今天的城市道路按五个时期先后形成的次序标色示意图（资料来源：笔者自绘）

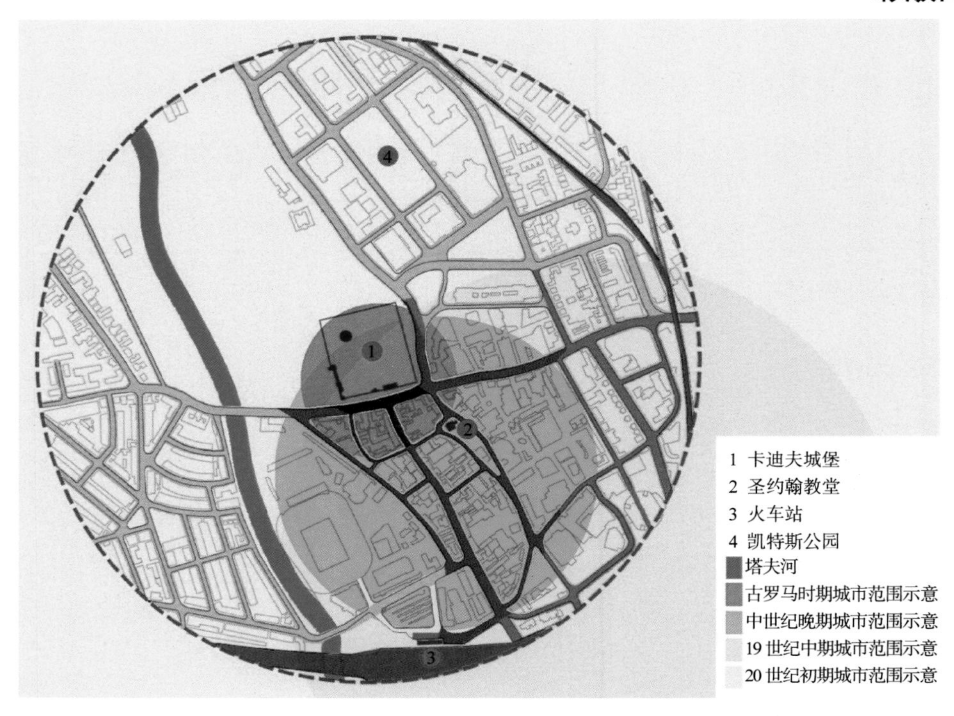

图 5.76　不同时期的城市覆盖范围示意图（资料来源：笔者自绘）

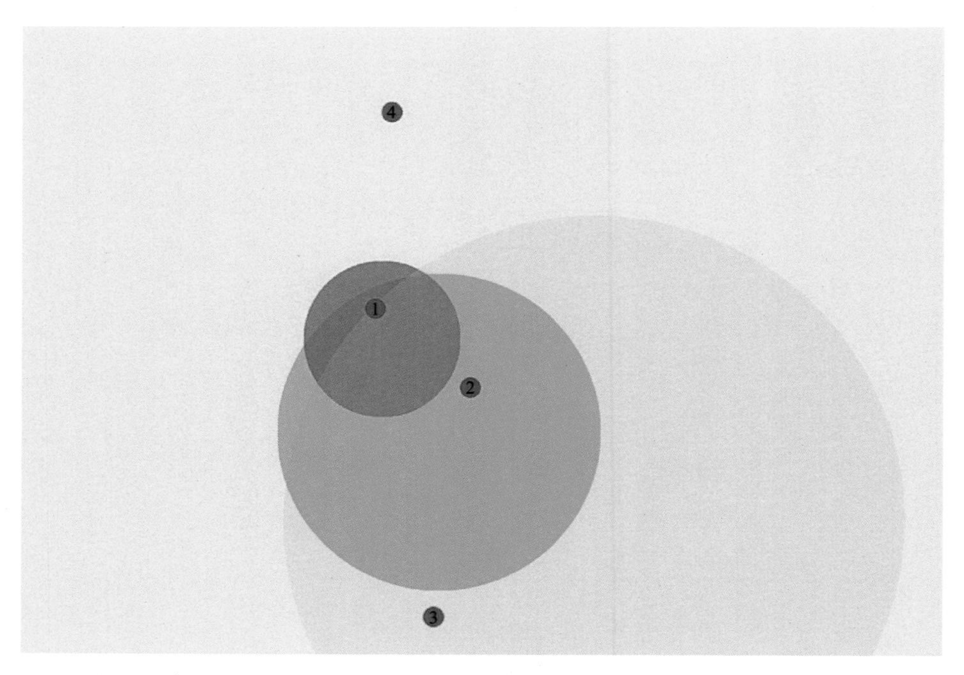

图 9.2　将卡迪夫城堡与城市抽象简化为仅剩城市锚固点与层积化空间的图示（资料来源：笔者自绘）